普通高等学校“十一五”规划教材

AutoCAD 2007 绘图实用教程

主编　支剑锋

西北工业大学出版社

【内容简介】 本书为普通高等学校"十一五"规划教材。全书共分9章，内容包括AutoCAD的基本知识、平面图形的绘制、绘图环境设置、平面图形的修改、图层与图块、图案填充与文字注释、尺寸标注、投影图和轴测图的绘制和三维实体的绘制，每章后均安排有相应的思考题与练习题。

本书以培养读者熟练使用AutoCAD 2007绘制工程图样的应用能力为原则，内容安排层次清晰，注重理论与实践相结合，所举实例针对性强。希望读者通过对本书的学习，能够快速掌握AutoCAD 2007的使用方法和技巧。

本书适合作为机械类、土建类、化工类、电子信息类及其他工科专业的计算机绘图、计算机辅助设计等课程的教材，也可供广大工程技术人员、计算机爱好者自学参考。

图书在版编目(CIP)数据

AutoCAD 2007绘图实用教程/支剑锋主编. —西安：西北工业大学出版社，2009.8
(2013.1重印)
普通高等学校"十一五"规划教材
ISBN 978-7-5612-2623-0

Ⅰ.A… Ⅱ.支… Ⅲ.计算机辅助设计—应用软件，AutoCAD 2007—高等学校—教材
Ⅳ.TP391.72

中国版本图书馆CIP数据核字(2009)第145768号

出版发行：西北工业大学出版社
通信地址：西安市友谊西路127号 邮编：710072
电　　话：(029)88493844 88491757
网　　址：www.nwpup.com
印 刷 者：陕西丰源印务有限公司
开　　本：787 mm×1 092 mm 1/16
印　　张：12.75
字　　数：304千字
版　　次：2009年8月第1版 2013年1月第4次印刷
定　　价：24.00元

前　言

AutoCAD是美国Autodesk公司研制开发的一种通用计算机辅助设计软件包，具有开放式的软件架构，已成为目前应用最广泛的计算机辅助绘图(CAD)软件之一。当今，日常工作中有成千上万的人使用AutoCAD进行工程设计应用，熟练使用AutoCAD也已成为现代工程师基本素质培养的重要内容。

本书编者在总结多年教学经验的基础上，认真研究了AutoCAD的使用方法和技巧，仔细分析了初学者学习AutoCAD所遇到的问题，在此基础上以目前广为使用的AutoCAD 2007为版本，编写了这本讲述如何使用AutoCAD绘制工程图样的基础教材。通过本书的学习，读者可掌握AutoCAD 2007的特点、使用方法和使用技巧，尤其可以熟练使用AutoCAD绘制标准工程图样。

本书具有如下特点：

(1)符合初学者由浅入深的学习特点。本书将绘图命令、绘图环境设置、编辑命令、文字注释、尺寸标注和复杂工程图样绘制进行了合理组合，内容由浅入深、循序渐进，便于读者学习。

(2)符合制图课程的教学安排。计算机绘图、计算机辅助设计课程是在工程制图课程教学基础上进行的，因此在章节安排、应用举例上兼顾工程制图课程先平面图形，再三面投影图，后专业图样的教学特点。

(3)注重理论与实践相结合。从绘制工程图样的实际出发，本书将AutoCAD的基本技巧和工程图样结合起来，通过实例图样，详细讲述了操作方法和步骤，使读者能循序渐进地掌握并熟练使用AutoCAD进行相关专业图样的绘制。

(4)精选典型实例与练习题。本书所举实例内容涉及机械类、土建类等专业，并在每章后安排有思考题与练习题，其中的选择题、思考题有助于读者掌握各章的主要知识点，而上机练习题数量多、范围广、尺寸详尽，有助于读者掌握绘图方法和技巧。

本书由西安科技大学制图教研室的教师编写，其中支剑锋担任主编，谢泳、胡元哲担任副主编。具体分工为：谢泳编写第1章；支剑锋编写第2，3，4，6，7，8，9章；胡元哲编写第5章。

在本书编写过程中，得到了西安科技大学理学院院长、陕西省工程图学学会常务理事李勇教授的悉心指导，得到了西安科技大学教材科、西安科技大学高新学院、西安科技大学理学院工程图学系教师的支持和帮助，在此表示衷心感谢！

本书在编写过程中参考了一些书籍，特向其作者表示衷心的谢意！

由于编者水平有限，书中疏漏之处在所难免，敬请各位同仁和读者批评指正。

编　者

2009年5月

目　录

第 1 章　AutoCAD 的基本知识

本章将介绍 AutoCAD 的基本知识。主要内容包括 AutoCAD 的基本功能，AutoCAD 2007 的安装和启动，AutoCAD 2007 的窗口界面，工具条的设置和命令的执行，正交、极轴、对象捕捉及对象追踪设置，文件管理及关闭与退出等。

1.1　AutoCAD 的基本功能

AutoCAD 是 Autodesk Computer Aided Design 的缩写，是美国 Autodesk 公司研制开发的一种通用计算机辅助设计软件包，它在设计、绘图和相互协作方面显示了强大的技术实力，能够绘制二维图形、三维图形、标注尺寸、渲染图形以及打印输出图纸。AutoCAD 由于具有易于掌握、使用方便、体系结构开放等优点，目前已广泛应用于机械、建筑、电子、航天、造船、石油化工、土木工程、冶金、地质、气象、纺织、轻工、商业等领域。AutoCAD 在全世界 150 多个国家和地区广为流行，占据了近 75%的国际 CAD 市场。此外，全球现有近千家 AutoCAD 授权培训中心，有近 3 000 家独立的增值开发商以及 4 000 多种基于 AutoCAD 的各类专业应用软件。可以这样说，AutoCAD 已经成为微机 CAD 系统的标准，而 DWG 格式文件已是工程设计人员交流思想的公共语言。

AutoCAD 2007 是 AutoCAD 系列软件的较新版本，AutoCAD 自 1982 年问世以来，已经经历了 10 余次升级，在功能上日趋完善，因此，它已成为工程设计领域中应用最为广泛的计算机辅助绘图与设计软件之一。

1.1.1　图形的绘制与编辑功能

在 AutoCAD 中，可用强大的绘图命令和编辑命令绘制图形，既可绘制二维平面图形，也可绘制三维立体图形。

1. 平面图形的绘制

AutoCAD 拥有丰富的绘图命令，可以绘制直线、构造线、多段线、圆、矩形、多边形、椭圆等基本图线或图形；再借助强大的修改命令，便可以绘制出各种复杂的二维平面图形，包括在工程实践中常常会碰到的轴测图，如图 1.1 所示。

2. 立体图形的绘制

在 AutoCAD 中，通过拉伸、旋转、设置标高或厚度等操作就可以比较方便地将二维平面图形转换为三维立体图形。使用下拉菜单“绘图”→“建模”命令中的子命令，可以很方便地绘制多段体、长方体、楔体、圆锥体、球体、圆柱体等基本实体以及三维网格、旋转网格等曲面模型。同样，再借助相关的修改命令，便可以绘制出各种复杂三维立体图形，如图 1.2 所示。

图 1.1　平面图形

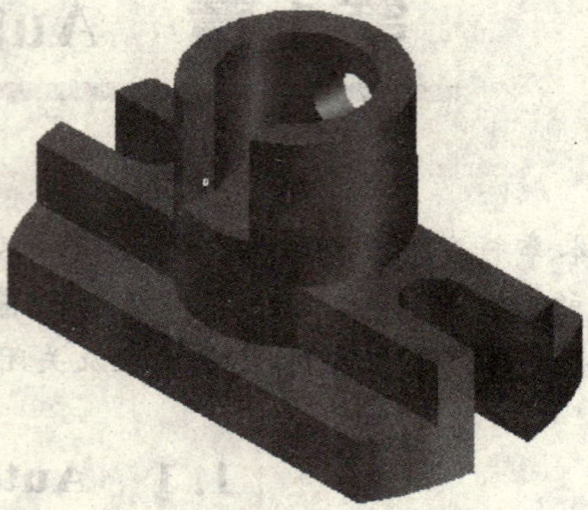

图 1.2　立体图形

1.1.2　图形的尺寸标注功能

尺寸标注是向图形中添加测量注释的过程，是整个绘图过程中不可缺少的步骤。标注显示图形对象各要素相互之间的距离、角度等，其对象可以是二维图形，也可以是三维图形。

AutoCAD 中包含了一套完整的尺寸标注和尺寸编辑命令，使用这些命令可以在图形的各个方向上创建各种类型的标注，以满足工程实践对图形尺寸标注的需要。

AutoCAD 中提供了线性、对齐、弧长、半径、直径和角度等基本标注类型，可进行水平、竖直、倾斜、直径、半径、基线或连续等标注。此外，还可以进行引线标注、公差标注以及坐标标注等，如图 1.3 所示。

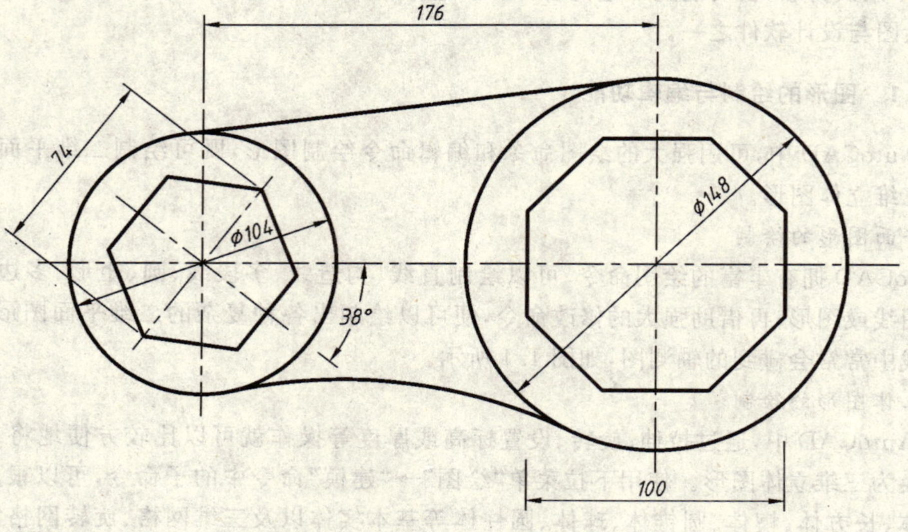

图 1.3　尺寸标注

1.1.3　图形的输出与打印功能

AutoCAD 不仅允许将图形以不同样式通过绘图仪或打印机输出，还能够将不同格式的图形导入 AutoCAD 或将 AutoCAD 图形以其他格式输出。因此，当图形绘制完成之后可以使用多种方法将其输出。例如，可以将图形打印在图纸上，或创建成文件以供其他应用程序使用。

1.2　AutoCAD 2007 的安装和启动

1.2.1　安装 AutoCAD 2007 的软硬件要求

安装 AutoCAD 2007，计算机至少要满足以下的系统需求，才能有效地使用该软件。

(1)处理器：Intel Pentium IV 或更高版本的处理器，或兼容处理器，800 MHz 或更高主频。

(2)操作系统：Microsoft Windows XP Home 及 Professional SP1 或 SP2，Windows XP for Tablet PC SP2，或 Windows 2000 SP3 或 SP4。

(3)内存：512 MB RAM。

(4)硬盘：750 MB 可用磁盘空间(用于安装)。

(5)显示器：1024×768 VGA，真彩色。

(6)Web 浏览器：Microsoft Internet Explorer 6.0 SP1 或更高版本。

(7)其他配置：CD-ROM 驱动器、鼠标等。

1.2.2　AutoCAD 2007 的安装

AutoCAD 2007 的安装和其他 Windows 应用软件的安装一样，将 AutoCAD 光盘插入计算机的 CD-ROM 驱动器，在打开的资源管理器中，双击安装程序文件 setup.exe，然后按照提示安装支持部件；支持部件安装完成后，打开欢迎使用 AutoCAD 2007 “安装向导”对话框，单击“下一步”按钮打开“许可协议”对话框，选择“我接受”单选钮，单击“下一步”按钮，在“序列号”对话框中，输入产品包装上的序列号，然后按照计算机提示输入用户信息、选择安装类型、安装路径、文本编辑器等。安装完成后，显示“安装完成”对话框，即完成安装。

安装结束后，在操作系统的“程序”菜单中会增加“Autodesk”项，同时在桌面上自动生成 AutoCAD 2007 中文版快捷图标。

1.2.3　AutoCAD 2007 的启动

要启动 AutoCAD 2007，可双击 Windows 桌面上的快捷图标，也可单击下拉菜单“开始”→“程序”→“Autodesk”→“AutoCAD 2007 - Simplified Chinese”→“AutoCAD 2007”项。

1.3　AutoCAD 2007 的窗口界面

中文版 AutoCAD 2007 为用户提供了“AutoCAD 经典”和“三维建模”两种工作空间模

式。对于习惯于 AutoCAD 传统界面的用户来说，可以采用“AutoCAD 经典”工作空间。AutoCAD 2007 的窗口界面主要由标题栏、菜单栏、工具栏、绘图区、命令行及状态栏等组成，如图 1.4 所示。

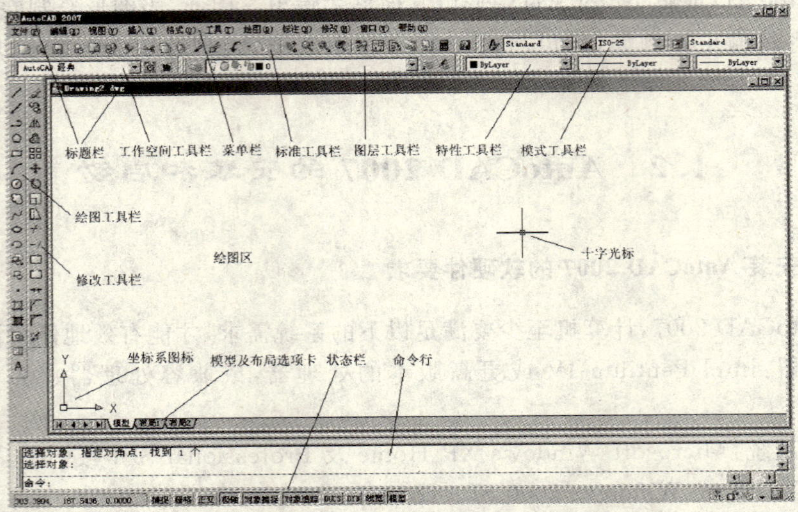

图 1.4　AutoCAD 2007 的窗口界面

1.3.1　标题栏

标题栏位于窗口界面的最上面，显示了软件的图标和名称，或者是图形文件的图标和名称。若图形文件的名称是 AutoCAD 默认的，则其名称为 DrawingN. dwg(N 是阿拉伯数字)。标题栏最左边是 AutoCAD 2007 的小图标，单击它将会弹出一个 AutoCAD 窗口控制下拉菜单，可以执行最小化或最大化窗口、恢复窗口、移动窗口、关闭 AutoCAD 等操作。标题栏最右边的按钮，可以最小化、最大化或关闭 AutoCAD 窗口。

1.3.2　菜单栏

在标题栏的下面是菜单栏，单击任何一个菜单名称，都会弹出相应的下拉菜单。中文版 AutoCAD 2007 的菜单栏包括“文件”、“编辑”、“视图”等，几乎涵盖了 AutoCAD 中全部的功能和命令。下拉菜单有如下特点：

(1)菜单项后面有“...”省略号时，表示单击该选项后，会打开一个对话框。

(2)菜单项后面有黑色的小三角时，表示该选项还有子菜单，如图 1.5 所示。

(3)菜单项为浅灰色时，表示在当前状态下，这些命令不能使用。

(4)菜单项后面既无“...”省略号，也无黑色的小三角时，表示该选项为 AutoCAD 的相应命令。

(5)菜单项小括号里的字母为该项命令的缩写，有些选项右边的组合键是定义的热键。可直接单击热键来执行相应命令，如下拉菜单“视图”→“清除屏幕(C)”命令项中的“C”为“清除屏幕”命令的缩写，其右侧的组合键“Ctrl＋O”为“清除屏幕”命令的热键。

此外，AutoCAD 具有快捷菜单功能，为用户快速操作提供了方便。在绘图窗口、工具栏、状态栏、模型与布局选项卡以及一些对话框上单击右键时，将弹出一个快捷菜单，该菜单中的命令与 AutoCAD 当前状态相关。

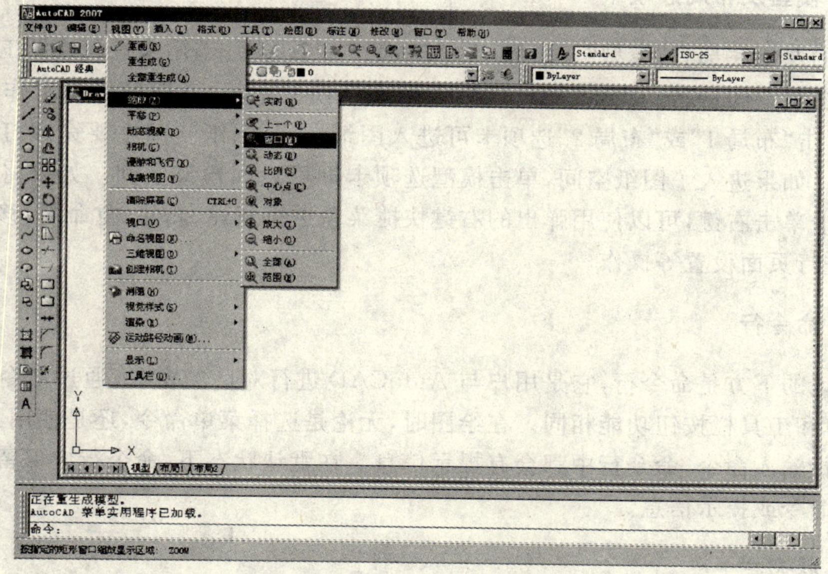

图 1.5　菜单栏

1.3.3　工具栏

除了执行菜单命令进行各种操作外，AutoCAD 还提供另一种执行命令的方式，即工具栏。每个工具栏中都包含多个图标命令按钮，单击这些按钮就可以调用相应的 AutoCAD 命令。在 AutoCAD 中，系统共提供了 20 多个已命名的工具栏。在默认情况下，“标准”、“绘图”、“修改”、“图层”、“特性”、“样式”等工具栏处于打开状态。如果将光标移到某个工具按钮上并停顿一下，屏幕上就会显示出该工具按钮的名称，并在状态栏中给出该按钮的简要说明。

1. 显示或隐藏工具栏

在任意工具栏上单击右键，此时将弹出一个快捷菜单，通过选择命令项可以显示或关闭相应的工具栏，其中项目前有“√”为显示的工具栏。

2. 移动工具栏

所有工具栏都是浮动显示，可将光标放在工具栏的边缘或标题栏上，按住鼠标左键，拖动鼠标将工具栏移动到合适的位置。

1.3.4　绘图区

绘图区是用户进行图形绘制的区域，AutoCAD 界面中最大的空白区域就是绘图区。如果用户关闭一些工具栏，就能够扩大绘图区。绘图区有竖向和横向的滚动滑块，借助移动滑块可以观察绘图区中的不同区域。

在绘图区的下方有模型和布局选项卡，用户可通过单击选项卡来切换绘图区中的模型空间和图纸空间。把鼠标移动到绘图区时，鼠标变成了十字形状，可用鼠标直接在绘图区中定位。在绘图区的左下角有一个用户坐标系的图标，它表明当前坐标系的类型，图标左下角为坐标的原点(0,0,0)。

1.3.5 模型及布局选项卡

绘图区的左侧底部有“模型”、“布局 1”、“布局 2”三个选项卡,用来控制绘图工作是在模型空间还是在图纸空间进行。AutoCAD 的默认状态是模型空间,一般的绘图工作都是在模型空间进行,单击“布局 1”或“布局 2”选项卡可进入图纸空间,图纸空间主要完成打印输出图形的最终布局。如果进入了图纸空间,单击模型选项卡即可返回模型空间。如果将鼠标指向任意一个选项卡单击右键,可以使用弹出的右键快捷菜单进行新建、删除、重命名、移动或复制布局,也可以进行页面设置等操作。

1.3.6 命令行

在绘图区的下方是命令行,它是用户与 AutoCAD 进行对话的窗口,通过命令行执行绘图命令,与菜单和工具栏按钮功能相同。在绘图时,无论是选择菜单命令,还是使用工具按钮,或者是在命令行输入命令,命令行中都会有提示信息。在默认状态下,命令行应保留显示所执行的最后三行命令或提示信息。

1.3.7 状态栏

状态栏在 AutoCAD 界面的最底部,用于反映和改变当前的绘图状态。左侧数值显示的是当前十字光标所在位置处的三维坐标值,坐标显示取决于所选择的模式和程序中运行的命令,共有“相对”、“绝对”和“无”三种模式;中间是绘图辅助工具的开关按钮,包括“捕捉”、“栅格”、“正交”、“极轴”、“对象辅捉”、“对象追踪”、“DYN”、“线宽”和“模型”;右侧是“通信中心”按钮、“工具栏/窗口锁定”按钮、“状态栏”设置按钮等,其中“状态栏”设置按钮可用来设置状态栏上显示的项目内容。

单击任意一个绘图辅助工具开关按钮,可将它们切换成打开或关闭状态。按钮凹陷是打开状态,表示已启动了该项操作;按钮凸起是关闭状态。在按钮上单击鼠标右键时,会弹出一个菜单,选择“设置”命令,可打开该辅助工具的设置对话框。

1.4 命令的执行

1.4.1 命令的执行与结束

用 AutoCAD 绘图时,所进行的任何操作均要执行相应的命令。

1. 命令的执行

AutoCAD 提供的命令执行方式有多种,较常用的有以下三种:

(1)利用工具栏。AutoCAD 工具栏上的每个按钮都对应着一个命令,单击工具栏上的命令按钮,则执行其所对应的命令。例如,单击“绘图”工具栏上的╱按钮,AutoCAD 执行的是直线命令。

(2)利用菜单栏。下拉菜单或快捷菜单的各命令项都对应着一个命令,单击下拉菜单或快捷菜单的命令项，则执行其所对应的命令或操作。例如，要执行直线命令，可单击下拉菜单“绘图”→“直线”命令项，同样是执行直线命令。

(3)利用命令行。在命令行的“命令：”提示下，通过键盘输入命令或命令的缩写，按回车键后即可执行相应的命令。例如，绘制一个圆心坐标为(100,100)，半径为 200 的圆，其操作如下：

命令：circle ↙

指定圆的圆心或[三点(3P)/两点(2P)/相切、相切、半径(T)]：100,100 ↙

指定圆的半径或 [直径(D)]：200 ↙

说明：符号“↙”表示按回车键(Enter 键)，本书中后续使用的符号“↙”均表示按回车键。

2. 命令的结束

结束命令的方法如下：

(1)如果一条命令正常完成，会自动结束。

(2)如果在命令执行的过程中要结束命令时，可以按“Esc”键。

1.4.2　命令的重复执行

在 AutoCAD 执行完命令后，要重复执行该命令，可在命令行的“命令：”状态下，直接按回车键或空格键。例如，用“圆”命令画完一个圆之后，再画一个圆，则可按回车键或空格键，即可重复执行“圆”命令。

当然，也可在绘图区直接单击右键，在弹出的快捷菜单中选择重复执行画“圆”命令。

1.4.3　命令的提示与选项

在执行命令时，命令行的“命令：”提示后会出现相应的提示与选项。例如，在执行“圆”命令时会出现如下提示：

命令：circle ↙

指定圆的圆心或[三点(3P)/两点(2P)/相切、相切、半径(T)]:50,50 ↙

指定圆的半径或[直径(D)] ＜200.0000＞:↙

其中：

(1)方括号“[ ]”左侧的部分“指定圆的圆心”、“指定圆的半径”为提示项，要执行这些项目，可在“:”后直接按要求输入，如输入坐标“50,50”。

(2)方括号“[ ]”中间的部分“[三点(3P)/两点(2P)/相切、相切、半径(T)]”、“[直径(D)]”为可选项，要执行某个选项，就要输入该选项小括号中的字母，然后按回车键，如要执行“两点(2P)”这一项，就要输入“2P”，然后按回车键。

(3)方括号“[ ]”右侧尖括号“＜200.0000＞”部分为缺省项，要执行该项目，可直接按回车键，如要画圆的半径就为 200，尖括号“＜200.0000＞”中就是 200，这时直接按回车键即可。

1.4.4　命令的缩写

利用命令行执行命令时，可通过键盘输入命令的缩写，而不用输入命令的全名。部分常用命令及其缩写如表 1.1 所示。

表 1.1　部分常用命令及其缩写

名　称	命　令	缩　写	名　称	命　令	缩　写
直线	line	l	删除	erase	e
圆	circle	c	复制	copy	co
圆环	donut	do	阵列	array	ar
长方形	rectangle	rec	移动	move	m
正多边形	polygon	pol	镜像	mirror	mi
插入块	insert	i	偏移	offset	o
标注样式	dimstyle	d	窗口缩放	zoom	z
文字样式	style	st	测量距离	dist	di

1.5　AutoCAD 的文件管理

AutoCAD 的文件管理包括新建图形文件，打开、保存已有的图形文件以及如何关闭打开的文件。

1.5.1　新建图形文件

1.【命令输入】

工具栏：单击“标准”工具栏上的“新建”按钮。

菜单栏：单击下拉菜单“文件”→“新建”命令。

命令行：输入“new”并按回车键。

2.【命令提示与说明】

命令：new↙

这时系统打开“选择样板”对话框，如图 1.6 所示。在“名称”列表框中，用户可根据不同的需要选择模板样式。选择样式后，单击“打开”按钮，即在窗口显示新建的文件。绘制二维图形一般选择“acadiso. dwt”样式；绘制三维图形一般选择 acadiso3D. dwt 样式。

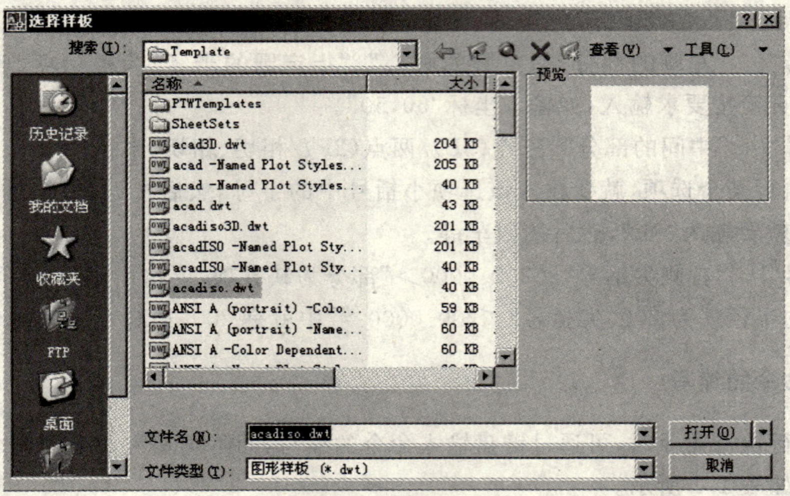

图 1.6　“选择样板”对话框

1.5.2　打开图形文件

1.【命令输入】

工具栏：单击“标准”工具栏上的“打开”按钮。

菜单栏：单击下拉菜单“文件”→“打开”命令。

命令行：输入“open”按回车键。

2.【命令提示与说明】

命令：open↙

此时打开“选择文件”对话框，如图 1.7 所示。选择需要打开的图形文件，在右面的“预览”框中将显示出该图形的预览图像，单击“打开”按钮，即可打开需要的图形文件。在默认情况下，打开的图形文件的格式为“.dwg”。

在单击“打开”按钮时，可点击“打开”按钮右侧的列表框按钮，选择打开方式。在 AutoCAD 中可以选择“打开”、“以只读方式打开”、“局部打开”和“以只读方式局部打开”4 种方式打开图形文件。当以“打开”、“局部打开”方式打开图形时，可以对打开的图形进行编辑，如果以“以只读方式打开”、“以只读方式局部打开”方式打开图形时，则无法对打开的图形进行编辑。

如果选择以“局部打开”、“以只读方式局部打开”打开图形，这时将打开“局部打开”对话框。可以在“要加载几何图形的视图”选项组中选择要打开的视图，在“要加载几何图形的图层”选项组中选择要打开的图层，然后单击“打开”按钮，即可在视图中打开选中图层上的对象。

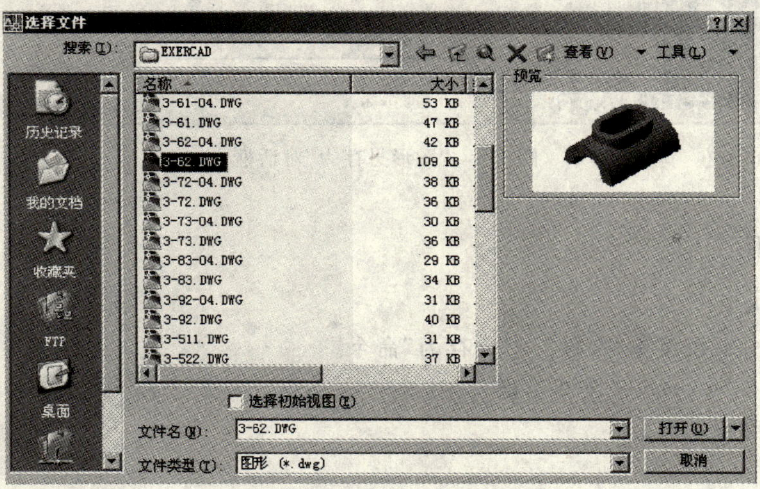

图 1.7　“选择文件”对话框

1.5.3　保存图形文件

在 AutoCAD 中，可以使用多种方式将所绘图形以文件形式存入磁盘。

一、快速保存文件

1.【命令输入】

工具栏：单击“标准”工具栏上的“保存”按钮。

菜单栏：单击下拉菜单“文件”→“保存”命令。

命令行：输入“qsave”并按回车键。

2.【命令提示与说明】

命令：qsave↙

若第一次保存当前图形时，系统则弹出“图形另存为”对话框，如图 1.8 所示，用户可以命名后保存文件。若图形文件已被命名保存，则将以当前使用的文件名保存图形。

在默认情况下，文件以“AutoCAD 2007 图形（*.dwg）”格式保存，也可以在“文件类型”列表框中选择其他格式，如 AutoCAD 2004/LT2004 图形（*.dwg）、AutoCAD 2000/LT2000 图形（*.dwg）、AutoCAD 图形标准（*.dws）等格式。

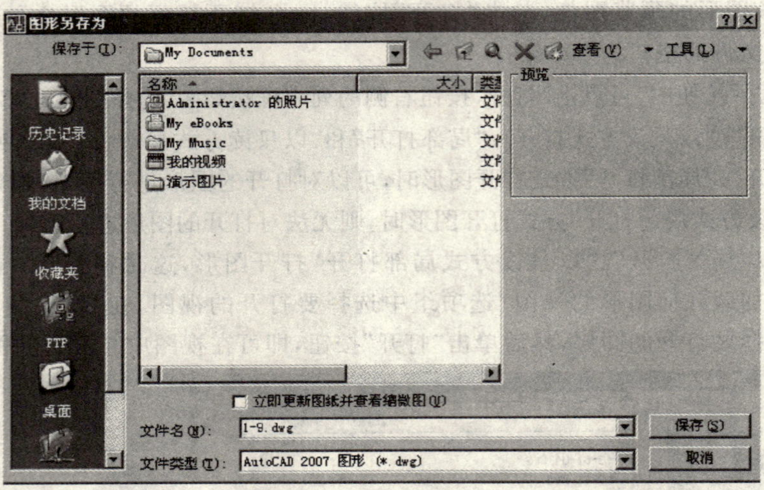

图 1.8 “图形另存为”对话框

二、另存文件

1.【命令输入】

菜单栏：单击下拉菜单“文件”→“另存为”命令。

命令行：输入“saveas”并按回车键。

2.【命令提示与说明】

命令：saveas↙

此时，系统弹出“图形另存为”对话框，如图 1.8 所示。在“保存于”列表框中指定图形文件保存的路径。在“文件名”文本框中输入图形文件的名称。在“文件类型”列表框中选择图形文件要保存的类型。设置完成后，单击“保存”按钮。

1.5.4 关闭图形文件

1.【命令输入】

标题栏：单击绘图区标题栏右上角的“关闭”按钮。

菜单栏：单击下拉菜单“文件”→“关闭”命令。

命令行：输入“close”并按回车键。

2.【命令提示与说明】

命令：close↙

此时，系统自动关闭当前图形文件。如果图形文件没有保存或未作修改后的最后一次保存，系统将弹出 AutoCAD 警告对话框，询问是否保存文件，如图 1.9 所示。此时，单击“是”按钮或直接按回车键，系统打开“图形另存为”对话框，要求用户确定图形文件存放的位置和名称，然后将其关闭；单击“否”按钮，可以关闭当前图形文件但不存盘；单击“取消”按钮，取消关闭当前图形文件操作，返回编辑状态。

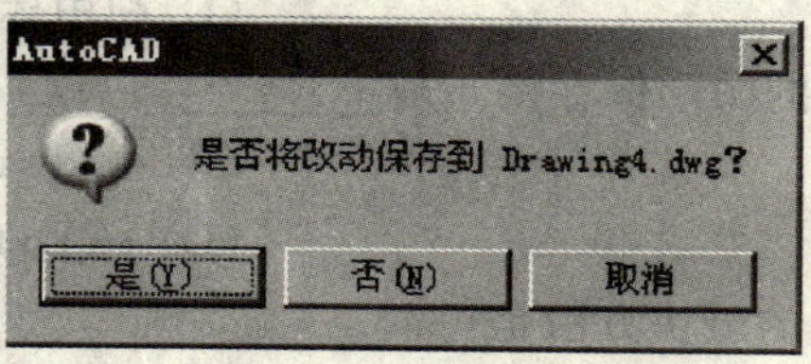

图 1.9　“AutoCAD 警告”对话框

1.6　退出 AutoCAD 2007

当用户退出 AutoCAD 2007 时，为了避免文件的丢失，要正确退出。

1.【命令输入】

标题栏：单击 AutoCAD 2007 窗口界面标题栏右上角的“关闭”按钮☒。

菜单栏：单击下拉菜单“文件”→“退出”命令。

命令行：输入“quit”并按回车键。

2.【命令提示与说明】

命令：quit↙

此时，系统自动退出 AutoCAD 2007。如果当前图形没有保存或未作修改后的最后一次保存，系统将弹出 AutoCAD 警告对话框，询问是否保存文件，如图 1.9 所示，可以进行相应的操作。

1.7　思考题与练习题

一、选择题

(1) AutoCAD 的英文全称是________。

(A) Autodesk Computer Aided Design　　(B) Autodesk Computer Aided Plan

(C) Autodesk Computer Aided Graphics　　(D) Autodesk Computer Aided Drawing

(2) 以下不符合安装和使用 AutoCAD 所需的操作系统是________。

(A) Microsoft Windows XP Home　　(B) 具有 ServicePackl 的 IE6.0

(C) Windows XP for Tablet PC SP2　　(D) Windows 2000 SP3

(3) AutoCAD 2007 的默认窗口界面不包含________。

(A) 标题栏
(B)命令行
(C) 菜单栏
(D)“文字样式”对话框

(4)当菜单项后面有黑色的小三角时,表示该选项________。

(A)还有子菜单
(B)单击将会出现对话框
(C)不可用
(D)仅在三维状态下使用

(5)AutoCAD 提供的命令执行方式有多种,较常用的三种是________。

(A)利用菜单栏
(B)利用命令行
(C)利用工具栏
(D)利用标题栏

(6)AutoCAD 2007 默认的图形保存格式是________。

(A) *.dwg
(B) *.dwt
(C) *.bak
(D) *.Dxf

(7)重新执行上一个命令的最快方法是________。

(A)按回车键
(B)在快捷菜单中选择
(C)按“Esc”键
(D)按“Shift”键

(8)结束命令执行的方法是________。

(A)按“Ctrl”键
(B)按“Esc”键
(C)按右键
(D)按“Shift”键

二、思考题

(1)AutoCAD 具有哪些基本功能?

(2)AutoCAD 2007 的工作界面包含哪些内容?

(3)AutoCAD 的状态栏包含什么内容?

(4)如何关闭当前文件? 如何退出 AutoCAD 2007 系统?

三、上机练习

(1)启动 AutoCAD 2007,创建一个名为“图 1.1”的新图形文件并保存在桌面上。

(2)给 AutoCAD 2007 的工作界面加载“查询”和“标注”工具栏。

第2章 平面图形的绘制

本章将介绍与平面图形绘制有关的知识。主要内容包括点的定位、简单平面图形绘制命令的使用等。

2.1 点的定位

在绘图过程中要精确定位某个对象时，必须以某个坐标系作为参照，以便精确定位点的位置。通过 AutoCAD 的坐标系可以提供精确绘制图形的方法，并准确地绘制图形。

坐标(x,y)是表示点的最基本方法。在 AutoCAD 中，坐标系分为世界坐标系(WCS)和用户坐标系(UCS)。在默认情况下，在开始绘制新图形时，当前坐标系为世界坐标系，即 WCS，它包括 X 轴和 Y 轴(如果在三维空间工作，还有一个 Z 轴)。WCS 坐标轴的交汇处显示“∟”形标记，但坐标原点并不在坐标系的交汇点，而位于绘图区的左下角，所有的位移都是相对于原点计算的，并且沿 X 轴正向及 Y 轴正向的位移规定为正方向。

2.1.1 坐标的表示

在 AutoCAD 2007 中，点的坐标可以使用绝对直角坐标、绝对极坐标、相对直角坐标和相对极坐标 4 种方法表示，它们的特点如下：

(1)绝对直角坐标：该坐标表示从点(0,0)或(0,0,0)出发的位移，可以使用分数、小数或科学记数等形式表示点的 X 轴、Y 轴、Z 坐标值，数值间用逗号隔开，例如点(10,20)和(50,70,50)等。

(2)绝对极坐标：该坐标表示从点(0,0)或(0,0,0)出发的位移，但给定的是距离和角度，其中距离和角度用“<”分开，且规定 X 轴正向为 0°，Y 轴正向为 90°，例如(50<45)，(60<30)等。

(3)相对直角坐标：该坐标是指相对于前一点的 X 轴和 Y 轴增量。它的表示方法是在绝对坐标表达方式前加上“@”号，例如“@30,100”等。

(4)相对极坐标：该坐标是指相对于前一点的距离和角度。它的表示方法是在绝对坐标表达方式前加上“@”号，例如“@100<45”。其中，相对极坐标中的角度是新点和上一点连线与 X 轴正向的夹角。

2.1.2 点(坐标)的定位

一、鼠标定位

鼠标定位是指移动鼠标，直接在绘图区需要的位置单击左键，从而拾取点坐标的一种方法。如图 2.1 所示，用“矩形”命令绘制一个矩形，移动鼠标到绘图区右下角适当位置单击左键，指定矩形的右下角点；移动鼠标到绘图区左上角的适当位置单击左键，指定矩形的左上角点，完成一个矩形的绘制。

当移动鼠标时，十字光标和坐标值随着变化，状态栏左边的坐标显示区将显示当前位置。在 AutoCAD 2007 中，坐标的显示是动态直角坐标，显示光标的绝对坐标值。随着光标移动，坐标的显示连续更新，随时指示当前光标位置的坐标值。

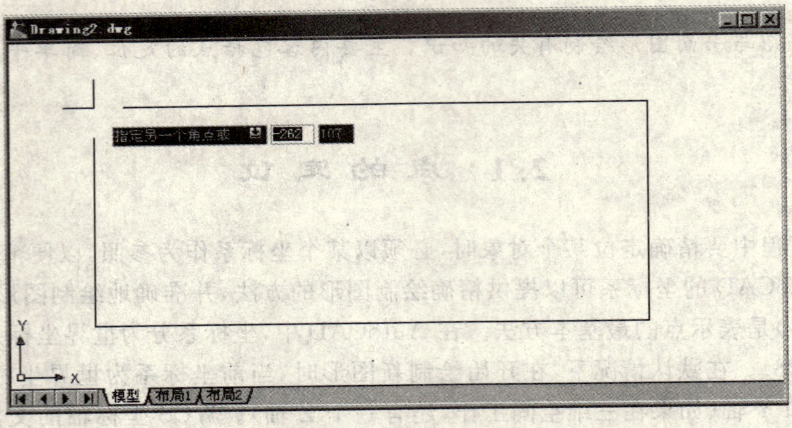

图 2.1　鼠标定位

二、键盘定位

键盘定位是通过键盘在命令行输入参数值来指定点的位置坐标。点的位置坐标一般常用两种方式，即相对直角坐标和相对极坐标。

1. 相对直角坐标

相对直角坐标的表示方式为“@ΔX，ΔY”。其中：“@”表示输入的为相对坐标，“ΔX”表示 X 增量，“ΔY”表示 Y 增量，X 和 Y 增量之间用逗号“，”分隔。如图 2.2 所示，用“直线”命令绘制一条直线，移动鼠标到绘图区左下角适当位置单击左键，指定直线的起点；通过键盘输入“@300，150”，按回车键后即可绘制一条右侧端点相对左侧端点 X 坐标向右 300，Y 坐标向上 150 的直线。

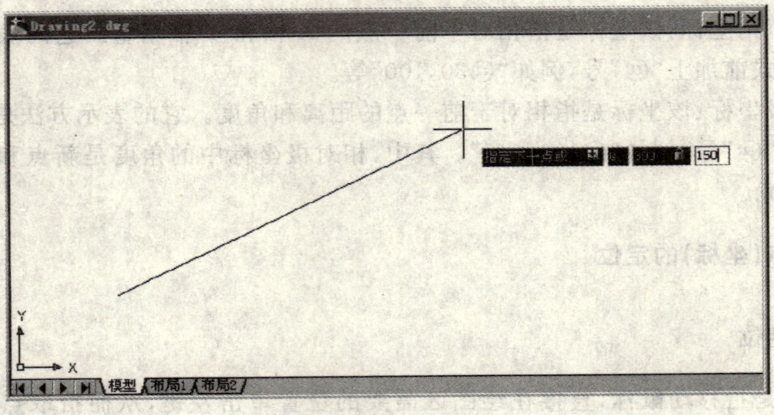

图 2.2　键盘定位(1)

2. 相对极坐标

相对极坐标的表示方式为“@L<α”。其中：“@”表示输入的为相对坐标，“L”表示两点之间的距离，“α”表示两点连线与 X 轴正向之间的夹角，距离和夹角之间用小于号“<”分隔。如图 2.3 所示，用“直线”命令绘制一条直线，移动鼠标到绘图区左下角适当位置单击左键，指定直线的起点；通过键盘输入“@300<30”，按回车键后即可绘制一条右侧端点相对左侧端点距离为 300，两点连线与 X 轴正向之间的夹角为 30°的直线。

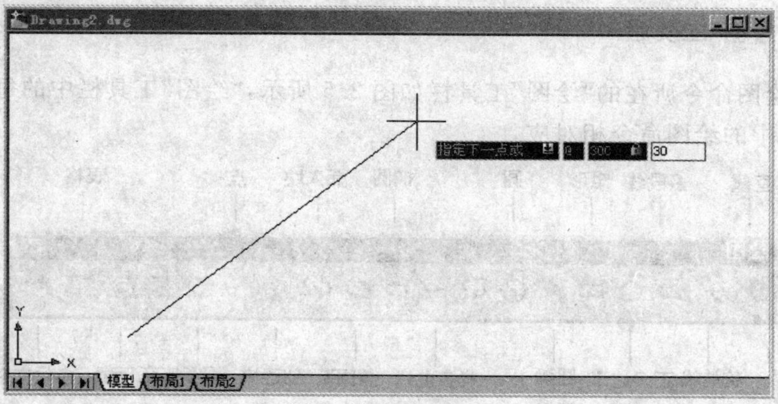

图 2.3　键盘定位(2)

三、距离定位

距离定位是鼠标定位和键盘定位的结合。当命令行提示指定一个点时，将鼠标移到指定点的附近(不要单击)用来指定方向，使用键盘直接输入一个相对前一点的距离，按回车键确定。如图 2.4 所示，用“直线”命令绘制一条直线，移动鼠标到绘图区左下角适当位置单击左键，指定直线的起点，命令行提示“指定下一个点”时，将鼠标移到指定点的附近指定方向，通过键盘输入 186，按回车键后即可绘制一条右侧端点相对左侧端点位移为 186，两点连线与 X 轴正向之间的夹角为 29°的直线。

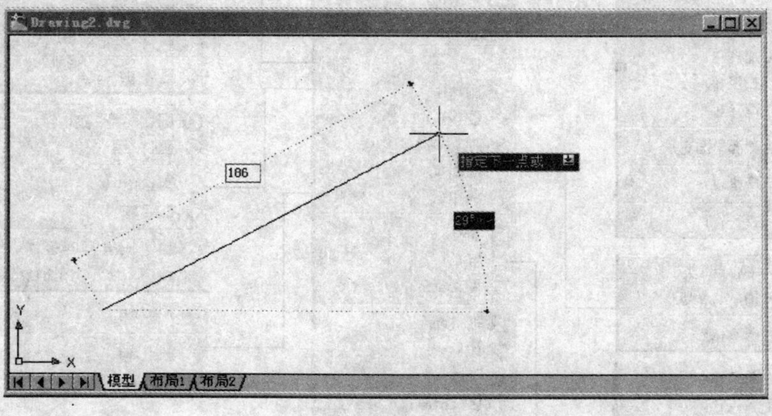

图 2.4　距离定位

2.2 简单平面图形的绘制

在 AutoCAD 2007 中，用绘图命令可以很方便地绘制直线、正多边形、矩形、圆、圆弧、点等简单二维平面图形。二维平面图形是整个 AutoCAD 的绘图基础，因此要熟练掌握其绘制方法和技巧。

2.2.1 “绘图”工具栏

(1)常用绘图命令所在的“绘图”工具栏如图 2.5 所示，“绘图”工具栏中的每个命令按钮都与“绘图”菜单中的绘图命令相对应。

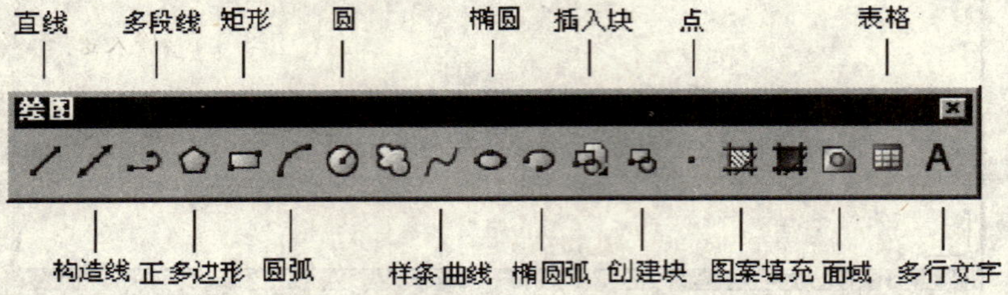

图 2.5 “绘图”工具栏

(2)常用绘图命令所在的“绘图”菜单及其子菜单如图 2.6 所示。“绘图”菜单包含了 AutoCAD 2007 的大部分绘图命令。

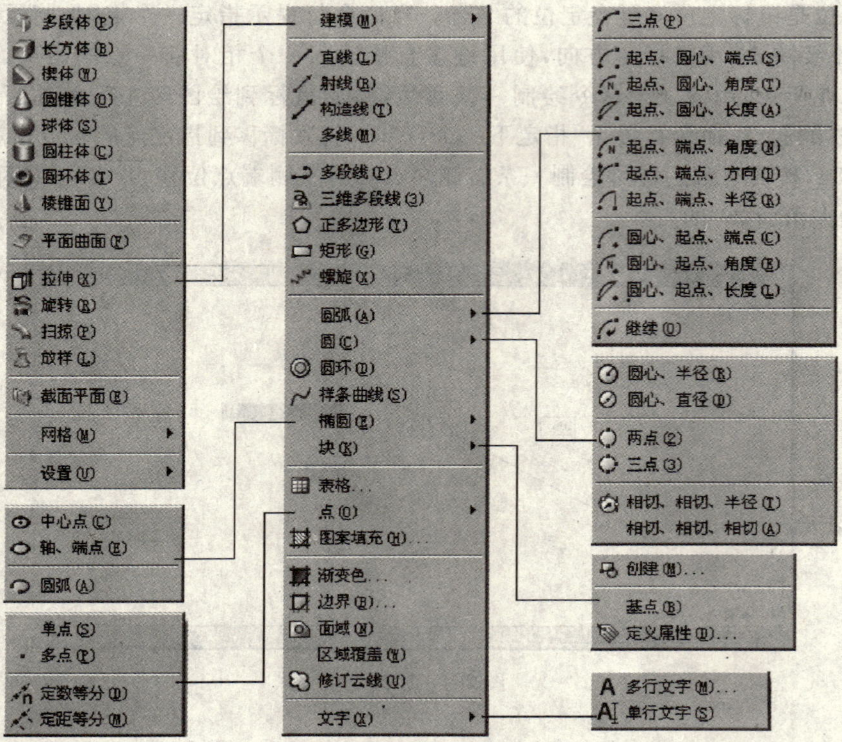

图 2.6 “绘图”菜单及其子菜单

2.2.2 直线命令

“直线”命令用于绘制一条或多条连续的直线段，每个直线段都是独立的一个对象。

1.【命令输入】

工具栏：单击“绘图”工具栏上的“直线”按钮 ╱。

菜单栏：单击下拉菜单“绘图”→“直线”命令。

命令行：输入“line”并按回车键。

2.【命令提示与说明】

命令：line↙

指定第一点：　　(指定起点)

指定下一点或［放弃(U)］：　　(指定下一点)

指定下一点或［放弃(U)］：　　(指定下一点，或输入选项、或回车结束命令)

指定下一点或［闭合(C)/放弃(U)］：　　(指定下一点，或输入选项、或回车结束命令)

(1)闭合。以第一条线段的起始点作为最后一条线段的端点，形成一个闭合的线段环。在绘制了一系列线段(两条或两条以上)之后，可以使用“闭合”选项。

(2)放弃。删除直线序列中最近绘制的线段。

3.【应用举例】

绘制如图 2.7 所示的图形。

命令：line↙

指定第一点：　　(在适当位置单击左键，指定 A 点)

指定下一点或［放弃(U)］：@210,0↙　　(输入相对直角坐标指定 B 点)

指定下一点或［放弃(U)］：@90<59↙　　(输入相对极坐标指定 C 点)

指定下一点或［闭合(C)/放弃(U)］：@140<180↙　　(输入相对极坐标指定 D 点)

指定下一点或［闭合(C)/放弃(U)］：c↙　　(输入选项“C”，返回 A 点)

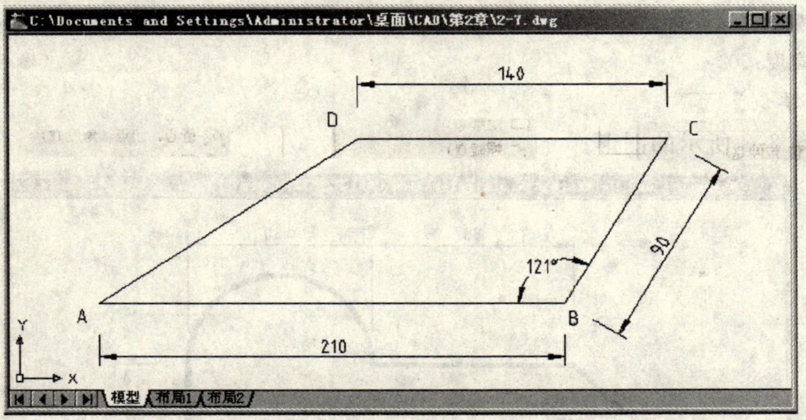

图 2.7　“直线”命令练习

2.2.3 多段线命令

“多段线”命令可以绘制作为单个对象的相互连接的序列线段，可以绘制直线段、弧线段或两者的组合线段。

1.【命令输入】

工具栏：单击“绘图”工具栏上的“多段线”按钮 。

菜单栏：单击下拉菜单“绘图”→“多段线”命令。

命令行：输入“pline”并按回车键。

2.【命令提示与说明】

命令：pline ↙

指定起点： (指定多段线的起点)

当前线宽为 0 (信息行)

指定下一个点或［圆弧(A)/半宽(H)/长度(L)/放弃(U)/宽度(W)］： (指定下一点，或输入选项)

指定下一点或［圆弧(A)/闭合(C)/
半宽(H)/长度(L)/放弃(U)/宽度(W)］： (指定下一点，或输入选项，或回车结束命令)

(1)指定下一个点。指定下一个端点，AutoCAD 以当前线宽从起点到该点绘制出一条多段线。

(2)闭合。绘制了两段线后，选择此项，AutoCAD 从当前点到起始点以当前线宽绘制一条直线，形成一个封闭线框，同时结束“多段线”命令。

(3)圆弧。转换为绘制圆弧的方式，并以最后所绘制的直线的端点作为圆弧的起点，绘制圆弧的命令提示与说明与“圆弧”命令相同。

(4)半宽。设置多段线的半宽度。

(5)长度。设置直线段的长度。执行该选项，则命令行提示为：

指定直线的长度：

输入直线的长度值，并按回车键，AutoCAD 沿着前一条多段线的方向以输入的长度绘出一条直线。

(6)放弃。取消最后一次绘制在多段线上的直线或圆弧。

(7)宽度。设置多段线的宽度。执行该选项，则命令行提示为：

指定起点宽度<0>： (输入起点的宽度值)

指定端点宽度<0>： (输入末点的宽度值)

3.【应用举例】

绘制如图 2.8 所示的图形。

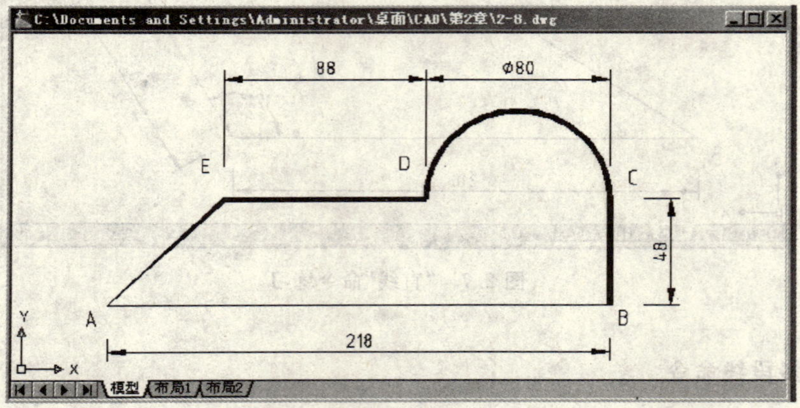

图 2.8 “多段线”命令练习

命令：pline ↙
指定起点：　　　　　　　　　　　　　　　　　　　　（定 A 点）
当前线宽为 0
指定下一个点或 [圆弧(A)/半宽(H)/长度(L)/放弃(U)/宽度(W)]：@218,0 ↙　　（定 B 点）
指定下一点或 [圆弧(A)/闭合(C)/半宽(H)/长度(L)/放弃(U)/宽度(W)]：W ↙
指定起点宽度 <0>：2 ↙
指定端点宽度 <2>：↙
指定下一点或 [圆弧(A)/闭合(C)/半宽(H)/长度(L)/放弃(U)/宽度(W)]：@48<90 ↙　　（定 C 点）
指定下一点或 [圆弧(A)/闭合(C)/半宽(H)/长度(L)/放弃(U)/宽度(W)]：A ↙
指定圆弧的端点或
[角度(A)/圆心(CE)/闭合(CL)/方向(D)/半宽(H)/直线(L)/半径(R)/第二个点(S)/放弃(U)/宽度(W)]：@-80,0 ↙　　（定 D 点）
指定圆弧的端点或
[角度(A)/圆心(CE)/闭合(CL)/方向(D)/半宽(H)/直线(L)/半径(R)/第二个点(S)/放弃(U)/宽度(W)]：L ↙
指定下一点或 [圆弧(A)/闭合(C)/半宽(H)/长度(L)/放弃(U)/宽度(W)]：@88<180 ↙　　（定 E 点）
指定下一点或 [圆弧(A)/闭合(C)/半宽(H)/长度(L)/放弃(U)/宽度(W)]：W ↙
指定起点宽度 <2>：↙
指定端点宽度 <2>：0 ↙
指定下一点或 [圆弧(A)/闭合(C)/半宽(H)/长度(L)/放弃(U)/宽度(W)]：C ↙　　（返回 A 点）

2.2.4　正多边形命令

“正多边形”命令可以绘制规则等边多边形，如等边三角形、正方形、正五边形、正六边形等。

1.【命令输入】

工具栏：单击“绘图”工具栏上的“正多边形”按钮。

菜单栏：单击下拉菜单“绘图”→“正多边形”命令。

命令行：输入“polygon”并按回车键。

2.【命令提示与说明】

命令：polygon ↙
输入边的数目 <4>：　　　　　　　　　　　　（输入正多边形的边数）
指定正多边形的中心点或 [边(E)]：

(1)指定正多边形的中心点。指定中心点后，则命令行提示为：

输入选项 [内接于圆(I)/外切于圆(C)] <I>：

1)内接于圆。用内接于圆的方式绘制正多边形。执行该选项，则命令行提示为：

指定圆的半径：　　　　　　　　　　　　（输入正多边形外接圆的半径）

此时，AutoCAD 按内接于圆的方式绘出指定边数的正多边形。

2)外切于圆。用外切于圆的方式绘制多边形。执行该选项，则命令行提示为：

指定圆的半径：　　　　　　　　　　　　（输入正多边形内切圆的半径）

此时，AutoCAD 按外切于圆的方式绘出指定边数的正多边形。

3)边。根据正多边形的边数和正多边形上一条边的两端点绘制正多边形。执行该选项，命令行提示：

指定边的第一个端点：　　（指定正多边形某条边上的第一个端点）

指定边的第二个端点：　　（指定第二个端点）

AutoCAD 以这两个点的连线作为正多边形的一条边，并按指定的边数以逆时针方向绘制正多边形。

3.【应用举例】

绘制如图 2.9 所示的图形。

(1)绘制图形(1)如下：

命令：polygon ↙

输入边的数目 <4>：6 ↙　　（输入正多边形的边数）

指定正多边形的中心点或［边(E)］：　　（在适当位置单击左键，指定中心点）

输入选项［内接于圆(I)/外切于圆(C)］<I>：↙　　（回车，确认缺省项）

指定圆的半径：48 ↙　　（输入正六边形外接圆的半径）

(2)绘制图形(2)如下：

命令：polygon ↙

输入边的数目 <6>↙：　　（回车，确认缺省项边数）

指定正多边形的中心点或［边(E)］：　　（在适当位置单击左键，指定中心点）

输入选项［内接于圆(I)/外切于圆(C)］<I>：C ↙　　（输入选项“C”）

指定圆的半径：48 ↙　　（输入正六边形内切圆的半径）

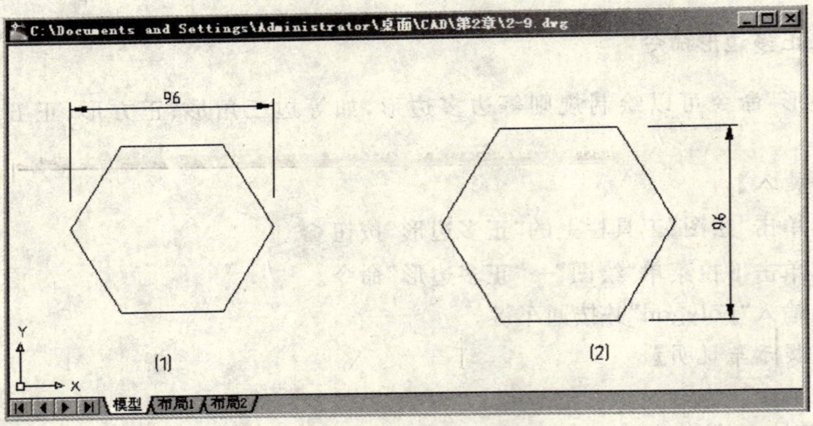

图 2.9 “正多边形”命令练习

2.2.5 矩形命令

“矩形”命令可以快速绘制矩形。

1.【命令输入】

工具栏：单击“绘图”工具栏上的“矩形”按钮 。

菜单栏：单击下拉菜单“绘图”→“矩形”命令。

命令行：输入“rectang”并按回车键。

2.【命令提示与说明】

命令：rectang↙

指定第一个角点或［倒角(C)/标高(E)/圆角(F)/厚度(T)/宽度(W)］：　　（指定矩形的一个角点）

指定另一个角点或［面积(A)/尺寸(D)/旋转(R)］：　　（指定矩形的对角点）

(1)倒角：用于指定倒角距离，绘制带倒角的矩形。

(2)标高：用于指定矩形标高(Z 坐标)，即把矩形画在标高为 Z 和 XOY 坐标面平行的平面上。

(3)圆角：用于指定圆角半径，绘制带圆角的矩形。

(4)厚度：用于指定矩形的厚度。

(5)宽度：用于指定线宽。

3.【应用举例】

绘制如图 2.10 所示的图形。

(1)绘制图形(1)如下：

命令：rectang↙

指定第一个角点或［倒角(C)/标高(E)/圆角(F)/厚度(T)/宽度(W)］：　　（指定矩形的左下角点）

指定另一个角点或［面积(A)/尺寸(D)/旋转(R)］：@108,76↙　　（指定矩形的右上角点）

(2)绘制图形(2)如下：

命令：rectang↙

指定第一个角点或［倒角(C)/标高(E)/圆角(F)/厚度(T)/宽度(W)］：F↙　　（输入"圆角"选项）

指定矩形的圆角半径 <0>：25↙　　（输入圆角半径）

指定第一个角点或［倒角(C)/标高(E)/圆角(F)/厚度(T)/宽度(W)］：　　（指定矩形的左下角点）

指定另一个角点或［面积(A)/尺寸(D)/旋转(R)］：@110,76↙　　（指定矩形的右上角点）

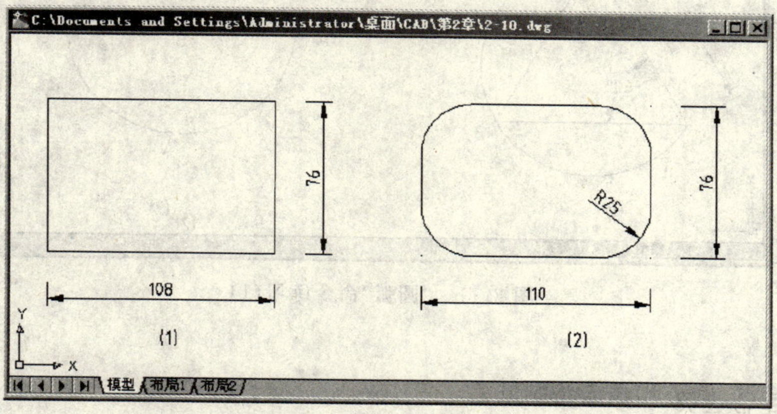

图 2.10　"矩形"命令练习

2.2.6　圆弧命令

"圆弧"命令可以使用多种方法绘制圆弧。除第一种方法外，其他方法都是从起点到端点逆时针绘制圆弧。使用"圆弧"命令时，优先考虑使用下拉菜单。下面介绍几种常用的方法。

一、通过指定三点绘制圆弧

即使用圆弧周线上的三个指定点绘制圆弧。

1.【命令输入】

菜单栏：单击下拉菜单“绘图”→“圆弧”→“三点”命令。

工具栏：单击“绘图”工具栏上的“圆弧”按钮。

命令行：输入“arc”并按回车键。

2.【命令提示与说明】

命令：arc↙

指定圆弧的起点或［圆心(C)］： （指定圆弧的起点）

指定圆弧的第二个点或［圆心(C)/端点(E)］： （指定圆弧周线上的一个点）

指定圆弧的端点： （指定圆弧的终点）

3.【应用举例】

绘制如图 2.11 所示的图形(1)。其中等边△ABC 用“直线”命令已绘制完成，应设置“端点”捕捉模式。

命令：_arc 指定圆弧的起点或［圆心(C)］： （拾取 A 点）

指定圆弧的第二个点或［圆心(C)/端点(E)］： （拾取 B 点）

指定圆弧的端点： （拾取 C 点）

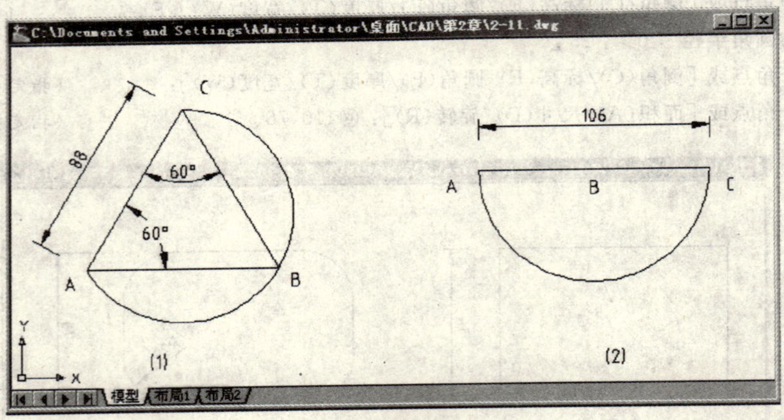

图 2.11 “圆弧”命令练习(1)

二、使用起点、圆心和端点绘制圆弧

如果存在可以捕捉到的起点、圆心点和端点，可使用“起点、圆心、端点”命令。

1.【命令输入】

菜单栏：单击下拉菜单“绘图”→“圆弧”→“起点、圆心、端点”命令。

2.【命令提示与说明】

命令：arc↙

指定圆弧的起点或［圆心(C)］： （指定圆弧的起点）

指定圆弧的第二个点或［圆心(C)/端点(E)］：_c 指定圆弧的圆心： （指定圆弧的圆心）

指定圆弧的端点或［角度(A)/弦长(L)］：　　（指定圆弧的终点）

3.【应用举例】

绘制如图 2.11 所示的图形(2)。其中直线 AC 用“直线”命令已绘制完成，应设置“端点”、“中点”捕捉模式。

命令：_arc 指定圆弧的起点或［圆心(C)］：　　（拾取 A 点）
指定圆弧的第二个点或［圆心(C)/端点(E)］：_c 指定圆弧的圆心：　　（拾取 B 点）
指定圆弧的端点或［角度(A)/弦长(L)］：　　（拾取 C 点）

三、使用起点、圆心和角度绘制圆弧

如果存在可以捕捉到的起点和圆心，并且已知包含角度，可使用“起点、圆心、角度”命令。

1.【命令输入】

菜单栏：单击下拉菜单“绘图”→“圆弧”→“起点、圆心、角度”命令。

2.【命令提示与说明】

命令：arc↙
指定圆弧的起点或［圆心(C)］：　　（指定圆弧的起点）
指定圆弧的第二个点或［圆心(C)/端点(E)］：_c 指定圆弧的圆心：　　（指定圆弧的圆心）
指定圆弧的端点或［角度(A)/弦长(L)］：_a 指定包含角：　　（输入圆弧包含的圆心角）

3.【应用举例】

绘制如图 2.12 所示的图形(1)。其中直线 AB 用“直线”命令已绘制完成，应设置“端点”捕捉模式。

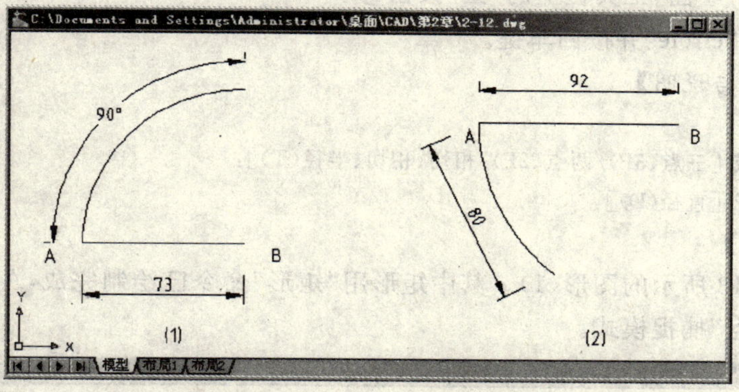

图 2.12　“圆弧”命令练习(2)

命令：_arc 指定圆弧的起点或［圆心(C)］：　　（拾取 A 点）
指定圆弧的第二个点或［圆心(C)/端点(E)］：_c 指定圆弧的圆心：　　（拾取 B 点）
指定圆弧的端点或［角度(A)/弦长(L)］：_a 指定包含角：－90↙　　（输入圆心角）

四、使用起点、圆心和长度绘制圆弧

如果存在可以捕捉的起点和中心点，并且已知弦长，可使用“起点、圆心、长度”命令。

1.【命令输入】

菜单栏：单击下拉菜单“绘图”→“圆弧”→“起点、圆心、长度”命令。

2.【命令提示与说明】

命令：arc↙

指定圆弧的起点或［圆心(C)］： (指定圆弧的起点)

指定圆弧的第二个点或［圆心(C)/端点(E)］：_c 指定圆弧的圆心： (指定圆弧的圆心)

指定圆弧的端点或［角度(A)/弦长(L)］：_l 指定弦长： (输入圆弧对应的弦长)

3.【应用举例】

绘制如图 2.12 所示的图形(2)。其中直线 AB 用“直线”命令已绘制完成，应设置“端点”捕捉模式。

命令：_arc 指定圆弧的起点或［圆心(C)］： (拾取 A 点)

指定圆弧的第二个点或［圆心(C)/端点(E)］：_c 指定圆弧的圆心： (拾取 B 点)

指定圆弧的端点或［角度(A)/弦长(L)］：_l 指定弦长：80↙ (输入弦长)

2.2.7 圆命令

“圆”命令可以使用多种方法绘制圆。默认方法是指定圆心和半径。使用“圆”命令时，也是优先考虑使用下拉菜单。下面介绍几种常用的方法。

一、基于圆心和半径绘制圆

1.【命令输入】

菜单栏：单击下拉菜单“绘图”→“圆”→“圆心、半径”命令。

工具栏：单击“绘图”工具栏上的“圆”按钮⊙。

命令行：输入“circle”并按回车键。

2.【命令提示与说明】

命令：circle↙

指定圆的圆心或［三点(3P)/两点(2P)/相切、相切、半径(T)］： (指定圆的圆心)

指定圆的半径或［直径(D)］： (输入圆的半径)

3.【应用举例】

绘制如图 2.13 所示的图形(1)。其中矩形用“矩形”命令已绘制完成，A 点为矩形的右上角点，应设置“端点”捕捉模式。

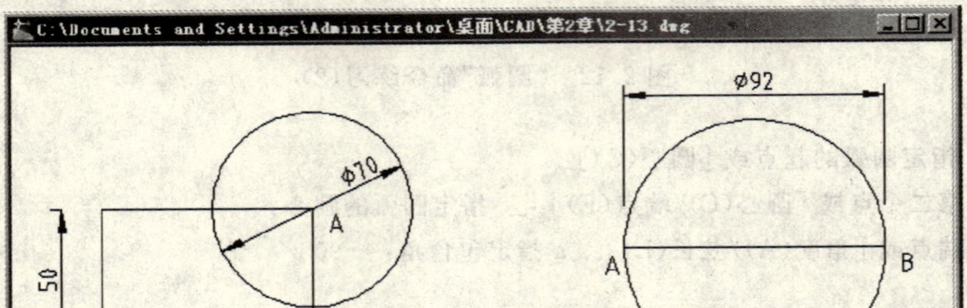

图 2.13 “圆”命令练习(1)

命令：circle↙
指定圆的圆心或［三点(3P)/两点(2P)/相切、相切、半径(T)］：　（拾取 A 点）
指定圆的半径或［直径(D)］：35↙　（输入半径）

二、基于圆直径上的两个端点绘制圆

1.【命令输入】

菜单栏：单击下拉菜单“绘图”→“圆”→“两点”命令。

2.【命令提示与说明】

命令：_circle 指定圆的圆心或［三点(3P)/两点(2P)/相切、相切、半径(T)］：_2p 指定圆直径的第一个端点：　（指定直径的第一个端点）
指定圆直径的第二个端点：　（指定直径的第二个端点）

3.【应用举例】

绘制如图 2.13 所示的图形(2)。其中直线用“直线”命令已绘制完成，设置“端点”捕捉模式。

命令：circle↙
指定圆的圆心或［三点(3P)/两点(2P)/相切、相切、半径(T)］：_2p 指定圆直径的第一个端点：　（拾取 A 点）
指定圆直径的第二个端点：　（拾取 B 点）

三、基于指定半径和两个相切对象绘制圆

1.【命令输入】

菜单栏：单击下拉菜单“绘图”→“圆”→“相切、相切、半径”命令。

2.【命令提示与说明】

命令：_circle 指定圆的圆心或［三点(3P)/两点(2P)/相切、相切、半径(T)］：_ttr
指定对象与圆的第一个切点：　（指定第一个切点位置）
指定对象与圆的第二个切点：　（指定第二个切点位置）
指定圆的半径 <0>：　（输入圆的半径）

3.【应用举例】

绘制如图 2.14 所示的图形(1)。其中矩形用“矩形”命令已绘制完成。

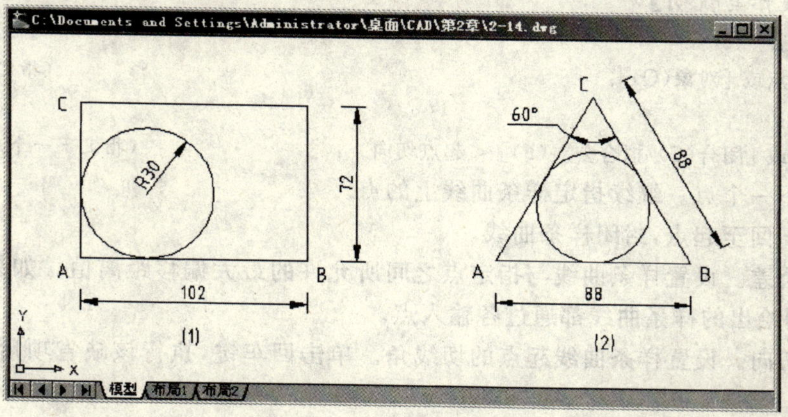

图 2.14　“圆”命令练习(2)

命令：_circle 指定圆的圆心或［三点(3P)/两点(2P)/相切、相切、半径(T)］：_ttr

指定对象与圆的第一个切点：　（在 AB 上拾取一点）

指定对象与圆的第二个切点：　（在 AC 上拾取一点）

指定圆的半径＜0＞：30↙　（输入半径）

四、基于三个相切对象绘制圆

1.【命令输入】

菜单栏：单击下拉菜单“绘图”→“圆”→“相切、相切、相切”命令。

2.【命令提示与说明】

命令：_circle 指定圆的圆心或［三点(3P)/两点(2P)/相切、相切、半径(T)］：_3p 指定圆上的第一个点：_tan 到　（指定第一个切点位置）

指定圆上的第二个点：_tan 到　（指定第二个切点位置）

指定圆上的第三个点：_tan 到　（指定第三个切点位置）

3.【应用举例】

绘制如图 2.14 所示的图形(2)。其中△ABC 用“直线”命令已绘制完成。

命令：_circle 指定圆的圆心或［三点(3P)/两点(2P)/相切、相切、半径(T)］：_3p 指定圆上的第一个点：_tan 到　（在 AB 上拾取一点）

指定圆上的第二个点：_tan 到　（在 AC 上拾取一点）

指定圆上的第三个点：_tan 到　（在 BC 上拾取一点）

2.2.8 样条曲线命令

样条曲线是经过或接近一系列给定点的光滑曲线。使用“样条曲线”命令可以绘制一种称为非一致有理 B 样条(NURBS)曲线的特殊样条曲线类型。NURBS 曲线在控制点之间产生一条光滑的曲线。

1.【命令输入】

工具栏：单击“绘图”工具栏上的“样条曲线”按钮。

菜单栏：单击下拉菜单“绘图”→“样条曲线”命令。

命令行：输入“spline”并按回车键。

2.【命令提示与说明】

命令：spline↙

指定第一个点或［对象(O)］：　（指定样条曲线起点）

指定下一点：　（指定下一个点）

指定下一点或［闭合(C)/拟合公差(F)］＜起点切向＞：　（指定下一个点，或输入选项）

(1)指定下一个点。继续指定样条曲线上的点。

(2)闭合。回至起点，封闭样条曲线。

(3)拟和公差。设置样条曲线与指定点之间所允许的最大偏移距离值。如果最大偏移距离设置为 0，则绘出的样条曲线都通过各输入点。

(3)起点切向。设置样条曲线起点的切线角。单击回车键，执行该缺省项后，则命令行提示为：

指定起点切向：　（指定样条曲线起点处的切线方向）

指定端点切向：　　(指定样条曲线终点处的切线方向)

3.【应用举例】

绘制如图 2.15 所示的图形。其中直线用“直线”命令已绘制完成，应设置“端点”捕捉模式。

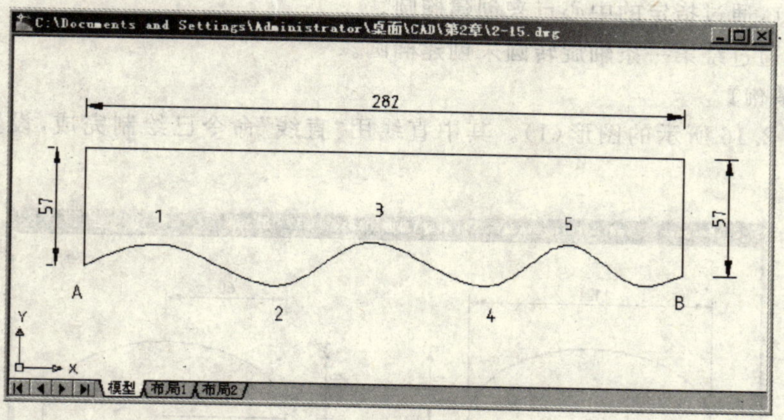

图 2.15　“样条曲线”命令练习

命令：_spline

指定第一个点或［对象(O)］：　　(拾取 A 点)

指定下一点：　　(在 1 点位置附近拾取一点)

指定下一点或［闭合(C)/拟合公差(F)］<起点切向>：　　(在 2 点位置附近拾取一点)

指定下一点或［闭合(C)/拟合公差(F)］<起点切向>：　　(在 3 点位置附近拾取一点)

指定下一点或［闭合(C)/拟合公差(F)］<起点切向>：　　(在 4 点位置附近拾取一点)

指定下一点或［闭合(C)/拟合公差(F)］<起点切向>：　　(在 5 点位置附近拾取一点)

指定下一点或［闭合(C)/拟合公差(F)］<起点切向>：　　(拾取 B 点)

指定下一点或［闭合(C)/拟合公差(F)］<起点切向>：↙　　(回车，确认缺省项)

指定起点切向：↙　　(回车)

指定端点切向：↙　　(回车，结束命令)

2.2.9　椭圆命令

椭圆由定义其长度和宽度的两条轴决定。较长的轴称为长轴，较短的轴称为短轴。“椭圆”命令可以绘制椭圆或椭圆弧。绘制椭圆的方法有以下两种。

一、基于轴、端点绘制椭圆

1.【命令输入】

工具栏：单击“绘图”工具栏上的“椭圆”按钮。

菜单栏：单击下拉菜单“绘图”→“椭圆”→“轴、端点”命令。

命令行：输入“ellipse”并按回车键。

2.【命令提示与说明】

命令：ellipse↙

指定椭圆的轴端点或［圆弧(A)/中心点(C)］：　　(指定椭圆轴的端点)

指定轴的另一个端点：　　(指定椭圆轴的另一个端点)

指定另一条半轴长度或［旋转(R)］：　　(输入椭圆另一条半轴的长度)

(1)圆弧：创建一段椭圆弧。第一条轴的角度确定了椭圆弧的角度。第一条轴既可定义椭圆弧长轴也可定义椭圆弧短轴。

(2)中心点：通过指定的中心点来创建椭圆。

(3)旋转：通过绕第一条轴旋转圆来创建椭圆。

3.【应用举例】

绘制如图 2.16 所示的图形(1)。其中直线用"直线"命令已绘制完成，设置"端点"捕捉模式。

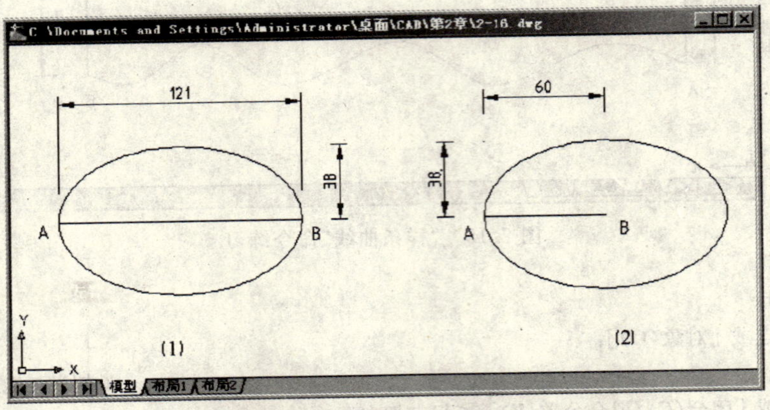

图 2.16　"椭圆"命令练习

命令：ellipse↙

指定椭圆的轴端点或［圆弧(A)/中心点(C)］：　　(拾取 A 点)

指定轴的另一个端点：　　(拾取 B 点)

指定另一条半轴长度或［旋转(R)］：38↙　　(输入短轴半轴的长度)

二、基于中心点绘制椭圆

1.【命令输入】

菜单栏：单击下拉菜单"绘图"→"椭圆"→"中心点"命令。

2.【命令提示与说明】

命令：_ellipse

指定椭圆的轴端点或［圆弧(A)/中心点(C)］：_c

指定椭圆的中心点：　　(指定椭圆的中心点)

指定轴的端点：　　(指定椭圆轴的端点)

指定另一条半轴长度或［旋转(R)］：　　(输入椭圆另一条半轴的长度)

3.【应用举例】

绘制如图 2.16 所示的图形(2)。其中直线用"直线"命令已绘制完成。对象捕捉要设置"端点"捕捉模式。

命令：_ellipse

指定椭圆的轴端点或［圆弧(A)/中心点(C)］：_c

指定椭圆的中心点：　　（拾取 B 点）
指定轴的端点：　　（拾取 A 点）
指定另一条半轴长度或［旋转(R)］：38↙　　（输入短轴半轴的长度）

2.2.10　点的绘制

点可以作为对象捕捉的节点，可以相对于屏幕或使用绝对单位设置点的样式和大小。“点”命令可以绘制点对象。

一、设置点的样式和大小

1.【命令输入】

菜单栏：单击下拉菜单“格式”→“点样式”命令。

命令行：输入“ddptype”并按回车键。

2.【命令提示与说明】

命令：ddptype↙

系统弹出“点样式”对话框，如图 2.17 所示。对话框列出了点的各种样式，显示当前点样式的大小。

(1)选择点样式。可以通过单击左键选择点样式图标来重新设定点样式。

(2)设置点的显示大小。可以通过在“点大小”文本框输入数值重新设定点的大小。同时，有两个单选钮供选择。选定“相对于屏幕设置点的大小”单选钮，则按屏幕尺寸的百分比设置点的显示大小。当进行缩放时，点的显示大小并不改变。选定“按绝对单位设置大小”单选钮，则按“点大小”下指定的实际单位设置点显示的大小。进行缩放时，显示的点大小随之改变。

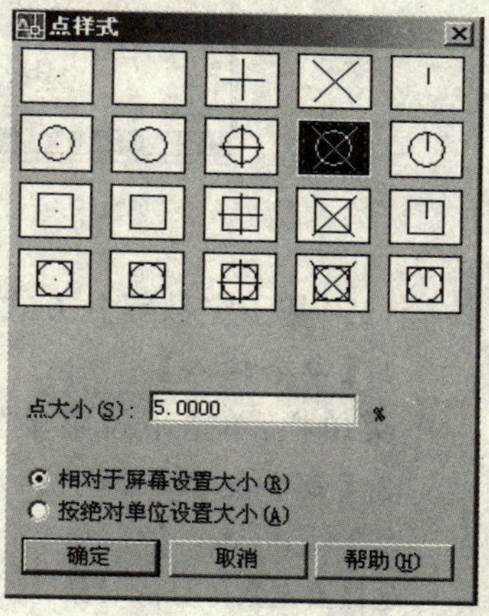

图 2.17　“点样式”对话框

二、绘制点

与绘制点相关的操作有多种，下面介绍常用的三种。

(一)基于多点方式绘制点

1.【命令输入】

工具栏：单击“绘图”工具栏上的“点”按钮 ▪。

菜单栏：单击下拉菜单“绘图”→“点”→“多点”命令。

2.【命令提示与说明】

命令：_point
当前点模式：PDMODE=35 PDSIZE=0　　（当前点模式）
指定点：　　（指定点位置）

3.【应用举例】

绘制如图 2.18 所示的图形(1)。其中点的样式和大小已按需要设置完成。

命令：_point
当前点模式：PDMODE=35 PDSIZE=0
指定点：100,100↙　　（输入 A 点坐标）

命令：_point

当前点模式：PDMODE=35 PDSIZE=0

指定点：100,150↙　　（输入 B 点坐标）

命令：_point

当前点模式：PDMODE=35 PDSIZE=0

指定点：100,200↙　　（输入 C 点坐标）

命令：_point

当前点模式：PDMODE=35 PDSIZE=0

指定点：　　（按“Esc”键结束命令）

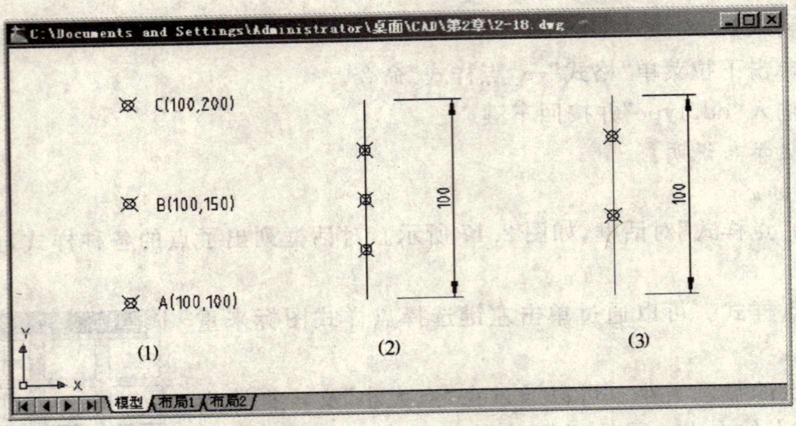

图 2.18　“点”命令练习

（二）基于定数等分方式绘制点

1.【命令输入】

菜单栏：单击下拉菜单“绘图”→“点”→“定数等分”命令。

2.【命令提示与说明】

命令：_divide

选择要定数等分的对象：　　（选择要定数等分的对象）

输入线段数目或［块(B)］：　　（输入要定数等分线段的数目）

3.【应用举例】

绘制如图 2.18 所示的图形(2)。其中点的样式和大小已按需要设置完成，直线用“直线”命令已绘制完成。

命令：_divide

选择要定数等分的对象：　　（选择直线）

输入线段数目或［块(B)］：4↙　　（输入等分线段的数目）

（三）基于定距等分绘制点

1.【命令输入】

菜单栏：单击下拉菜单“绘图”→“点”→“定距等分”命令。

2.【命令提示与说明】

命令：_measure

选择要定距等分的对象：　　（选择要定距等分的对象）

指定线段长度或［块(B)］：　　　　　　　　　　　　　　　　　　　（输入等分线段的长度）

3.【应用举例】

绘制如图 2.18 所示的图形(3)。其中点的样式和大小已按需要设置完成，直线用“直线”命令已绘制完成。

命令：_measure

选择要定距等分的对象：　　　　　　　　　　　　　　　　　　（在直线中点以下位置点击直线）

指定线段长度或［块(B)］：40↙　　　　　　　　　　　　　　　　（输入等分线段的长度）

2.2.11　多线的绘制

多线由 1～16 条平行线组成，这些平行线称为元素。绘制多线时，可以使用包含两个元素的系统默认样式 Standard，也可以指定一个以前创建的样式。

一、设置多线样式

通过设置多线样式可控制多线中元素的数量及其特性。

1.【命令输入】

菜单栏：单击下拉菜单“格式”→“多线样式”命令。

命令行：输入“mlstyle”并按回车键。

2.【命令提示与说明】

命令：mlstyle↙

系统弹出“多线样式”对话框，如图 2.19 所示。

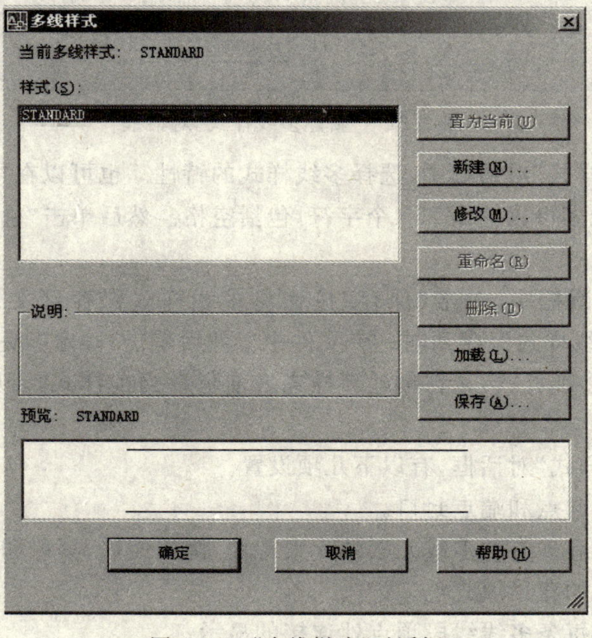

图 2.19　“多线样式”对话框

(1)在“多线样式”对话框中，单击“新建”按钮，打开“创建新的多线样式”对话框，如图2.20所示。

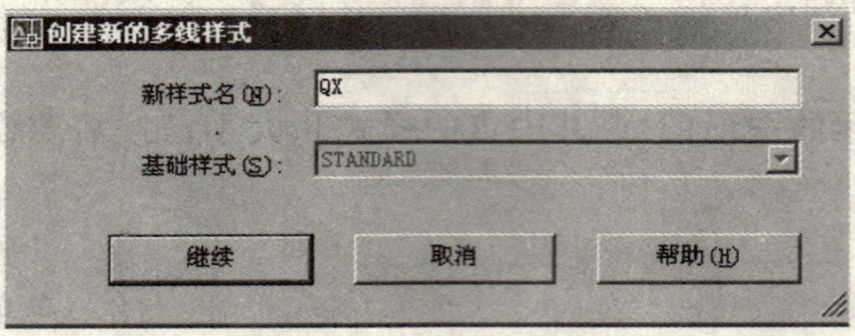

图 2.20 “创建新的多线样式”对话框

(2)在“创建新的多线样式”对话框的“新样式名”文本框中输入新的样式名并选择开始绘制的基础样式。单击“继续”按钮,打开“新建多线样式”对话框,如图 2.21 所示。

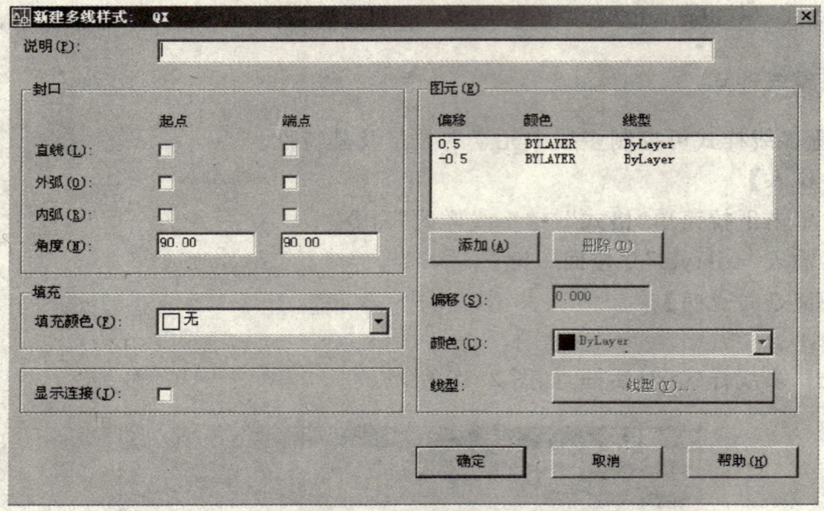

图 2.21 “新建多线样式”对话框

(3)在“新建多线样式”对话框中,选择多线样式的特性。也可以在“说明”文本框中输入说明。说明是可选的,最多可以输入 255 个字符,包括空格。然后单击“确定”按钮,返回“多线样式”对话框。

在“多线样式”对话框中,单击“保存”按钮将多线样式保存到文件(默认文件为 acad.mln)。可以将多个多线样式保存到同一个文件中。然后单击“确定”,完成多线样式的设置。

如果要创建多个多线样式,请在创建新样式之前保存当前样式,否则,将丢失对当前样式所做的修改。

其中,“新建多线样式”对话框,有以下几项设置。

1)封口:控制多线起点和端点封口。

2)图元:设置新的和现有的多线元素的元素特性,例如偏移、颜色和线型。

3)填充:设置多线的背景填充色。

4)显示连接:控制每条多线线段顶点处连接的显示。

二、绘制多线

开始绘制之前,根据需要应修改多线的“对正”和“比例”选项。多线的“对正”选项确定将在光标的哪一侧绘制多线，或者是否位于光标的中心上。多线的“比例”选项用来控制多线的全局宽度(使用当前单位)。多线比例不影响线型比例。

1.【命令输入】

菜单栏：单击下拉菜单“绘图”→“多线”命令。

命令行：输入“mline”并按回车键。

2.【命令提示与说明】

命令：_mline

当前设置：对正 = 上，比例 = 20.00，样式 = STANDARD

指定起点或 [对正(J)/比例(S)/样式(ST)]：

(1)指定起点。指定了起点，系统将该点作为多线的起点，并在命令行继续提示：

指定下一点：

以后的操作及说明过程和“直线”命令相似。

(2)对正。设置绘多线的对齐方式。选择该项，则命令行提示：

输入对正类型 [上(T)/无(Z)/下(B)] <上>：

其中：

1)上(T)：当从左向右绘多线时，多线最上面的元素与光标对齐；当从右向左绘多线时，多线最下面的元素与光标对齐。

2)无(Z)：当绘制多线时，多线中间的元素与光标对齐。

3)下(B)：当从左向右绘多线时，多线最下面的元素与光标对齐；当从右向左绘多线时，多线最上面的元素与光标对齐。

(3)比例。设置多线的比例因子，控制多线的宽度和多线各元素之间的距离。选择该项，则命令行提示：

输入多线比例 <20.00>：　　　　(输入多线比例)

(4)样式。设置绘多线时所用的线型样式，缺省的样式为“Standard”。选择该项，则命令行提示：

输入多线样式名或[?]：　　　　(输入需要的多线样式名称)

如果输入已有的多线样式名，则 AutoCAD 以该样式绘制多线；如果输入“?”，则列表显示已有的多线样式。

3.【应用举例 1】

绘制如图 2.22 所示的图形(1)。其中直线 AC 用“直线”命令已绘制完成，应设置“中点”捕捉模式。

命令：_mline

当前设置：对正 = 上，比例 = 20.00，样式 = STANDARD　　　　(当前设置提示)

指定起点或 [对正(J)/比例(S)/样式(ST)]：　　　　(拾取 AC 的中点)

指定下一点：@68<90↙　　　　(输入相对极坐标)

指定下一点或 [放弃(U)]：@40<0↙　　　　(输入相对极坐标)

指定下一点或 [闭合(C)/放弃(U)]：↙　　　　(回车，结束命令)

4.【应用举例 2】

绘制如图 2.22 所示的图形(2)。其中直线 AC 用“直线”命令已绘制完成，对象捕捉要设置“中点”捕捉模式。

命令：_mline
当前设置：对正 = 上，比例 = 20.00，样式 = STANDARD　　(当前设置提示)
指定起点或[对正(J)/比例(S)/样式(ST)]：J　　(输入“对正”选项)
输入对正类型[上(T)/无(Z)/下(B)]<上>：Z　　(输入“无”选项)
当前设置：对正 = 无，比例 = 20.00，样式 = STANDARD　　(当前设置提示)
指定起点或[对正(J)/比例(S)/样式(ST)]：　　(拾取 AC 的中点)
指定下一点：@68<90↙　　(输入相对极坐标)
指定下一点或[放弃(U)]：@40<0↙　　(输入相对极坐标)
指定下一点或[闭合(C)/放弃(U)]：↙　　(回车，结束命令)

5.【应用举例 3】

绘制如图 2.22 所示的图形(3)。其中直线 AC 用“直线”命令已绘制完成，设置“中点”捕捉模式。

命令：_mline
当前设置：对正 = 无，比例 = 20.00，样式 = STANDARD　　(当前设置提示)
指定起点或[对正(J)/比例(S)/样式(ST)]：J↙　　(输入“对正”选项)
输入对正类型[上(T)/无(Z)/下(B)]<无>：B↙　　(输入“下”选项)
当前设置：对正 = 下，比例 = 20.00，样式 = STANDARD　　(当前设置提示)
指定起点或[对正(J)/比例(S)/样式(ST)]：　　(拾取 AC 的中点)
指定下一点：@68<90↙　　(输入相对极坐标)
指定下一点或[放弃(U)]：@40<0↙　　(输入相对极坐标)
指定下一点或[闭合(C)/放弃(U)]：↙　　(回车，结束命令)

6.【应用举例 4】

绘制如图 2.22 所示的图形(4)。其中直线 AC 用“直线”命令已绘制完成，对象捕捉要设置“中点”捕捉模式。

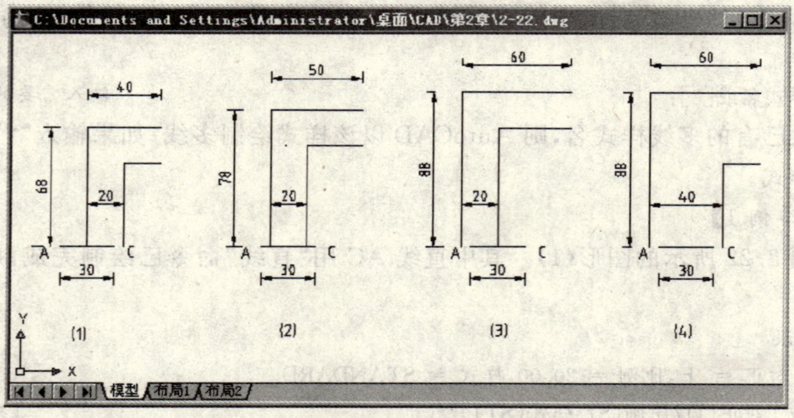

图 2.22 “多线”命令练习

命令：_mline
当前设置：对正 = 下，比例 = 20.00，样式 = STANDARD　　(当前设置提示)
指定起点或[对正(J)/比例(S)/样式(ST)]：S↙　　(输入“比例”选项)
输入多线比例<20.00>：40↙　　(输入选用比例)
当前设置：对正 = 下，比例 = 40.00，样式 = STANDARD↙　　(当前设置提示)

指定起点或［对正(J)/比例(S)/样式(ST)］：J↙　　（输入“对正”选项）
输入对正类型［上(T)/无(Z)/下(B)］＜下＞：Z↙　　（输入“无”选项）
当前设置：对正 = 无，比例 = 40.00，样式 = STANDARD　　（当前设置提示）
指定起点或［对正(J)/比例(S)/样式(ST)］：　　（拾取 AC 的中点）
指定下一点：@68＜90↙　　（输入相对极坐标）
指定下一点或［放弃(U)］：@40＜0↙　　（输入相对极坐标）
指定下一点或［闭合(C)/放弃(U)］：↙　　（回车，结束命令）

2.3　思考题与练习题

一、选择题

(1)一般使用的点坐标表示方法有________。
(A) 绝对直角坐标　　(B) 绝对极坐标
(C) 相对直角坐标　　(D) 相对极坐标

(2)在 AutoCAD 2007 绘图中，点的定位一般用________。
(A) 鼠标定位　　(B) 键盘定位
(C) 距离定位　　(D) 特殊定点设备

(3)在 AutoCAD 中，下列坐标中是相对极坐标输入方式的是________。
(A)@50,100　　(B)@50＜100
(C)50,100　　(D)50＜100

(4)如果用直线命令绘制起点为(10,10)，与 X 轴正方向成 45°，长度为 50 的直线段应输入________。
(A)50,45　　(B)@50,45
(C)@50＜45　　(D)60,60

(5)在圆弧子菜单中，绘制圆弧的方法一共有________种。
(A)8　　(B)9
(C)10　　(D)11

(6)应用“相切、相切、相切”方式画圆时________。
(A)相切的对象必须是直线　　(B)不需要指定圆的半径和圆心
(C)需要指定圆心　　(D)不需要指定圆心，但要输入圆的半径

(7)下面关于用矩形命令绘制矩形的说法，错误的是________。
(A)矩形可以有圆角　　(B)矩形可以有倒角
(C)根据矩形的周长就可以绘制矩形　　(D)矩形是一个对象

二、思考题

(1)AutoCAD 默认的测量角度方向是顺时针还是逆时针？
(2)哪种坐标输入法中需要输入“@”符号？
(3)采用 line，pline，spline，mline 命令绘制的对象有什么不同？

(4)相对直角坐标的表示方式为@△X,△Y。其中“△X”和“△Y”分别表示什么?

(5)相对极坐标的表示方式为@ L<α。其中 “L”和“α” 分别表示什么?

三、上机练习

(1)根据所注尺寸,绘制如图 2.23 所示的图形。

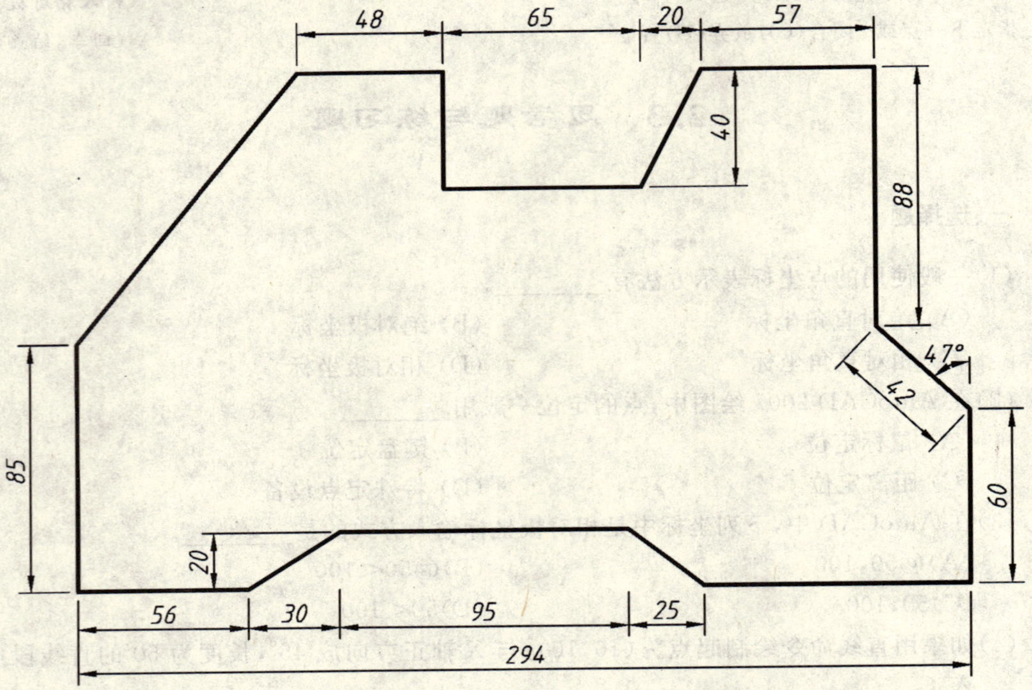

图 2.23 平面图形绘制(1)

(2)根据所注尺寸,绘制如图 2.24 所示的图形。

(3)根据所注尺寸,绘制如图 2.25 所示的图形。

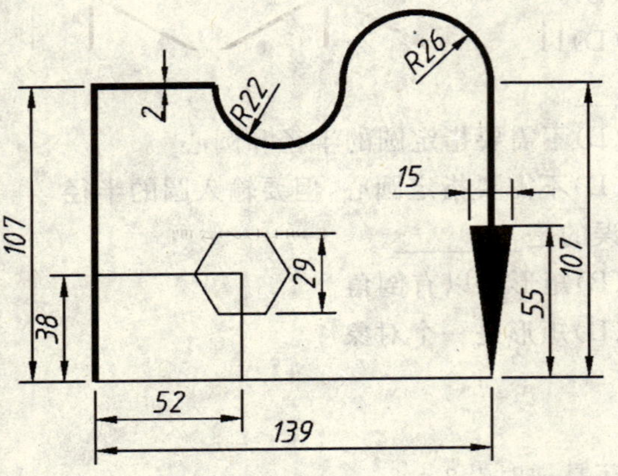

图 2.24 平面图形绘制(2)

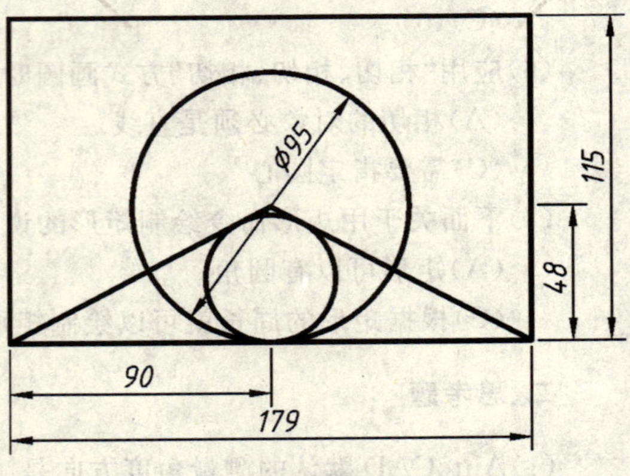

图 2.25 平面图形绘制(3)

(4)根据所注尺寸,绘制如图 2.26 所示的图形。

(5)根据所注尺寸，绘制如图 2.27 所示的图形。其中：8 个点均布在“O”型圈上。

(6)根据所注尺寸，绘制如图 2.28 所示的图形。提示：用矩形及多线命令绘制。

(7)根据所注尺寸，绘制如图 2.29 所示的图形。说明：5 个组成部分尺寸相同。

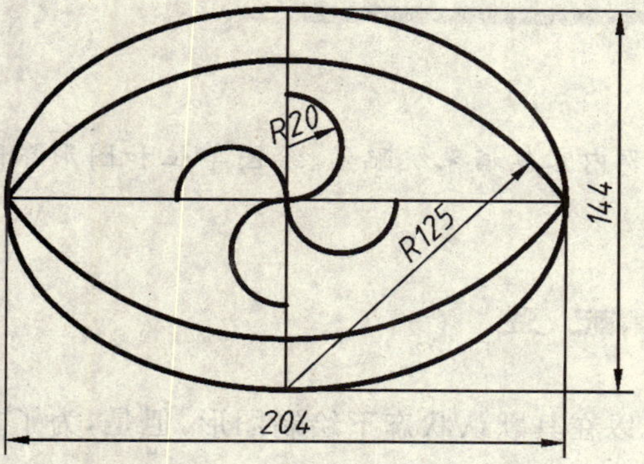

图 2.26　平面图形绘制(4)

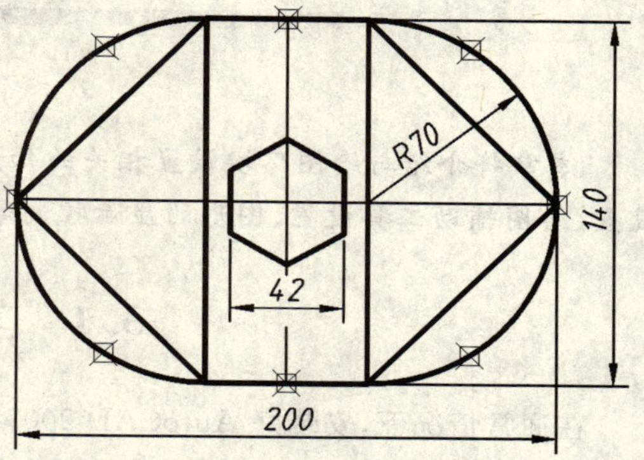

图 2.27　平面图形绘制(5)

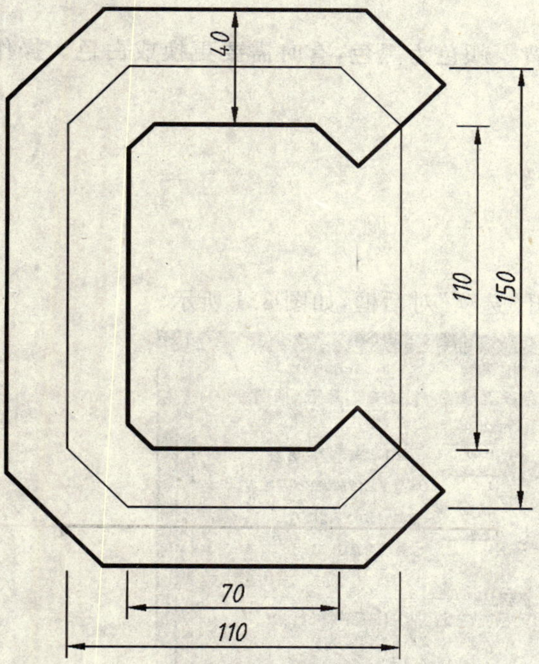

图 2.28　平面图形绘制(6)

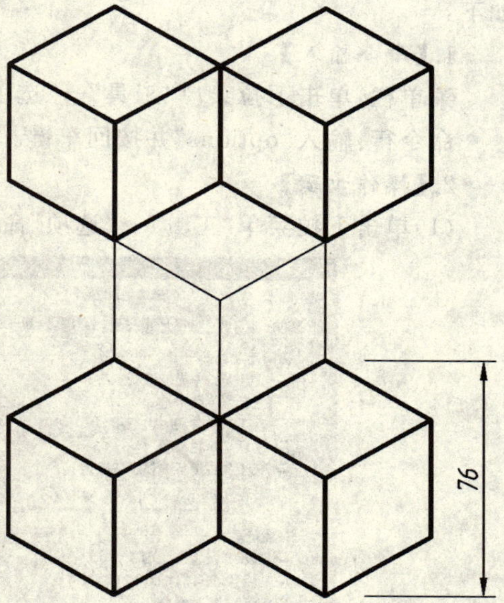

图 2.29　平面图形绘制(7)

第3章　绘图环境设置

本章将介绍与绘图环境设置相关的知识。主要内容包括系统配置、绘图单位和图形界限设置、绘图辅助工具设置、图形的显示控制等。

3.1　系统配置

在通常情况下，安装好 AutoCAD 2007 后就可以在其默认状态下绘制图形，但是，为了方便绘图，用户需要在绘制图形前，先对系统参数进行必要的设置。

3.1.1　绘图区背景颜色的设置

通常 AutoCAD 2007 默认状态下绘图区的背景颜色为黑色，有时需要更换成白色。操作如下：

1.【命令输入】

菜单栏：单击下拉菜单“工具”→“选项”命令。

命令行：输入“options”并按回车键。

2.【操作步骤】

(1)单击下拉菜单“工具”→“选项”命令，打开“选项”对话框，如图 3.1 所示。

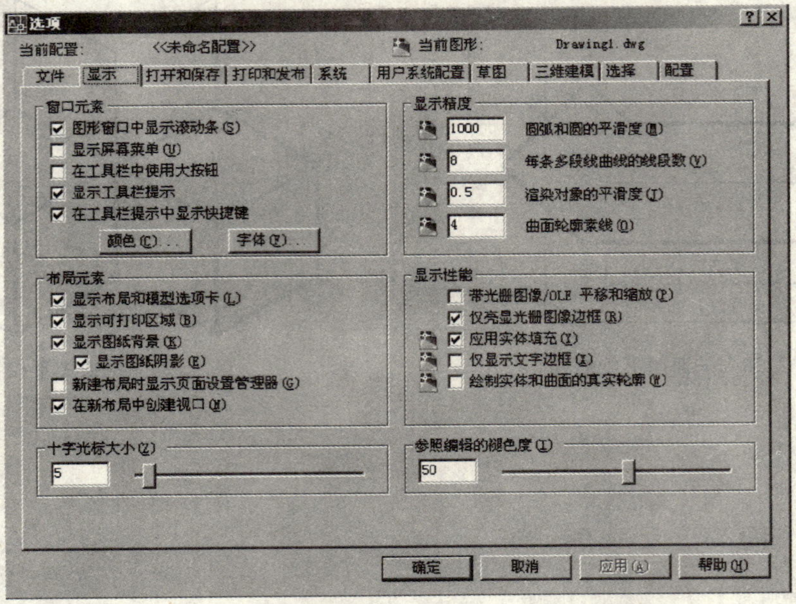

图 3.1　“选项”对话框

(2)在“选项”对话框中打开“显示”选项卡，然后单击对话框“窗口元素”选项组中的“颜色”按钮，打开“图形窗口颜色”对话框，如图 3.2 所示。

(3) 在“图形窗口颜色”对话框的“背景”列表框中选择“二维模型空间”，在“界面元素”列表框中选择“统一背景”，在“颜色”列表框中选择“白”，然后单击“应用并关闭”按钮，返回“选项”对话框，单击“确定”按钮，完成绘图区背景颜色设置。

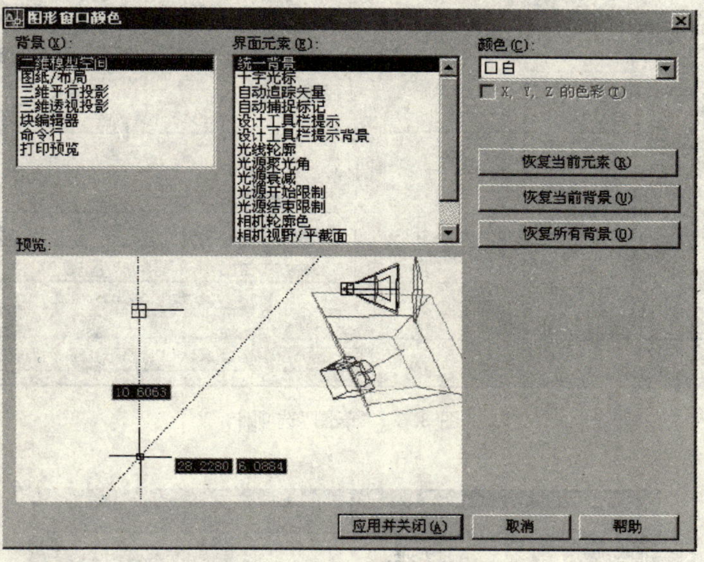

图 3.2　“图形窗口颜色”对话框(设置背景颜色)

3.1.2　自动捕捉标记的设置

当绘图区背景颜色改变时，自动捕捉标记的颜色也要随之改变，使其与背景颜色对照鲜明、醒目。操作如下：

1.【命令输入】

菜单栏：单击下拉菜单“工具”→“选项”命令。

命令行：输入“options”并按回车键。

2.【操作步骤】

(1)单击下拉菜单“工具”→“选项”命令，打开“选项”对话框；在“选项”对话框中单击“草图”选项卡，如图 3.3 所示。

(2)单击对话框“自动捕捉设置”选项组中的“颜色”按钮，打开“图形窗口颜色”对话框，如图 3.4 所示。

(3)在“图形窗口颜色”对话框的“背景”列表框中选择“二维模型空间”，在“界面元素”列表框中选择“自动捕捉标记”，在“颜色”列表框中选择“红”，然后单击“应用并关闭”按钮，返回“选项”对话框，单击“确定”按钮，完成自动捕捉标记颜色设置。

3.【说明】

在如图 3.3 所示的“选项”对话框的“草图”选项卡中，对“自动捕捉标记大小”选项组中的滑块进行移动，可设置自动捕捉标记的大小。

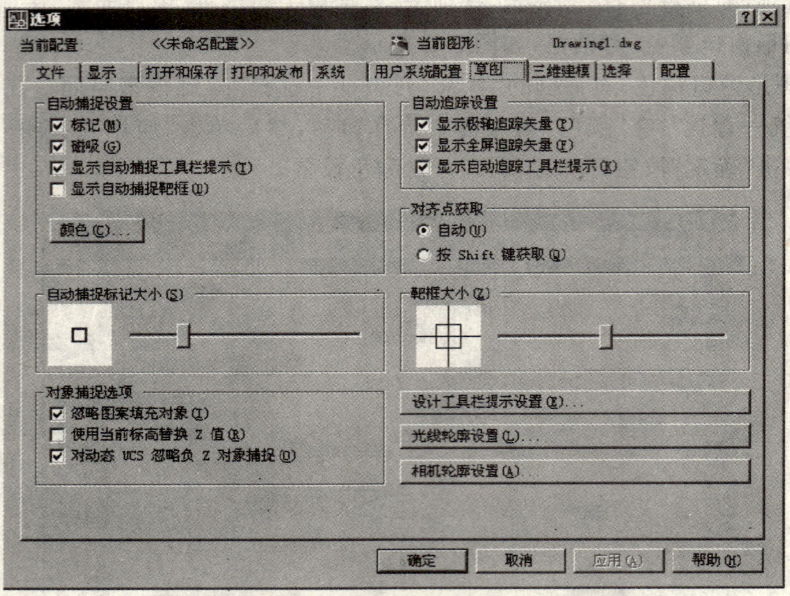

图 3.3 “草图”选项卡

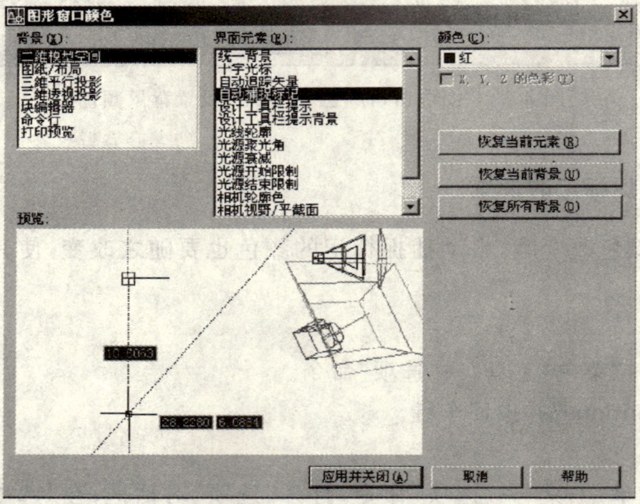

图 3.4 “图形窗口颜色”对话框(设置自动捕捉标记颜色)

3.2 绘图单位和图形界限设置

在 AutoCAD 中,用户一般采用 1 : 1 的比例以真实大小来绘图,当需要打印出图时,再将图形按图纸大小进行缩放。用户需要在绘制图形前先对绘图单位和图形界限进行必要的设置。

3.2.1　绘图单位的设置

当用户需要对绘图单位进行设置时，操作如下：

1.【命令输入】

菜单栏：单击下拉菜单"格式"→"单位"命令。

命令行：输入"units"并按回车键。

2.【操作步骤】

(1)单击下拉菜单"格式"→"单位"命令，打开"图形单位"对话框，如图 3.5 所示。

(2)在"图形单位"对话框的"长度"选项组中，在"精度"列表框中选择需要的精度，本例选择"0"。

(3)单击"确定"按钮，完成图形单位精度的设置。

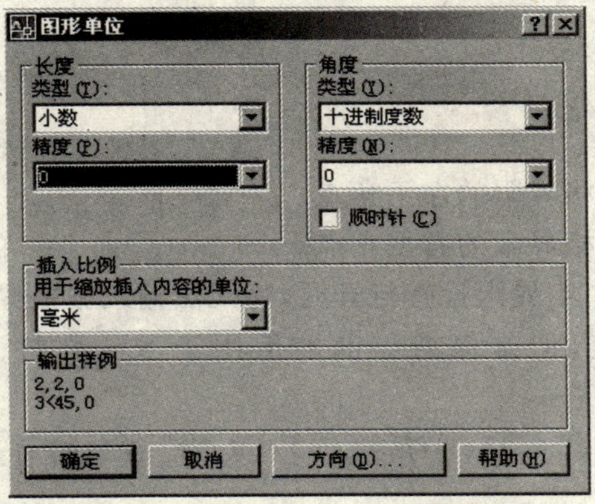

图 3.5　"图形单位"对话框

3.【说明】

"图形单位"对话框用于定义单位和角度格式，各组成部分的意义与作用如下：

(1)"长度"选项组。指定测量的当前单位及当前单位的精度。

1)"类型"列表框：设置测量单位的当前格式。该值包括"建筑"、"小数"、"工程"、"分数"和"科学"。其中，"工程"和"建筑"格式提供英尺和英寸显示并假定每个图形单位表示 1 英寸。其他格式表示任何真实国际单位。

2)"精度"列表框：设置线性测量值显示的小数位数或分数大小。

(2)"角度"选项组。指定当前角度格式和当前角度显示的精度。

1)"类型"列表框：设置当前角度格式。

2)"精度"列表框：设置当前角度显示的精度。

3)"顺时针"复选框：以顺时针方向计算正的角度值。默认的正角度方向是逆时针方向。当提示用户输入角度时，可以点击所需方向或输入角度，而不必考虑"顺时针"设置。

(3)"插入比例"选项组。控制插入到当前图形中的块和图形的测量单位。如果块或图形创建时使用的单位与该选项指定的单位不同，则当插入这些块或图形时，将对其按比例缩放。插入比例是源块或图形使用的单位与目标图形使用的单位之比。如果插入块时不按指定单位缩放，请选择"无单位"。

(4)“输出样例”选项组。显示用当前单位和角度设置的例子。

(5)“方向”按钮。用于显示“方向控制”对话框。

3.2.2 图形界限的设置

在 AutoCAD 2007 中,用户不仅可以通过设置参数选项和图形单位来设置绘图环境,还可以根据实际情况设置图形界限。在模型空间中设置一个想象的矩形绘图区域,它确定的区域是可见栅格指示的区域。操作如下:

1.【命令输入】

菜单栏:单击下拉菜单“格式”→“图形界限”命令。

命令行:输入“limits”并按回车键。

2.【命令提示与说明】

命令:limits↙

重新设置模型空间界限:

指定左下角点或[开(ON)/关(OFF)]<0,0>: (指定图形界限的左下角点)

指定右上角点 <420,297>: (指定图形界限的右上角点,或回车结束命令)

(1)左下角点。指定栅格界限的左下角点。

(2)右上角点。指定栅格界限的右上角点。

(3)开。打开界限检查,当界限检查打开时,将无法输入栅格界线外的点。

(4)关。关闭界限检查,但是保持当前的值用于下一次打开界限检查。系统默认状态为“关”。

(5)重新设置模型空间界限后,必须执行“ZOOM”命令的可选项“全部(A)”,设置才起作用。

3.【应用举例】

设置当前图形界限的长为 21 000mm,宽为 15 000mm。

命令:limits↙

重新设置模型空间界限:

指定左下角点或[开(ON)/关(OFF)]<0,0>:↙ (左下角点一般就为 0)

指定右上角点 <420,297>:21000,1500↙ (指定右上角点的位置)

命令:zoom↙

指定窗口的角点,输入比例因子 (nX 或 nXP),或者

[全部(A)/中心(C)/动态(D)/范围(E)/上一个(P)/比例(S)/窗口(W)/对象(O)]<实时>: A↙

正在重生成模型。

3.3 绘图辅助工具设置

当用 AutoCAD 中绘制图形时,有的图形对尺寸要求比较严格,必须按给定的尺寸绘图。这时可以通过常用的指定点坐标来绘制图形,还可以使用系统提供的“捕捉”、“对象捕捉”、“对象追踪”等绘图辅助工具,在不输入坐标的情况下快速、精确地绘制图形。

一般绘图时,“极轴”、“对象捕捉”、“对象追踪”、“线宽”等绘图辅助工具应设置为打开。

3.3.1　捕捉和栅格

在 AutoCAD 中，使用“捕捉”和“栅格”功能，可以用来精确定位点，提高绘图效率。栅格是点或线的矩阵，遍布栅格指定界限的整个区域。使用栅格类似于在图形下放置一张坐标纸。利用栅格可以对齐对象并直观显示对象之间的距离。打印时不会打印出栅格。

捕捉模式用于限制十字光标，使其按照用户定义的间距移动。当“捕捉”模式打开时，光标似乎捕捉到不可见的栅格。

“栅格”模式和“捕捉”模式各自独立，但使用时应同时打开。

一、显示栅格和设置栅格间距

1.【命令输入】

状态栏：单击“栅格”按钮栅格，使其凹下。

菜单栏：单击下拉菜单“工具”→“草图设置”命令。

命令行：输入“dsettings”并按回车键。

2.【操作步骤】

(1)单击下拉菜单“工具”→“草图设置”命令，打开“草图设置”对话框，如图 3.6 所示。

(2)在“草图设置”对话框的“捕捉和栅格”选项卡上，勾选“启用栅格”复选框以显示栅格。

(3)在“捕捉类型”选项组中，确认已点选“栅格捕捉”和“矩形捕捉”。

(4)在“栅格间距”选项组中，给“栅格 X 轴间距”文本框以单位形式输入水平栅格间距；要为垂直栅格间距设置相同的值，按回车键。否则，在“栅格 Y 轴间距”中输入新值。单击“确定”按钮，完成设置。

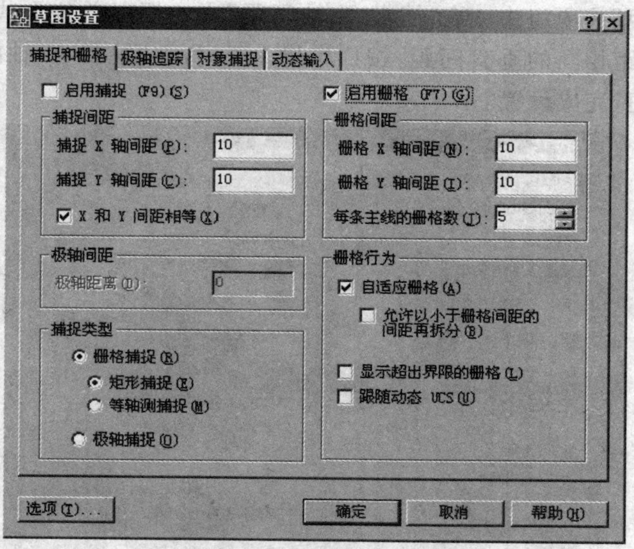

图 3.6　“草图设置”对话框(设置栅格)

3.【应用举例】

(1)按如图 3.6 所示的“草图设置”对话框进行设置，绘图窗口如图 3.7(a)所示；

(2)若将如图 3.6 所示的“草图设置”对话框中“启用栅格”复选框去除勾选，绘图窗口如图

3.7(b)所示。

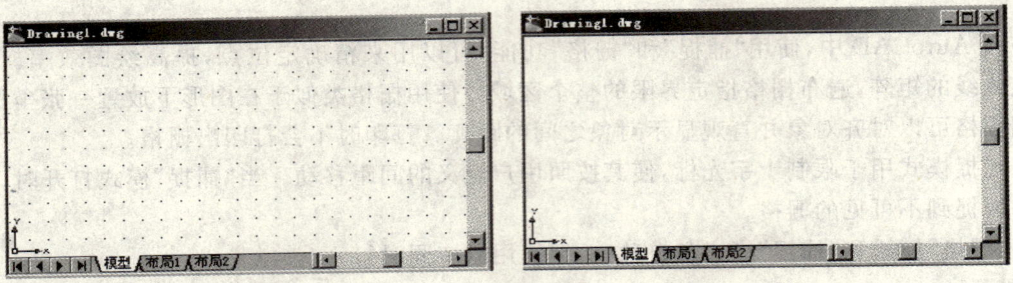

(a)　　　　(b)

图 3.7　栅格的设置

二、打开“捕捉”模式并设置捕捉间距

1.【命令输入】

状态栏：单击状态栏上的“捕捉”按钮捕捉，使其凹下。

菜单栏：单击下拉菜单“工具”→“草图设置”命令。

命令行：输入“dsettings”并按回车键。

2.【操作步骤】

(1)单击下拉菜单“工具”→“草图设置”命令，打开“草图设置”对话框，如图 3.8 所示。

(2)在“草图设置”对话框的“捕捉和栅格”选项卡上，勾选“启用捕捉”复选框。

(3)在“捕捉类型”选项组中，确认已点选“栅格捕捉”和“矩形捕捉”。

(4)在“捕捉间距”选项组中，给“捕捉 X 轴间距”文本框以单位形式输入水平捕捉间距值；要指定与水平间距相同的垂直间距，按回车键。否则，在“捕捉 Y 轴间距”框中输入新距离。单击“确定”按钮，完成设置。

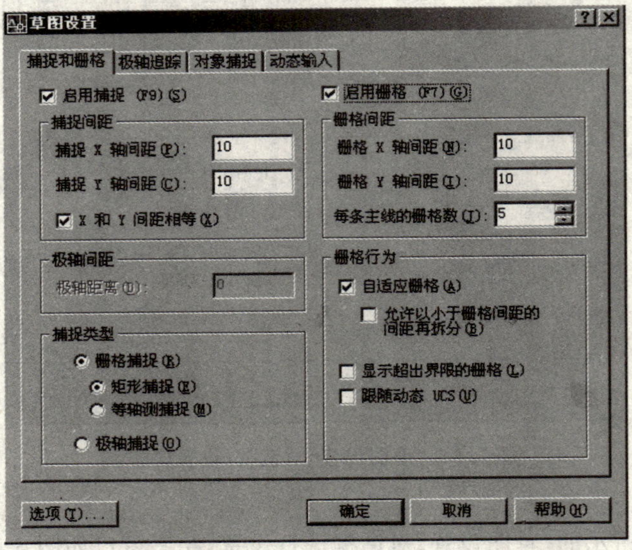

图 3.8　“草图设置”对话框(设置捕捉)

3.3.2　正交

创建或移动对象时,使用"正交"模式将光标限制在水平或垂直轴上,以便于精确地创建和修改对象。移动光标时,不管是水平轴或垂直轴,哪一个离光标最近,拖引线将沿着该轴移动。

在绘图和编辑过程中,可以随时打开或关闭"正交"。输入坐标或指定对象捕捉时将忽略"正交"。"正交"模式和"极轴追踪"模式不能同时打开。打开"正交"将关闭"极轴追踪"。

打开或关闭"正交"模式操作如下:

1.【命令输入】

状态栏:单击"正交"按钮正交,使其凹下。

功能键:单击"F8"键。

命令行:输入"ortho"并按回车键。

2.【操作步骤】

(1)单击状态栏上的"正交"按钮,使其凹下,即打开"正交"模式。

(2)在打开"正交"模式状态下,单击"正交"按钮,使其凸出,则关闭"正交"模式。

要临时打开或关闭"正交",在操作时按住"Shift"键。使用临时替代键时,无法使用直接距离输入方法。

注意:打开"正交"将自动关闭"极轴追踪"。

3.【应用举例】

在"正交"模式打开状态下绘制如图 3.9 所示的图形。

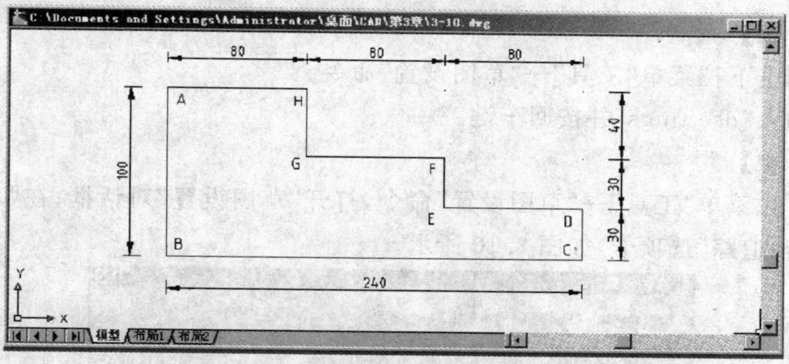

图 3.9　"正交"模式绘图练习

命令: line ↙　(执行直线命令)

指定第一点:　(在绘图窗口左上角适当位置指定 A 点)

指定下一点或 [放弃(U)]: 100 ↙　(光标下移,输入边长指定 B 点)

指定下一点或 [放弃(U)]: 240 ↙　(光标右移,输入边长指定 C 点)

指定下一点或 [闭合(C)/放弃(U)]: 30 ↙　(光标上移,输入边长指定 D 点)

指定下一点或 [闭合(C)/放弃(U)]: 80 ↙　(光标左移,输入边长指定 E 点)

指定下一点或 [闭合(C)/放弃(U)]: 30 ↙　(光标上移,输入边长指定 F 点)

指定下一点或 [闭合(C)/放弃(U)]: 80 ↙　(光标左移,输入边长指定 G 点)

指定下一点或 [闭合(C)/放弃(U)]: 40 ↙　(光标上移,输入边长指定 H 点)

指定下一点或 [闭合(C)/放弃(U)]: 80 ↙　(光标左移,输入边长指定 A 点)

指定下一点或 [闭合(C)/放弃(U)]: ↙　(回车,结束)

3.3.3 极轴追踪

使用“极轴追踪”，光标将按指定角度进行移动。当创建或修改对象时，可以使用“极轴追踪”以显示由指定的极轴角度所定义的临时对齐路径。在三维视图中，“极轴追踪”还额外提供上下方向的对齐路径。

极轴角与当前用户坐标系(UCS)的方向和图形中基准角度法则的设置相关。当光标移动时，如果接近极轴角，将显示对齐路径和工具栏提示。默认角度测量值为 90°，可以根据需要更改角度测量值。使用对齐路径和工具栏提示可以方便地绘制图形。

一、打开或关闭“极轴追踪”模式

1.【命令输入】

状态栏：单击“极轴”按钮极轴，使其凹下。

功能键：单击“F10”键。

2.【操作步骤】

(1)单击状态栏上的“极轴”按钮，使其凹下，即打开“极轴”模式。

(2)在打开“极轴”模式状态下，单击“极轴”按钮，使其凸出，则关闭“极轴”模式。

要临时打开或关闭极轴追踪，在执行操作时按住“F10”键。

二、极轴追踪角度的设置

1.【命令输入】

菜单栏：单击下拉菜单“工具”→“草图设置”命令。

命令行：输入“dsettings”并按回车键。

2.【操作步骤】

(1)单击下拉菜单“工具”→“草图设置”命令，打开“草图设置”对话框；在“草图设置”对话框中，打开“极轴追踪”选项卡，如图 3.10 所示。

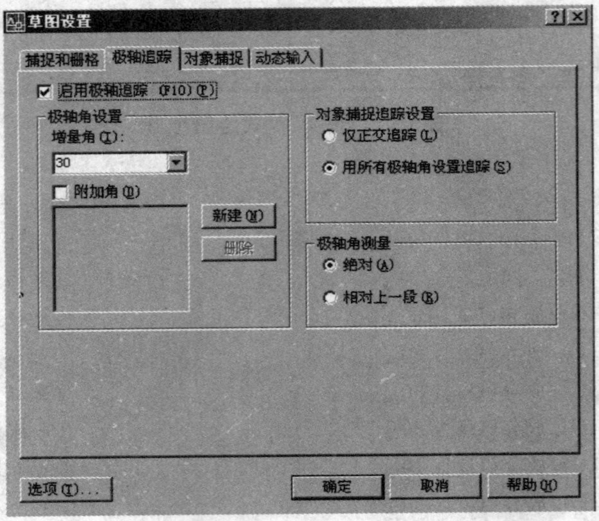

图 3.10 “草图设置”对话框(极轴追踪角度设置)

(2)在“草图设置”对话框的“极轴追踪”选项卡上，勾选“启用极轴追踪”复选框。

(3)在“极轴角设置”选项组的“增量角”列表中，选择需要的极轴追踪角度(本例为 30°)。若要设置附加追踪角，勾选“附加角”复选框；单击“新建”按钮，在文本框输入角度值。

(4)在“对象捕捉追踪设置”选项组中，点选“用所有极轴角设置追踪”。单击“确定”按钮，完成设置。

3.【应用举例】

在“极轴追踪”选项卡如图 3.10 所示的设置情况下，绘制如图 3.11 所示的平行四边形。

命令：line↙

指定第一点：　(在绘图窗口左下角适当位置指定 A 点)

指定下一点或[放弃(U)]：200↙　(光标右移，提示 0°对齐路径时输入 200 指定 B 点)

指定下一点或[放弃(U)]：100↙　(光标上移，提示 120°对齐路径时输入 100 指定 C 点)

指定下一点或[闭合(C)/放弃(U)]：200↙　(光标左移，提示 180°对齐路径时输入 200 定 D 点)

指定下一点或[闭合(C)/放弃(U)]：C↙　(输入 C，结束)

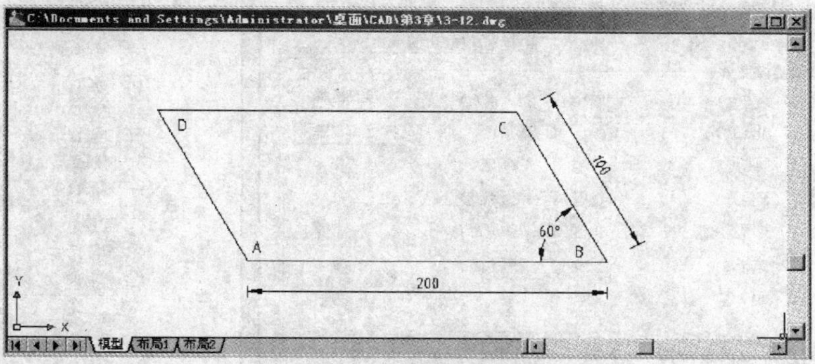

图 3.11　利用“极轴追踪”绘图练习

3.3.4　对象捕捉

在绘制图形过程中，常常需要通过拾取点来确定某些特殊点，如圆心、切点、端点、中点或垂足等。靠人的眼力来准确地拾取到这些点是非常困难的，AutoCAD 提供了“对象捕捉”功能，可以迅速、准确地捕捉到这些特殊点，从而提高了绘图的速度和精度。

一、打开和关闭对象捕捉

1.【命令输入】

状态栏：单击“对象捕捉”按钮 对象捕捉，使其凹下。

功能键：单击“F3”键。

2.【操作步骤】

(1)单击状态栏上的“对象捕捉”按钮，使其凹下，即打开“对象捕捉”模式。

(2)在打开“对象捕捉”模式状态下，单击“对象捕捉”按钮，使其凸出，则关闭“对象捕捉”模式。

要临时打开和关闭执行对象捕捉，在执行操作时按住“F3”键。

二、设置对象捕捉

1.【命令输入】

菜单栏：单击下拉菜单“工具”→“草图设置”命令。

命令行：输入“osnap”并按回车键。

2.【操作步骤】

(1)单击下拉菜单“工具”→“草图设置”命令，打开“草图设置”对话框；在“草图设置”对话框中，打开“对象捕捉”选项卡，如图 3.12 所示。

(2)在“草图设置”对话框的“极轴追踪”选项卡上，勾选“启用对象捕捉”复选框。

(3)在“对象捕捉模式”选项组中，勾选所需对象捕捉模式。单击“确定”按钮，完成设置。一般设定“端点”、“中点”、“交点”等三种常用模式，其他模式根据需要随时设定。

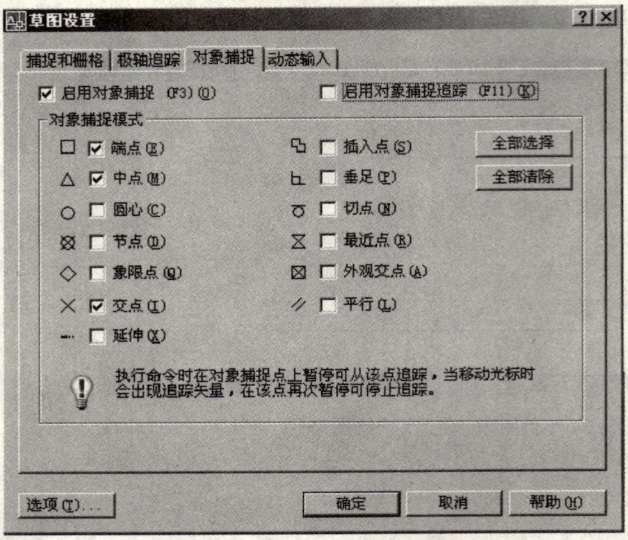

图 3.12 “草图设置”对话框(对象捕捉模式设置)

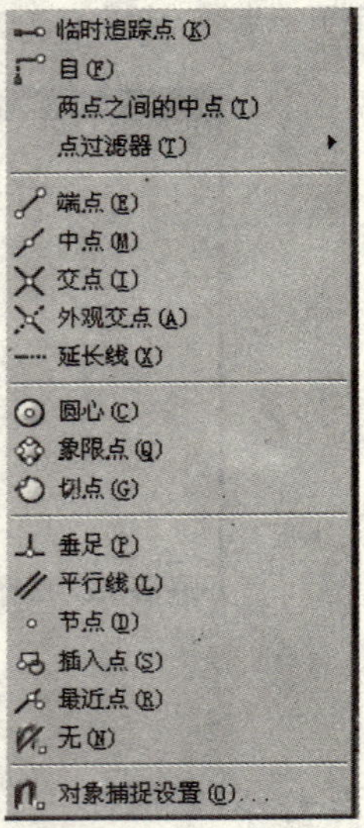

图 3.13 对象捕捉菜单

三、捕捉对象上的几何点

1.【操作步骤】

(1)当命令行提示输入点时，按住“Shift”键并在绘图区域内单击鼠标右键，弹出对象捕捉菜单，如图 3.13 所示，选择要使用的对象捕捉。若对象捕捉已打开，对象捕捉需要模式已设置，可直接进行下一步骤。

(2)将光标移到所需的对象捕捉位置。如果“自动捕捉”打开，光标会自动锁定选定的捕捉位置，标记提示对象捕捉点。

(3)选择对象。光标捕捉最靠近选择的符合条件的位置点。

2.【应用举例】

绘制如图 3.14 所示的图形。其中直线 AB 用“直线”命令已绘制完成，设置“端点”、“切点”捕捉模式。

命令：circle↙　（执行圆命令）
指定圆的圆心或［三点(3P)/两点(2P)/相切、相切、半径(T)］：　（捕捉 A 点）
指定圆的半径或［直径(D)］＜44＞：65↙　（输入半径，回车结束）
命令：↙　（回车，再次执行命令）
CIRCLE 指定圆的圆心或［三点(3P)/两点(2P)/相切、相切、半径(T)］：　（捕捉 B 点）
指定圆的半径或［直径(D)］＜65＞：44↙　（输入半径，回车结束）
命令：line↙　（执行直线命令）
指定第一点：　（在圆的 C 点附近点击）
指定下一点或［放弃(U)］：　（在圆的 D 点附近点击）
指定下一点或［放弃(U)］：　（回车结束）
命令：↙　（回车，再次执行命令）
LINE 指定第一点：　（在圆的 E 点附近点击）
指定下一点或［放弃(U)］：　（在圆的 F 点附近点击）
指定下一点或［放弃(U)］：　（回车结束）

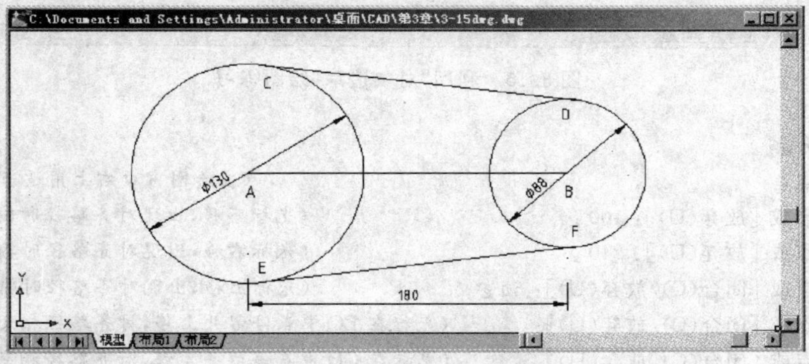

图 3.14　利用"对象捕捉"绘图练习

3.3.5　对象追踪

使用对象捕捉追踪，可以沿着基于对象捕捉点的对齐路径进行追踪。已获取的点将显示一个小加号（+），一次最多可以获取 7 个追踪点。获取点之后，当在绘图路径上移动光标时，将显示相对于获取点的水平、垂直或极轴对齐路径。

注意：对象捕捉追踪与对象捕捉一起使用。必须先设置对象捕捉，才能从对象的捕捉点进行追踪。

默认情况下，对象捕捉追踪将设置为正交。对齐路径将显示在始于已获取的对象点的 0°，90°，180°和 270°方向上。但是，可以使用极轴追踪角代替。

打开和关闭对象捕捉追踪的操作如下：

1.【命令输入】

状态栏：单击"对象追踪"按钮 对象追踪，使其凹下。

功能键：单击"F11"键。

2.【操作步骤】

(1)单击状态栏上的"对象追踪"按钮，使其凹下，即打开"对象追踪"模式。

(2)在打开"对象追踪"模式状态下,单击"对象追踪"按钮,使其凸出,则关闭"对象追踪"模式。

要临时打开和关闭对象捕捉追踪,在执行操作时按住"F11"键。

3.【应用举例】

绘制如图 3.15 所示的图形。其中对象捕捉要设置"端点"、"中点"捕捉模式、"极轴"、"对象捕捉"、"对象追踪"已打开。

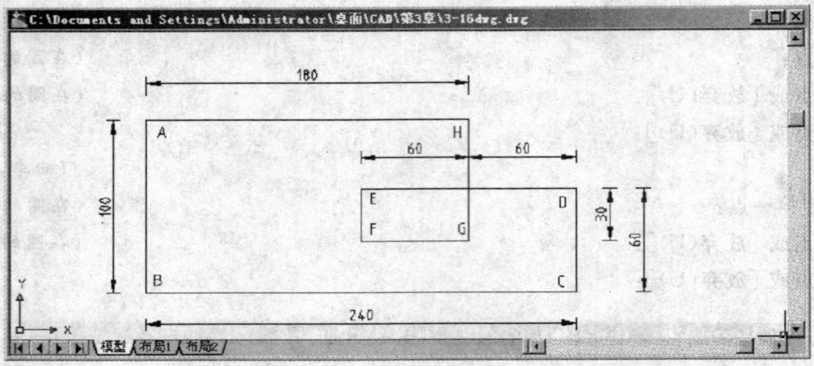

图 3.15　利用"对象追踪"绘图练习

命令：line ↙ (执行直线命令)

指定第一点： (在绘图窗口右上角适当位置指定 A 点)

指定下一点或 [放弃(U)]：100 ↙ (光标下移,出现对齐路径时输入边长定 B 点)

指定下一点或 [放弃(U)]：240 ↙ (光标右移,出现对齐路径时输入边长定 C 点)

指定下一点或 [闭合(C)/放弃(U)]：60 ↙ (光标上移,出现对齐路径时输入边长定 D 点)

指定下一点或 [闭合(C)/放弃(U)]： (光标在 BC 中点停留并上移,对齐路径相交时点击定 E 点)

指定下一点或 [闭合(C)/放弃(U)]： (光标在 CD 中点停留并左移,对齐路径相交时点击定 F 点)

指定下一点或 [闭合(C)/放弃(U)]： (光标在 ED 中点停留并下移,对齐路径相交时点击定 G 点)

指定下一点或 [闭合(C)/放弃(U)]： (光标在 A 点停留并右移,对齐路径相交时点击定 H 点)

指定下一点或 [闭合(C)/放弃(U)]： (光标左移至 A 点,点击)

指定下一点或 [闭合(C)/放弃(U)]： (回车结束)

3.3.6　动态输入

在 AutoCAD 2007 中,使用动态输入功能可以在指针位置处显示标注输入和命令提示等信息,从而极大地方便了绘图。

启用"动态输入"时,工具栏提示将在光标附近显示信息,该信息会随着光标移动而动态更新。当某条命令为活动时,工具栏提示将为用户提供输入的位置。

在输入字段中输入值并按"Tab"键后,该字段将显示一个锁定图标,并且光标会受用户输入值约束。随后可以在第二个输入字段中输入值。另外,如果用户输入值后按回车键,则第二个输入字段将被忽略,且该值将被视为直接距离。

一、打开或关闭"动态输入"

1.【命令输入】

状态栏:单击"DYN"按钮 DYN ,使其凹下。

功能键：单击“F12”键。

2.【操作步骤】

(1)单击状态栏上的“DYN”按钮，使其凹下，即打开“动态输入”模式。

(2)在打开“动态输入”模式状态下，单击“DYN”按钮，使其凸出，则关闭“动态输入”模式。

要临时打开和关闭执行对象捕捉，在执行操作时按住“F12”键。

二、在动态输入工具栏提示中输入坐标值

1.【操作步骤】

(1)在状态栏上，确定“动态输入”(“DYN”按钮)处于启用状态。

(2)使用以下方法之一来输入坐标值或选择选项：

1)要输入极坐标，应先输入距第一点的距离并按“Tab”键，然后输入角度值并按回车键。

2)要输入笛卡儿坐标，输入 X 坐标值和逗号(，)，然后输入 Y 坐标值并按回车键。

3)如果提示后有一个下箭头，按下箭头键，直到选项旁边出现一个点为止，按回车键。

4)按上箭头键可访问最近输入的坐标，也可以通过单击鼠标右键并单击“最近的输入”，从快捷菜单中访问这些坐标。

注意：对于标注输入，在输入字段中输入值并按“Tab”键后，该字段将显示一个锁定图标，并且光标会受输入值的约束。

3.3.7　线宽设置

在打开了状态栏上的“线宽”按钮后，绘图区则会显示不同设置的线宽，否则不显示线宽。

使用线宽，可以用粗线和细线清楚地表现出截面的剖切方式、尺寸线和小标记，以及细节上的不同。例如，通过为不同图层指定不同的线宽，可以很方便地区分新建的、现有的和被拆除的结构。

在模型空间中，线宽以像素显示，并且在缩放时不发生变化。具有线宽的对象将以指定的线宽值打印。这些值的标准设置包括“随层”、“随块”和“默认”。它们的单位可以是英寸或毫米，默认单位是毫米。

一、打开或关闭“线宽”

1.【命令输入】

状态栏：单击“线宽”按钮线宽，使其凹下。

2.【操作步骤】

(1)单击状态栏上的“线宽”按钮，使其凹下，即打开“线宽”模式。

(2)在打开“线宽”模式状态下，单击“线宽”按钮，使其凸出，则关闭“线宽”模式。

二、设置线宽单位和默认值

1.【命令输入】

状态栏：在状态栏上的“线宽”按钮上单击鼠标右键线宽，然后选择“设置”。

菜单栏：单击下拉菜单“格式”→“线宽”命令。

命令行：输入“lweight”并按回车键。

2.【操作步骤】

(1)单击下拉菜单“格式”→“线宽”命令，打开“线宽设置”对话框，如图 3.16 所示。

(2)在“线宽设置”对话框的“调整显示比例”选项组中，移动滑动块以修改显示比例。

(3)在“线宽设置”对话框的“默认”列表框中，选择需要的线宽默认值。单击“确定”按钮，完成设置。

说明：在“线宽设置”对话框中，勾选“显示线宽”复选框，如同打开状态栏的“线宽”按钮，绘图区显示设置不同的线宽。

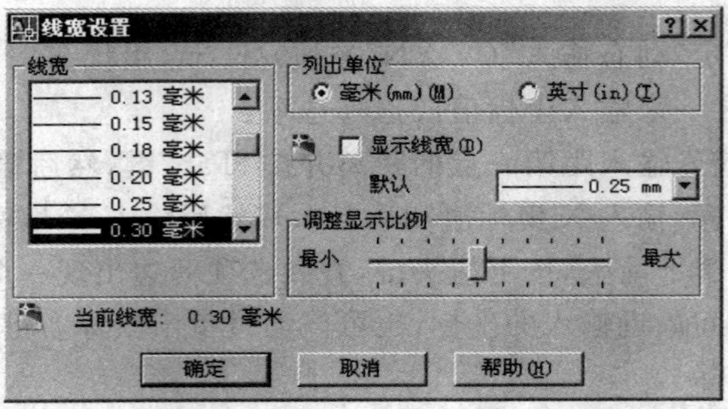

图 3.16 “线宽设置”对话框

3.【应用举例】

默认线宽为 0.25mm，滑动块位置如图 3.16 所示。当线宽分别为 0.25mm，0.50mm，0.75mm，1.00mm 时，打开“线宽”与关闭“线宽”时所绘线条的显示对照如图 3.17 所示。

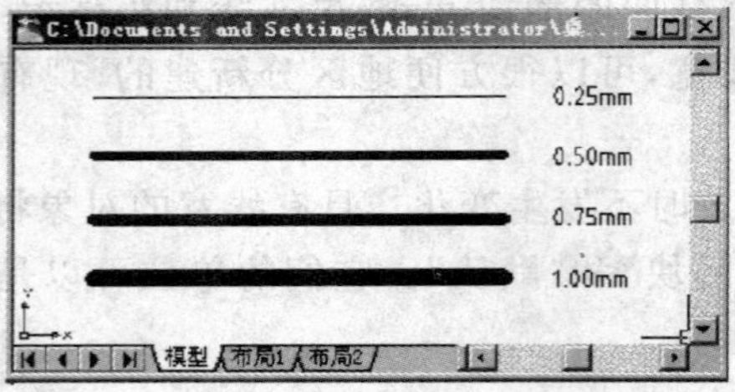

(a)

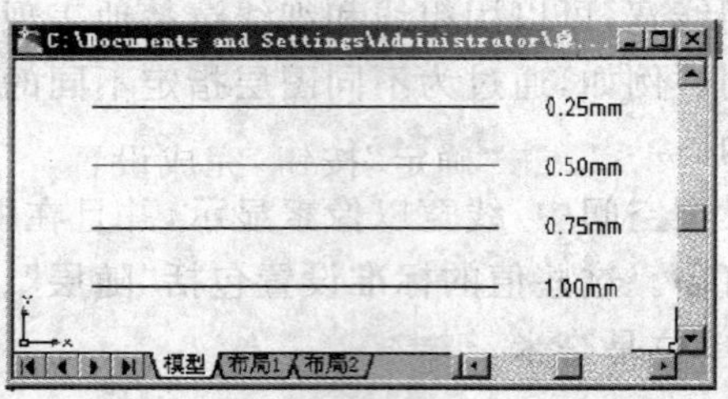

(b)

图 3.17 “线宽”设置绘图练习

(a)打开“线宽”模式； (b)关闭“线宽”模式

3.3.8 线型设置

线型是由沿图线显示的线、点和间隔组成的图样。可以通过图层指定对象的线型，也可以不依赖图层而明确地指定线型。在工程绘图中，线型的区分十分重要，不同的线型代表不同的含义。

一、设置当前线型

所有对象都是使用当前线型创建的。对象使用的当前线型在“特性”工具栏的“线型控制”列表框中设置。“特性”工具栏的“线型控制”列表如图 3.18 所示。

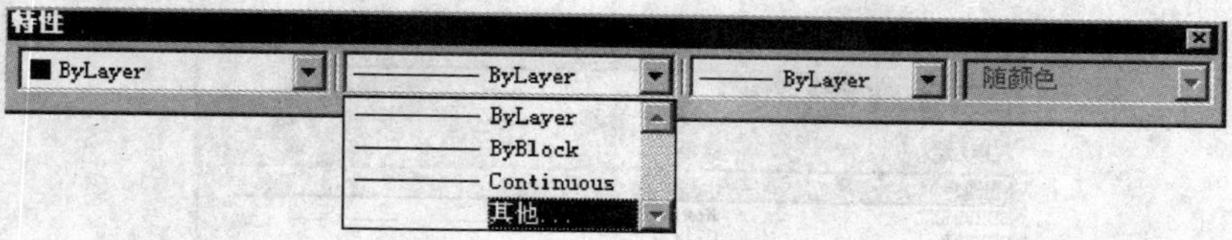

图 3.18　“线型控制”列表

如果当前线型设置为“随层”，则将使用指定给当前图层的线型来创建对象。如果当前线型设置为“随块”，则将使用“Continuous”线型来创建对象，直到将这些对象编组为块。当将块插入到图形中时，那些对象采用当前线型设置。

如果不愿意使当前线型成为指定给当前图层的线型，可明确地指定其他线型。程序不显示某些对象（文字、点、视口、图案填充和块）的线型。

当“线型控制”列表中没有所需线型时，应加载线型。

二、加载线型

在开始绘图时应加载所需线型，以便需要时使用。其操作步骤如下：

(1)单击“特性”工具栏“线型控制”列表中的“其他”，打开“线型管理器”对话框，如图 3.19 所示。

(2)在“线型管理器”对话框中，单击“加载”按钮，打开“加载或重载线型”对话框，如图3.20 所示。

(3)在“加载或重载线型”对话框中，选择需要的线型，单击“确定”按钮退出“加载或重载线型”对话框，返回“线型管理器”对话框。这时“线型管理器”对话框中会增加所选定的线型。

(4)在“线型管理器”对话框中，选择已加载的需要线型，单击“当前”按钮将修改线型设置为“当前”；然后单击“确定”按钮，完成设置。

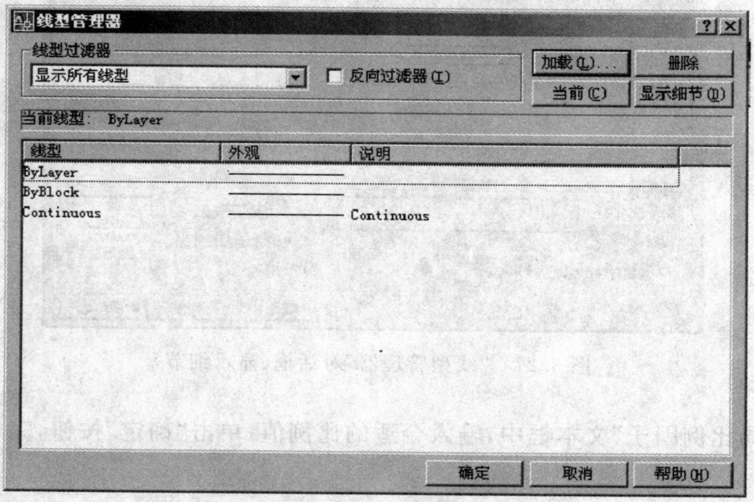

图 3.19　“线型管理器”对话框

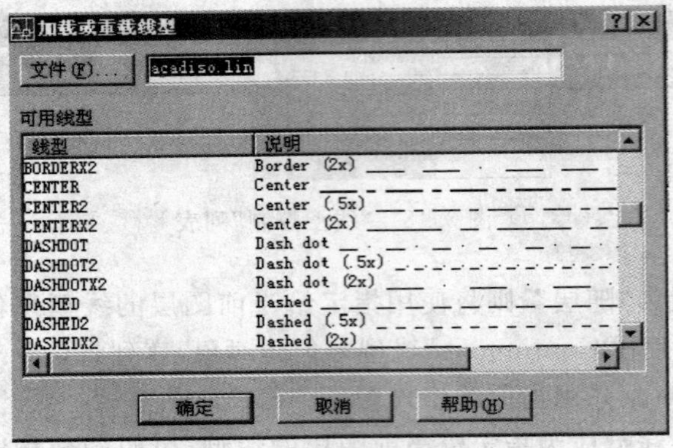

图 3.20 “加载或重载线型”对话框

三、控制线型比例

通过全局修改或单个修改每个对象的线型比例因子,可以以不同的比例使用同一个线型。

在默认情况下,全局线型和单个线型比例均设置为 1.0。比例越小,每个绘图单位中生成的重复图案就越多,不能显示完整线型图案的短线段则显示为连续线。这时需要设置线型比例。

1.【操作步骤】

(1)在“线型管理器”对话框中,单击“显示细节”按钮,“线型管理器”对话框变成如图 3.21 所示。

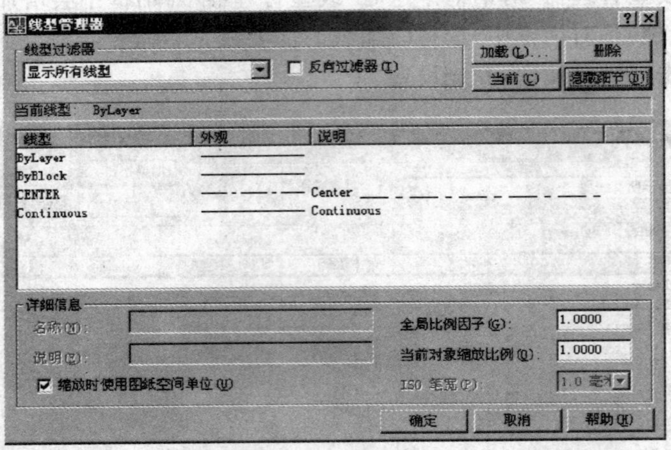

图 3.21 “线型管理器”对话框(显示细节)

(2)在“全局比例因子”文本框中,输入合适的比例值;单击“确定”按钮,完成设置。

2.【说明】

(1)在“全局比例因子”文本框中输入的比例值根据图形界限的设置来确定:一般情况下,若“当前对象比例”为“1”时,图形界限变化的倍数就是“全局比例因子”文本框中应输入的比例值。

(2)线型管理器显示"全局比例因子"和"当前对象比例"。

"全局比例因子"的值控制 LTSCALE 系统变量,该系统变量可以全局修改新建和现有对象的线型比例。

"当前对象比例"的值控制 CELTSCALE 系统变量,该系统变量可设置新建对象的线型比例。

将用 LTSCALE 的值与 CELTSCALE 的值相乘以获得显示的线型比例。

3.4　图形的显示控制

在 AutoCAD 2007 中,用户可以使用多种方法来观察绘图窗口中图形的整体效果或局部细节。

3.4.1　重画与重生成图形

在绘图和编辑过程中,屏幕上常常留下对象的拾取标记,这些临时标记并不是图形中的对象,有时会使当前图形画面显得混乱,这时就可以使用 AutoCAD 的重画与重生成图形功能清除这些临时标记。

一、重画图形

在 AutoCAD 中,使用"重画"命令,系统将在显示内存中更新屏幕,消除临时标记,以更新用户使用的当前视区。

1.【命令输入】

菜单栏:单击下拉菜单"视图"→"重画"命令。

命令行:输入"redrawall"并按回车键。

2.【操作步骤】

单击下拉菜单"视图"→"重画"命令,则可以删除进行某些编辑操作时留在绘图区中的加号形状的标记。

二、重生成图形

该功能可以删除进行某些编辑操作时留在显示区域中的杂散像素。在 AutoCAD 中,某些操作只有在使用"重生成"命令后才生效,如改变点的格式。如果一直使用某个命令修改编辑图形,但该图形似乎看不出发生什么变化,此时可使用"重生成"命令更新屏幕显示。

1.【命令输入】

菜单栏:单击下拉菜单"视图"→"重生成"命令。

命令行:输入"regen"并按回车键。

2.【操作步骤】

单击下拉菜单"视图"→"重生成"命令,则可以删除进行某些编辑操作时留在绘图区中的杂散像素。

重生成与重画在本质上是不同的,利用"重生成"命令可重生成屏幕,此时系统从磁盘中调用当前图形的数据,比"重画"命令执行速度慢,更新屏幕花费时间较长。

3.4.2 实时平移

使用实时平移命令，可以重新定位图形，以便看清图形的其他部分。此时不会改变图形中对象的位置或比例，只改变视图。

1.【命令输入】

工具栏：单击“标准”工具栏上的“实时平移”按钮。

菜单栏：单击下拉菜单“视图”→“平移”→“实时”命令。

命令行：输入“pan”并按回车键。

2.【操作步骤】

(1)单击“标准”工具栏上的“实时平移”按钮，当出现手形光标时，按住鼠标左键并进行移动，当移动到合适位置时，松开左键。

(2)按回车键，按“Esc”键，或单击鼠标右键退出。

3.4.3 实时缩放

该命令可以通过放大和缩小操作改变视图的比例，不改变图形中对象的绝对大小。执行命令后，鼠标显示为放大镜图标，按住鼠标左键往上移动图形显示放大；往下移动图形则缩小显示。

1.【命令输入】

工具栏：单击“标准”工具栏上的“实时缩放”按钮。

菜单栏：单击下拉菜单“视图”→“缩放”→“实时”命令。

命令行：输入“zoom”并按回车键。

2.【操作步骤】

(1)单击“标准”工具栏上的“实时缩放”按钮，进入实时缩放模式，此时鼠标指针呈放大镜形状，按住鼠标左键向下移动可缩小整个图形；按住鼠标左键向上移动可放大整个图形；反复操作，当缩放到合适大小时，松开左键。

(2)按回车键，按“Esc”键，或单击鼠标右键退出。

3.4.4 窗口缩放

窗口缩放由两个对角点定义的矩形窗口框定的区域。可以在屏幕上拾取两个对角点以确定一个矩形窗口，之后系统将矩形范围内的图形放大至整个屏幕。

1.【命令输入】

工具栏：单击“标准”工具栏上的“窗口缩放”按钮。

菜单栏：单击下拉菜单“视图”→“缩放”→“ 窗口”命令。

命令行：输入“zoom”并按回车键，输入“W”并按回车键。

2.【命令提示与说明】

命令：zoom↙

指定窗口的角点，输入比例因子 (nX 或 nXP)，或者

[全部(A)/中心(C)/动态(D)/范围(E)/上一个(P)/比例(S)/窗口(W)/对象(O)] <实时>：_W↙

指定第一个角点：　　　　　　　　　　　　　　　　　　　　（指定矩形窗口的角点）
指定对角点：　　　　　　　　　　　　　　　　　　　　　（指定矩形窗口的对角点）

3.【应用举例】

放大显示如图 3.22(a)所示的矩形窗口框定区域的图形，用窗口缩放，结果如图 3.22(b)所示。

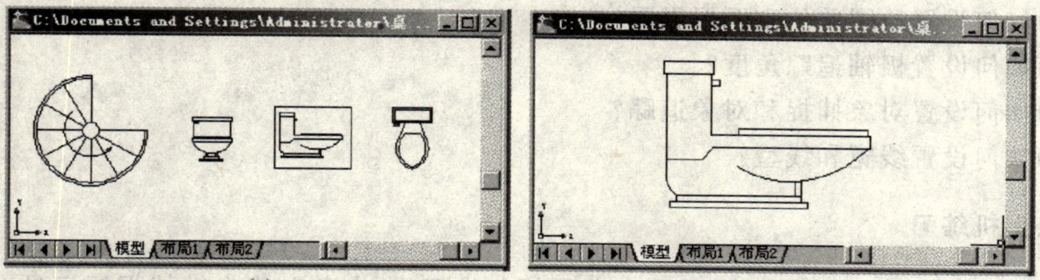

(a)　　　　　　　　　　　　　　　　(b)

图 3.22　“窗口缩放”命令练习

(a)矩形窗口框定的区域；　(b)缩放结果

3.4.5　返回缩放

返回缩放是指返回到前面显示的图形视图，只能恢复视图的比例和位置，不能恢复编辑的上一个图形的内容。

1.【命令输入】

工具栏：单击“标准”工具栏上的“缩放上一个”按钮 。

菜单栏：单击下拉菜单“视图”→“缩放”→“上一个”命令。

命令行：输入“zoom”并按回车键，输入“P”并按回车键。

2.【操作步骤】

单击“标准”工具栏上的“缩放上一个”按钮，绘图区快速返回上一个状态。或执行“zoom”命令后，按回车键，输入“P”项，即返回上一个状态。

3.5　思考题与练习题

一、选择题

(1)在 AutoCAD 中，功能键“F3”是切换________的开关。

(A)捕捉　　(B)对象捕捉　　(C)栅格　　(D)正交

(2)在对象捕捉模式中，共有________个捕捉模式。

(A)3　　(B)6　　(C)13　　(D)16

(3)对“极轴追踪”进行设置，把“增量角”设为 30，采用极轴追踪不会显示极轴对齐的角度是________。

(A)90°　　(B)150°　　(C)75°　　(D)210°

(4)在“图形单位”对话框中，默认的长度精度是________。

(A)0　　(B)0.00　　(C)0.000　　(D)0.000 0

二、思考题

(1)如何设置绘图区背景的颜色？

(2)如何设置自动捕捉标记？

(3)如何设置绘图单位和图形界限？

(4)如何设置极轴追踪角度？

(5)如何设置对象捕捉和对象追踪？

(6)如何设置线宽和线型？

三、上机练习

(1)新建一个绘图文件，将其绘图区背景颜色设置为“白色”，将自动捕捉标记的颜色设置“红色”。

(2)新建一个绘图文件，将长度的精度设置为“0”，将当前图形界限的左下角点设置为“0，0”，右上角点设置为“21 000，15 000”；并使其在当前状态下有效。

(3)根据所注尺寸，绘制如图 3.23 所示的图形。

(4)根据所注尺寸，绘制如图 3.24 所示的图形。

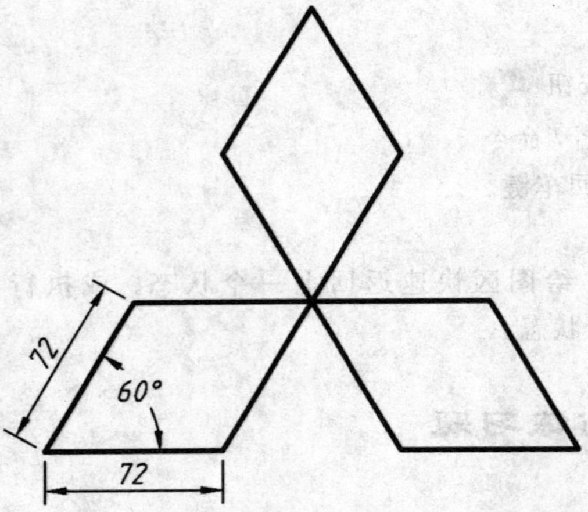

图 3.23　绘图练习(1)

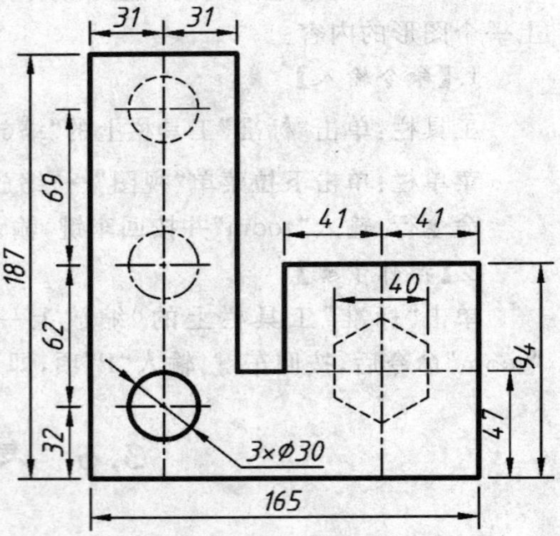

图 3.24　绘图练习(2)

第 4 章　平面图形的修改

本章将介绍与平面图形修改编辑相关的知识。主要内容包括对象选择、简单平面图形的修改编辑、多线的编辑、综合编辑等。

4.1　对象选择

在 AutoCAD 中，单纯地使用绘图命令只能创建出一些基本图形对象，要绘制较为复杂的图形，就必须借助于图形修改命令。在对图形进行修改操作之前，首先要选择需要修改的对象，AutoCAD 用虚线亮显所选的对象。

在 AutoCAD 中，选择对象的方法很多，常用的几种选择方式如下。

4.1.1　点选方式

该方式一次只选一个对象。

在任何命令的“选择对象：”提示下，直接移动拾取框光标到所要选取的对象上单击左键，该对象变成虚线显示，表示已选中该对象。其具体操作步骤如下：

(1)在任何命令的“选择对象：”提示下，移动矩形拾取框光标以亮显要选择的对象。

(2)单击对象，选定的对象将亮显。

(3)按回车键结束对象选择。

注意：如果将 PICKFIRST 系统变量设置为 1(先选择后执行)，则可以先选择对象，再输入命令。

4.1.2　窗口方式

该方式选中完全在指定区域中的所有对象。从左到右指定角点创建窗口选择。

在任何命令的“选择对象：”提示下，直接移动拾取框光标指定对象所在矩形区域左边角点，这时区域边框为实线，背景颜色变成透明的，再移动指定右边角点。完全位于矩形区域中的对象变成虚线显示，表示已选中对象。

使用窗口方式选择对象时，通常整个对象都要包含在矩形选择区域中。然而，如果含有非连续(虚线)线型的对象在视口中仅部分可见，并且此线型的所有可见矢量封闭在选择窗口内，则选定整个对象。

例如，按图 4.1(a)所示用窗口方式指定选定区域，结果如图 4.1(b)所示。

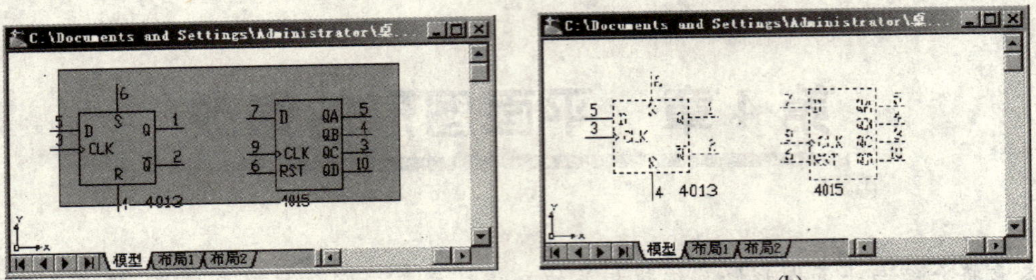

(a)　　　　　　　　(b)

图 4.1　窗口方式练习

(a)先左后右全选对象；　(b)选择结果

4.1.3　交叉窗口方式

该方式选中完全或部分在指定区域中的所有对象。从右到左指定角点创建交叉窗口选择。

在出现“选择对象:”提示下，直接移动拾取框光标指定对象所在矩形区域右边角点，这时区域边框为虚线，背景颜色变成透明的，再移动指定左边角点。完全或部分位于矩形区域中的对象变成虚线显示，表示已选中对象。

注意:从右向左拖动光标，以选择矩形窗口包围的或相交的对象。

例如，按图 4.2(a)所示用交叉窗口方式指定选定区域，结果如图 4.2(b)所示。

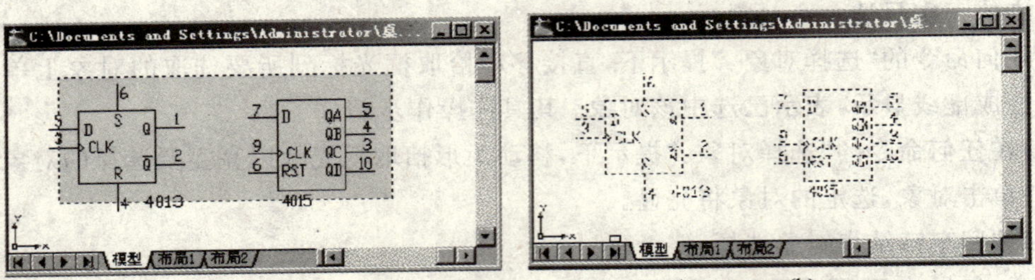

(a)　　　　　　　　(b)

图 4.2　交叉窗口方式练习

(a)先右后左全选对象；　(b)选择结果

4.1.4　栏选方式

该方式用绘制直线来选中与其相交的对象。

在出现“选择对象:”提示下，输入“F”，再按提示给出直线的各端点(即栏选点)，确定后即选中与这组直线相交的所有对象。

4.1.5　全选方式

该方式选中绘图区解冻图层上的所有对象。

在出现“选择对象:”提示下，输入“all”，确定后即选中绘图区解冻图层上的所有对象。

4.1.6　最后方式

该方式选中最后画出的那个对象。

在出现“选择对象：”提示下，输入“L”，确定后即选中最后画出的那个对象。

4.1.7　上次方式

该方式选中最近创建的选择集。程序将跟踪是在模型空间中还是在图纸空间中指定每个选择集。如果在两个空间中切换将忽略“上一个”选择集，从图形中删除对象将清除“上一个”选项设置。

在出现“选择对象：”提示下，输入“P”，确定后即选中最近创建的选择集对应的对象。

4.1.8　撤销方式

该方式可以撤销同一个命令中选中的任一个或多个对象。

在出现“选择对象：”提示下，按下“Shift”键，然后用鼠标点选或窗选对象，可撤销已选中的对象。

4.2　简单平面图形的修改编辑

AutoCAD 2007 具有强大的图形修改编辑功能，提供了丰富的图形修改编辑命令。通过灵活使用绘图命令和修改编辑命令，用户可以合理地构造和组织图形，保证绘图的准确性，简化绘图操作。本节将详细介绍删除、复制、镜像、移动、旋转、偏移、倒角、圆角和打断等命令的使用。

4.2.1　“修改”工具栏及菜单

（1）常用修改命令所在的“修改”工具栏如图 4.3 所示，“修改”工具栏中的每个命令按钮都与“修改”菜单中的某个修改命令相对应。

（2）常用修改命令所在的“修改”菜单如图 4.4 所示。“修改”菜单包含了 AutoCAD 2007 的大部分修改命令。

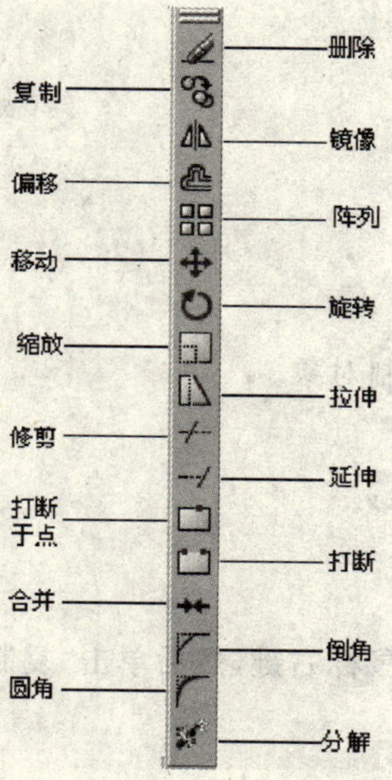

图 4.3　“修改”工具栏

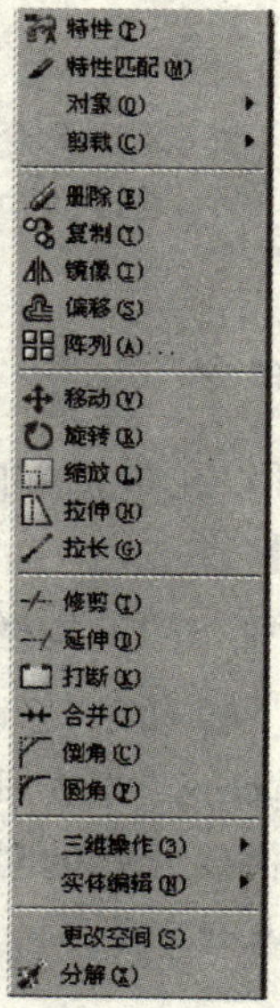

图 4.4　“修改”菜单

4.2.2 删除命令

“删除”命令用于从图形中删除选定的对象。

1.【命令输入】

工具栏：单击“修改”工具栏上的“删除”按钮。

菜单栏：单击下拉菜单“修改”→“删除”命令。

命令行：输入“erase”并按回车键。

快捷菜单：选择要删除的对象，在绘图区单击鼠标右键，然后单击“删除”。

2.【命令提示与说明】

命令：erase↙

选择对象： （选择要删除的对象）

选择对象： （选择结束后回车，结束命令）

3.【应用举例】

删除如图 4.5(a)所示图形中的三角形，删除后的结果如图 4.5(b)所示。

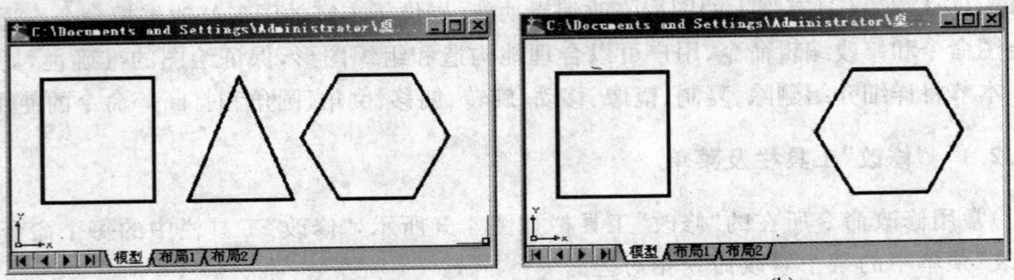

(a) (b)

图 4.5 “删除”命令练习

命令：erase↙

选择对象：找到 1 个 （点选三角形的一个边）

选择对象：找到 1 个，总计 2 个 （点选三角形的另一个边）

选择对象：找到 1 个，总计 3 个 （点选三角形的第三个边）

选择对象： （回车，删除选定对象）

4.2.3 复制命令

“复制”命令可以在指定方向上按指定距离复制对象。

1.【命令输入】

工具栏：单击“修改”工具栏上的“复制”按钮。

菜单栏：单击下拉菜单“修改”→“复制”命令。

命令行：输入“copy”并按回车键。

快捷菜单：选择要复制的对象，在绘图区单击鼠标右键，然后单击“复制”。

2.【命令提示与说明】

命令：copy↙

选择对象： （选择要复制的对象）

选择对象： （回车，结束选择）

指定基点或［位移(D)］＜位移＞：　　（指定基点）

指定第二个点或＜使用第一个点作为位移＞：　　（指定第一个插入点）

指定第二个点或［退出(E)/放弃(U)］＜退出＞：　　（指定第二个插入点）

指定第二个点或［退出(E)/放弃(U)］＜退出＞：　　（回车，结束命令）

(1) 指定基点：由基点向指定点复制。如果在“指定基点或［位移(D)］＜位移＞：”提示下直接指定了基点的位置（基点实际上是复制图形将要插入到新位置的基准点），则系统提示：

指定第二个点或＜使用第一个点作为位移＞：

在此提示下若指定一点，系统将会把选取的对象复制到这一点，原图形选取的基点将位于这一点。

(2) 退出：退出复制命令。

(3) 放弃：从后向前依次取消复制的对象。

3.【应用举例】

利用复制命令给如图 4.6(a)所示三角形的三个角点复制三个其右侧的圆圈，复制后结果如图 4.6(b)所示。对象捕捉要设置“端点”、“圆心”捕捉模式。

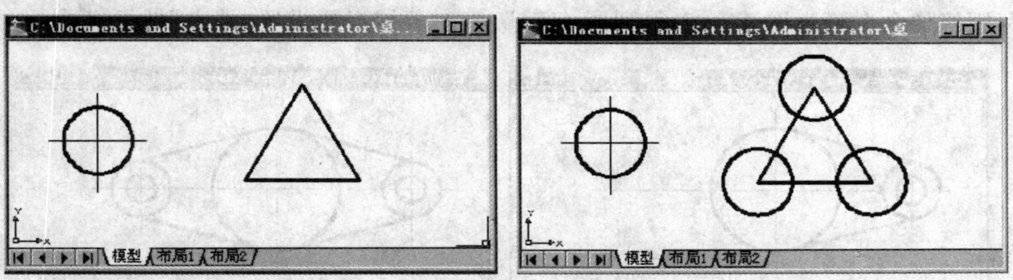

(a)　　(b)

图 4.6　“复制”命令练习

命令：copy↙

选择对象：找到 1 个　　（点选圆圈）

选择对象：　　（回车，结束选择）

指定基点或［位移(D)］＜位移＞：　　（拾取圆心）

指定第二个点或＜使用第一个点作为位移＞：　　（指定三角形左端点）

指定第二个点或［退出(E)/放弃(U)］＜退出＞：　　（指定三角形右端点）

指定第二个点或［退出(E)/放弃(U)］＜退出＞：　　（指定三角形上端点）

指定第二个点或［退出(E)/放弃(U)］＜退出＞：　　（回车，结束命令）

4.2.4　镜像命令

“镜像”命令可以将选定对象按指定的镜像线（对称线）作对称复制，即产生对称图形，原来的对象可删除也可保留。镜像对于创建对称对象非常有用，因为可以快速地绘制半个对象，然后将其镜像，而不必绘制整个对象。

注意：在默认情况下，镜像文字对象时，不更改文字的方向。如果确实要反转文字，请将 MIRRTEXT 系统变量设置为 1。其中：MIRRTEXT 控制“镜像”命令反映文字的方式，“0”保持文字方向，“1”镜像显示文字。

1.【命令输入】

工具栏：单击“修改”工具栏上的“镜像”按钮。

菜单栏：单击下拉菜单“修改”→“镜像”命令。

命令行：输入“mirror”并按回车键。

2.【命令提示与说明】

命令：mirror↙

选择对象：　(选择要镜像的对象)

选择对象：　(回车，结束选择)

指定镜像线的第一点：　(指定对称线上的一个点)

指定镜像线的第二点：　(指定对称线上的另一个点)

要删除源对象吗？[是(Y)/否(N)]＜N＞：　(回车，不删除源对象结束命令)

(1) 是。将镜像的图像放置到图形中并删除原始对象。

(2) 否。将镜像的图像放置到图形中并保留原始对象。

3.【应用举例】

利用镜像命令可由图 4.7(a)得到图 4.7(b)。对象捕捉要设置“端点”捕捉模式。

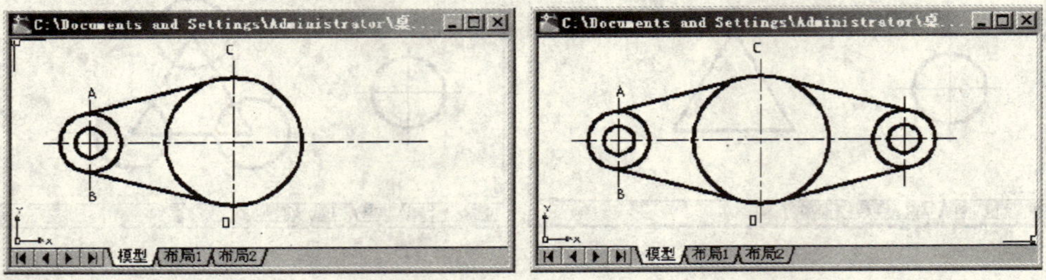

(a)　　　　(b)

图 4.7 “镜像”命令练习

命令：mirror↙

选择对象：找到 1 个　(点选左侧小圆)

选择对象：找到 1 个，总计 2 个　(点选左侧大圆)

选择对象：找到 1 个，总计 3 个　(点选直线 AB)

选择对象：找到 1 个，总计 4 个　(点选上切线)

选择对象：找到 1 个，总计 5 个　(点选下切线)

选择对象：　(回车，结束选择)

指定镜像线的第一点：　(拾取直线 CD 上端点 C)

指定镜像线的第二点：　(拾取直线 CD 下端点 D)

要删除源对象吗？[是(Y)/否(N)]＜N＞：　(回车，结束命令)

4.2.5 偏移命令

“偏移”命令用于创建与选定对象平行的新对象。偏移圆或圆弧可以创建更大或更小的圆或圆弧(取决于向哪一侧偏移)。“偏移”命令可以偏移由直线、圆弧、圆、椭圆、椭圆弧、二维多段线、构造线、射线、样条曲线等命令创建的对象。

1.【命令输入】

工具栏：单击“修改”工具栏上的“偏移”按钮。

菜单栏：单击下拉菜单“修改”→“偏移”命令。

命令行：输入“offset”并按回车键。

2.【命令提示与说明】

命令：offset↙

当前设置：删除源＝否 图层＝源 OFFSETGAPTYPE＝0　（信息行）

指定偏移距离或［通过(T)/删除(E)/图层(L)］＜通过＞：　（输入偏移值）

选择要偏移的对象，或［退出(E)/放弃(U)］＜退出＞：　（点选偏移对象）

指定要偏移的那一侧上的点，或［退出(E)/多个(M)/放弃(U)］＜退出＞：　（指定偏移方位）

选择要偏移的对象，或［退出(E)/放弃(U)］＜退出＞：　（再选偏移对象）

(1)偏移距离：在距现有对象指定的距离处创建对象。输入距离后，命令行提示：

选择要偏移的对象或［退出(E)/放弃(U)］＜退出＞：

这时，点选一个对象、输入选项或按回车键结束命令。若点选了一个对象，命令行接着提示：

指定要偏移的那一侧上的点，或［退出(E)/多个(M)/放弃(U)］＜退出＞：

这时，指定对象要偏移的那一侧上的一个点或输入选项。

(2)通过：创建通过指定点的对象。

(3)删除：偏移源对象后将其删除。

(4)图层：确定将偏移对象创建在当前图层上还是源对象所在的图层上。

3.【应用举例】

利用偏移命令可由如图 4.8(a)所示的图形得到如图 4.8(b)所示的图形。

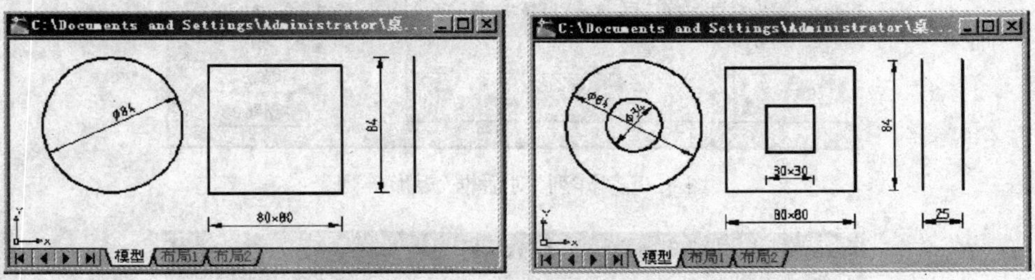

(a)　　　　(b)

图 4.8　“镜像”命令练习

命令：offset↙

当前设置：删除源＝否 图层＝源 OFFSETGAPTYPE＝0

指定偏移距离或［通过(T)/删除(E)/图层(L)］＜通过＞：25↙　（输入偏移值）

选择要偏移的对象，或［退出(E)/放弃(U)］＜退出＞：　（点选左侧圆）

指定要偏移的那一侧上的点，或［退出(E)/多个(M)/放弃(U)］＜退出＞：　（在圆内点击）

选择要偏移的对象，或［退出(E)/放弃(U)］＜退出＞：　（点选正方形）

指定要偏移的那一侧上的点，或［退出(E)/多个(M)/放弃(U)］＜退出＞：　（在正方形内点击）

选择要偏移的对象，或［退出(E)/放弃(U)］＜退出＞：　（点选直线）

指定要偏移的那一侧上的点，或［退出(E)/多个(M)/放弃(U)］＜退出＞：　（在直线右侧点击）

选择要偏移的对象，或 [退出(E)/放弃(U)] <退出>： （回车，结束命令）

4.2.6 阵列命令

“阵列”命令可以在矩形或环形阵列中创建对象的副本。对于矩形阵列，可以控制行和列的数目以及它们之间的距离。对于环形阵列，可以控制对象副本的数目并决定是否旋转副本。对于创建多个定间距的对象，阵列比复制要快。

1.【命令输入】

工具栏：单击“修改”工具栏上的“阵列”按钮。

菜单栏：单击下拉菜单“修改”→“阵列”命令。

命令行：输入“array”并按回车键。

2.【操作步骤】

(1)打开“阵列”对话框。单击“修改”工具栏上的“阵列”按钮，打开“阵列”对话框。

(2)选择阵列类型。点选“矩形阵列”单选钮，对话框如图 4.9 所示；点选“环形阵列”单选钮，对话框如图 4.10 所示。

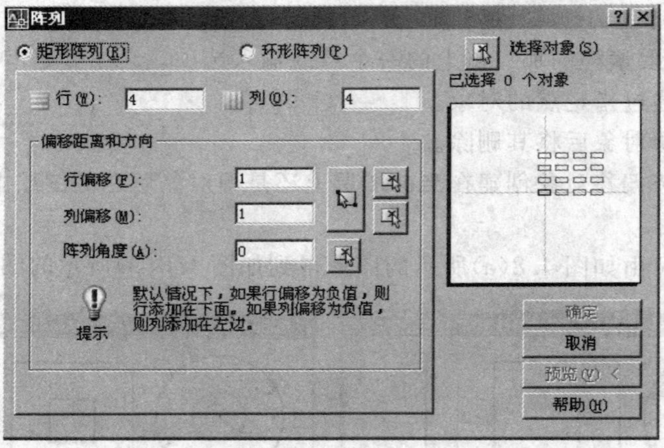

图 4.9 “阵列”对话框(矩形阵列)

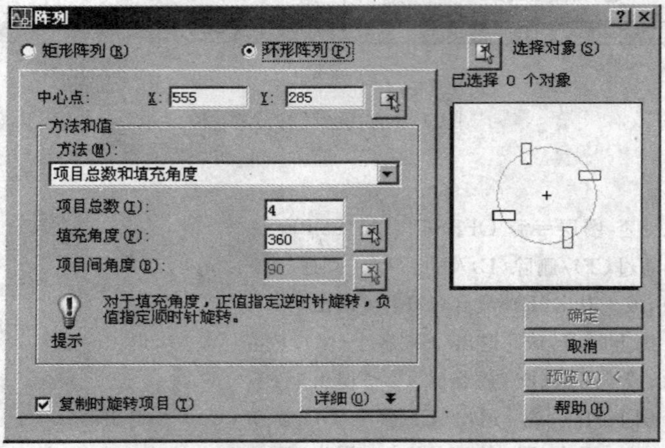

图 4.10 “阵列”对话框(环形阵列)

(3)输入参数。对于矩形阵列,按如下设置:

1)在“行”文本框输入阵列的行数,在“列”文本框输入阵列的列数;

2)在“行偏移”文本框输入行距(阵列对象对应点的距离),正值表示向上增加行(或利用“拾取两者偏移”按钮或“拾取行偏移”按钮指定);

3)在“列偏移”文本框输入列距(阵列对象对应点的距离),正值表示向右增加列(或利用“拾取两者偏移”按钮或“拾取列偏移”按钮指定);

4)在“阵列角度”文本框输入旋转角度(或利用“拾取阵列的角度”按钮指定)。

对于环形阵列,按如下设置:

1)单击“拾取中心点”按钮,在绘图区指定阵列中心;

2)在“方法”列表框选择定位对象所用的方法;

3)在“项目总数”文本框中输入阵列数目;

4)在“填充角度”文本框中输入阵列对象涵盖的角度(正值指定沿逆时针旋转,负值指定沿顺时针旋转。默认值为 360,不允许值为 0);

5)勾选“复制时旋转项目”复选框。

(4)选择阵列对象。单击“选择对象”按钮,进入绘图区选择阵列对象。

(5)预览对象。单击“预览”按钮,进入绘图区,此时对象已按设置阵列完成。若满足需要,则单击“接受”按钮完成阵列;否则,单击“修改”按钮,返回“阵列”对话框修改参数。

3.【应用举例】

(1)利用阵列命令将如图 4.11(a)所示的直角三角形绘制成如图 4.11(b)所示的图形。

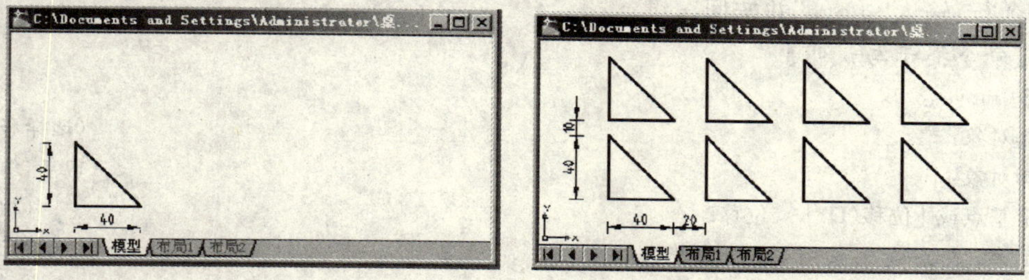

(a)　　　　　　　　(b)

图 4.11　“阵列”命令练习(1)

绘制操作方法如下:

1)单击“修改”工具栏上的“阵列”按钮,打开“阵列”对话框;点选“矩形阵列”单选钮。

2)在“行”文本框输入阵列的行数“2”,在“列”文本框输入阵列的列数“4”;在“行偏移”文本框输入行距“50”,在“列偏移”文本框输入列距“60”,在“阵列角度”文本框输入旋转角度“0”。

3)单击“选择对象”按钮,进入绘图区选择直角三角形,按回车键返回“阵列”对话框。

4)单击“预览”按钮,进入绘图区;单击“接受”按钮完成阵列。

(2)将如图 4.12(a)所示的菱形利用阵列命令绘制成如图 4.12(b)所示图形。

绘制操作方法如下:

1) 单击“修改”工具栏上的“阵列”按钮,打开“阵列”对话框;点选“环形阵列”单选钮。

2) 单击“拾取中心点”按钮,在绘图区指定阵列中心——菱形右上角点;在“项目总数”文本框中输入阵列数目“3”;“方法”列表框及“填充角度”文本框保持默认值;勾选“复制时旋转项目”复选框。

3）单击“选择对象”按钮，进入绘图区选择菱形，按回车键返回“阵列”对话框。

4）单击“预览”按钮，进入绘图区；单击“接受”按钮完成阵列。

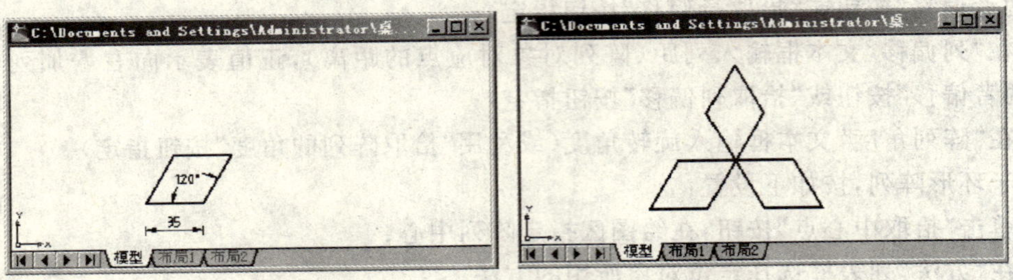

(a) (b)

图 4.12 “阵列”命令练习(2)

4.2.7 移动命令

“移动”命令可以从原对象以指定的角度和方向移动对象。使用坐标、栅格捕捉、对象捕捉和其他工具可以精确移动对象。

1.【命令输入】

工具栏：单击“修改”工具栏上的“移动”按钮。

菜单栏：单击下拉菜单“修改”→“移动”命令。

命令行：输入“move”并按回车键。

2.【命令提示与说明】

命令：move↙

选择对象：　　(选择移动对象)

选择对象：　　(回车，结束选择)

指定基点或［位移(D)］＜位移＞：　　(指定基点)

指定第二个点或 ＜使用第一个点作为位移＞：　　(指定插入点)

3.【应用举例】

利用移动命令将如图 4.13(a)所示的图形绘制成如图 4.13(b)所示的图形(圆心均在矩形的端点)。对象捕捉要设置“端点”捕捉模式。

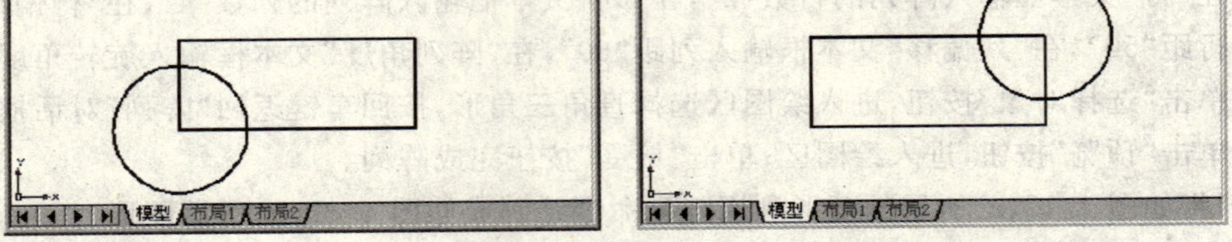

(a) (b)

图 4.13 “移动”命令练习

命令：move↙

选择对象：找到 1 个　　(点选圆)

选择对象：　　（回车，结束选择）
指定基点或［位移(D)］＜位移＞：　　（拾取左下端点）
指定第二个点或 ＜使用第一个点作为位移＞：　　（拾取右上端点）

4.2.8　旋转命令

"旋转"命令可以绕指定基点旋转图形中的对象。

1.【命令输入】

工具栏：单击"修改"工具栏上的"旋转"按钮。

菜单栏：单击下拉菜单"修改"→"旋转"命令。

命令行：输入"rotate"并按回车键。

2.【命令提示与说明】

命令：rotate↙
UCS 当前的正角方向：ANGDIR＝逆时针 ANGBASE＝0　　（信息行）
选择对象：　　（选择要旋转的对象）
选择对象：　　（回车，结束选择）
指定基点：　　（指定旋转中心点）
指定旋转角度，或［复制(C)/参照(R)］＜0＞：　　（输入角度、选项或确认缺省项）

(1) 旋转角度：决定对象绕基点旋转的角度。

(2) 复制：创建要旋转的选定对象的副本。

3.【应用举例】

利用旋转命令将如图 4.14(a)所示的图形绘制成如图 4.14(b)所示的图形。对象捕捉要设置"圆心"捕捉模式。

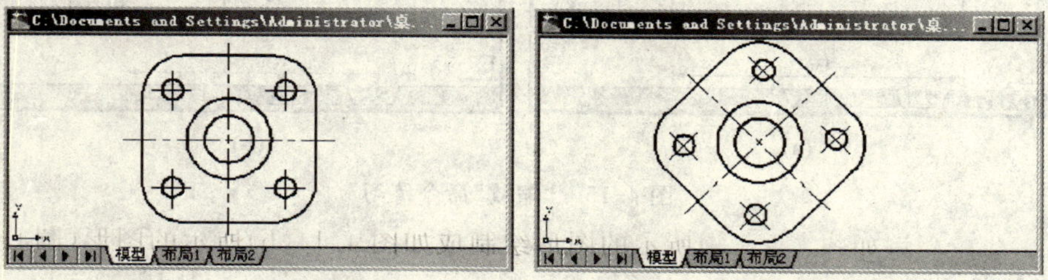

(a)　　(b)

图 4.14　"旋转"命令练习

命令：rotate↙
UCS 当前的正角方向：ANGDIR＝逆时针 ANGBASE＝0
选择对象：指定对角点：找到 17 个　　（窗选整个对象）
选择对象：　　（回车，结束选择）
指定基点：　　（拾取旋转中心点）
指定旋转角度，或［复制(C)/参照(R)］＜0＞：45↙　　（输入 45，回车）

4.2.9　缩放命令

"缩放"命令可以将对象按统一比例放大或缩小。要缩放对象，需要指定基点和比例因子。

另外,根据当前图形单位,还可以指定要用作比例因子的长度。

比例因子大于 1 时将放大对象,比例因子介于 0 和 1 之间时将缩小对象。

1.【命令输入】

工具栏:单击“修改”工具栏上的“缩放”按钮。

菜单栏:单击下拉菜单“修改”→“缩放”命令。

命令行:输入“scale”并按回车键。

2.【命令提示与说明】

命令:scale↙

选择对象: (选择要缩放的对象)

选择对象: (回车,结束选择)

指定基点: (指定基准点)

指定比例因子或[复制(C)/参照(R)]<1>: (输入比例因子、选项或确认缺省项)

(1)比例因子:按指定的比例缩放选定对象的尺寸。大于 1 的比例因子使对象放大,介于 0 和 1 之间的比例因子使对象缩小。还可以拖动光标使对象放大或缩小。

(2)复制:创建要缩放的选定对象的副本。

3.【应用举例】

利用缩放命令将如图 4.15(a)所示的图形绘制成如图 4.15(b)所示的图形。对象捕捉要设置“端点”捕捉模式。

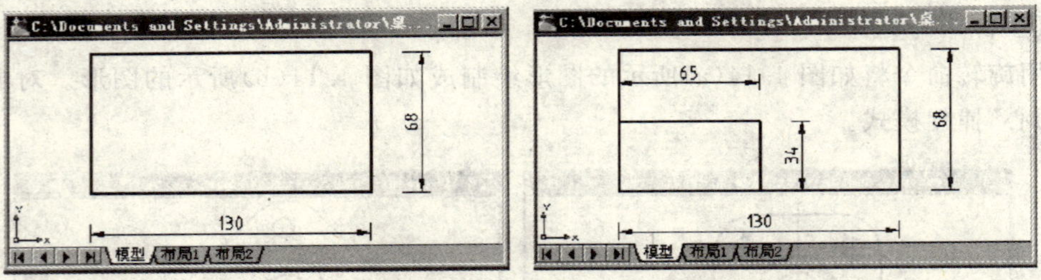

(a) (b)

图 4.15 “缩放”命令练习

命令:scale↙

选择对象:找到 1 个 (点选矩形)

选择对象: (回车,结束选择)

指定基点: (拾取矩形左下角点)

指定比例因子或[复制(C)/参照(R)]<1>:C↙ (输入 C,回车)

缩放一组选定对象:

指定比例因子或[复制(C)/参照(R)]<1>:0.5↙ (输入 45,回车)

4.2.10 拉伸命令

“拉伸”命令可以重新定位穿过或在交叉窗口内对象的端点。该命令仅移动位于交叉选择内的顶点和端点,不更改那些位于交叉选择外的顶点和端点,因此对交叉窗口部分包围的对象将进行拉伸;对完全包含在交叉窗口中的对象或单独选定的对象将进行移动(而不是拉伸)。

1.【命令输入】

工具栏：单击“修改”工具栏上的“拉伸”按钮。

菜单栏：单击下拉菜单“修改”→“拉伸”命令。

命令行：输入“stretch”并按回车键。

2.【命令提示与说明】

命令：stretch↙

以交叉窗口或交叉多边形选择要拉伸的对象...　　　　（信息行）

选择对象：　　　　（用交叉窗口选择对象）

选择对象：　　　　（回车，结束选择）

指定基点或［位移(D)］<位移>：　　　　（指定基准点或输入选项）

指定第二个点或 <使用第一个点作为位移>：　　　　（指定新位置点）

3.【应用举例】

利用拉伸命令将如图 4.16(a)所示的图形绘制成如图 4.16(b)所示图形。对象捕捉要设置“端点”捕捉模式，打开“极轴追踪”、“对象捕捉”模式。

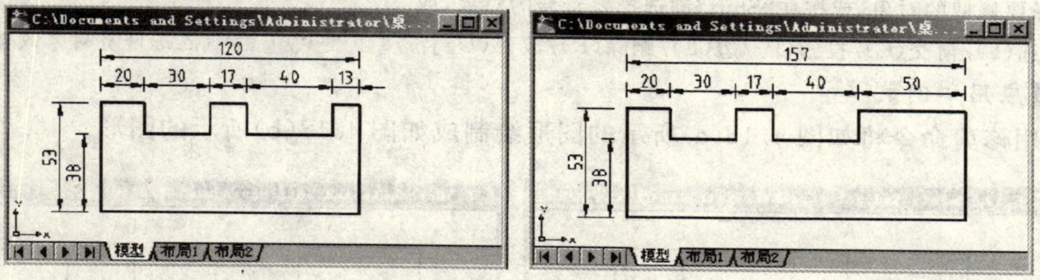

(a)　　　　(b)

图 4.16　“拉伸”命令练习

命令：stretch↙

以交叉窗口或交叉多边形选择要拉伸的对象...

选择对象：指定对角点：找到 5 个　　　　（按如图 4.17(a)所示用交叉窗口选择对象）

选择对象：　　　　（回车，结束选择）

指定基点或［位移(D)］<位移>：　　　　（拾取右下端点）

指定第二个点或 <使用第一个点作为位移>：37↙　　　　（光标右移，输入 37，回车）

说明：在此例中，如果按照如图 4.17(b)所示选择对象，则将整个图形的位置向右移动 37，原图形的大小不变。

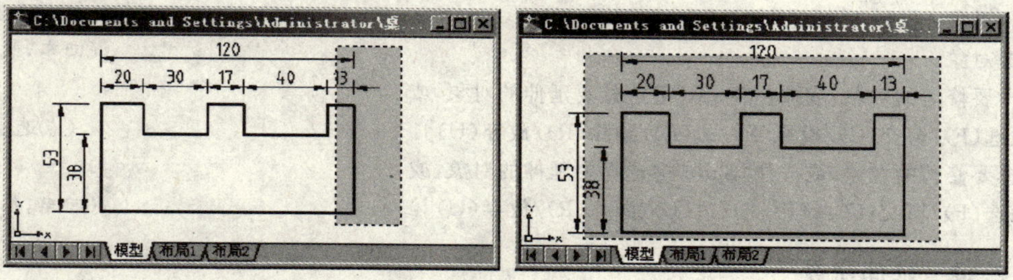

(a)　　　　(b)

图 4.17　“拉伸”命令中对象的选择

4.2.11 修剪命令

"修剪"命令可以修剪对象，使其精确地终止于由其他对象定义的边界。如果未指定边界并在"选择对象："提示下按回车键，则所有显示的对象都将成为可能边界。

1.【命令输入】

工具栏：单击"修改"工具栏上的"修剪"按钮。

菜单栏：单击下拉菜单"修改"→"修剪"命令。

命令行：输入"trim"并按回车键。

2.【命令提示与说明】

命令：trim↙

当前设置：投影＝UCS，边＝无　　（信息行）

选择剪切边...　　（信息行）

选择对象或 <全部选择>：　　（选择修剪边界）

选择对象：　　（回车，结束选择）

选择要修剪的对象，或按住"Shift"键选择要延伸的对象，或　　（信息行）

[栏选(F)/窗交(C)/投影(P)/边(E)/删除(R)/放弃(U)]：　　（点选修剪对象或输入选项）

3.【应用举例】

利用修剪命令将如图 4.18(a)所示的图形绘制成如图 4.18(b)所示的图形。

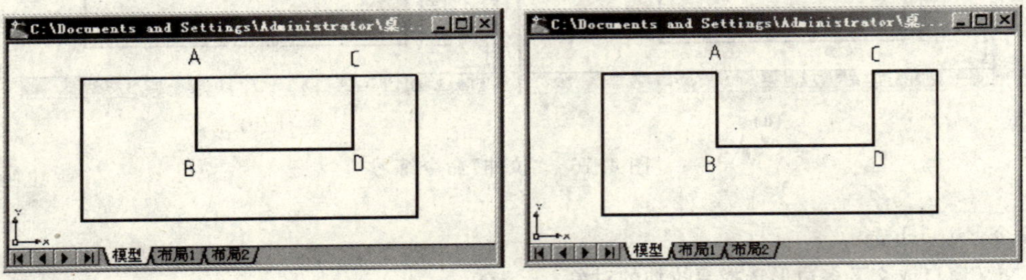

(a)　　　　(b)

图 4.18 "修剪"命令练习

命令：trim↙

当前设置：投影＝UCS，边＝无

选择剪切边...

选择对象或 <全部选择>：找到 1 个　　（点选直线 AB）

选择对象：找到 1 个，总计 2 个　　（点选直线 CD）

选择对象：　　（回车，结束选择）

选择要修剪的对象，或按住"Shift"键选择要延伸的对象，或

[栏选(F)/窗交(C)/投影(P)/边(E)/删除(R)/放弃(U)]：　　（点选直线 AC）

选择要修剪的对象，或按住"Shift"键选择要延伸的对象，或

[栏选(F)/窗交(C)/投影(P)/边(E)/删除(R)/放弃(U)]：　　（回车，结束命令）

4.2.12 延伸命令

"延伸"命令可以延伸对象，使其精确地延伸至由其他对象定义的边界。

1.【命令输入】

工具栏：单击“修改”工具栏上的“延伸”按钮 。

菜单栏：单击下拉菜单“修改”→“延伸”命令。

命令行：输入“extend”并按回车键。

2.【命令提示与说明】

命令：extend↙

当前设置：投影＝UCS，边＝无　（信息行）

选择边界的边...　（信息行）

选择对象或 <全部选择>：　（选择延伸边界）

选择对象：　（回车，结束选择）

选择要延伸的对象，或按住“Shift”键选择要修剪的对象，或

[栏选(F)/窗交(C)/投影(P)/边(E)/放弃(U)]：　（点选延伸对象或输入选项）

(1)选择边界对象：使用选定对象来定义对象延伸到的边界。

(2)要延伸的对象：指定要延伸的对象，按回车键结束命令。

(3)按住“Shift”键选择要修剪的对象：将选定对象修剪到最近的边界而不是将其延伸，这是在修剪和延伸之间切换的简便方法。

(4)栏选：选择与选择栏相交的所有对象。选择栏是一系列临时线段，它们是用两个或多个栏选点指定的。选择栏不构成闭合环。

(5)窗交：选择矩形区域(由两点确定)内部或与之相交的对象。

(6)边：将对象延伸到另一个对象的隐含边，或仅延伸到三维空间中与其实际相交的对象。

(7)放弃：放弃最近由“延伸”命令所做的更改。

3.【应用举例】

利用延伸命令将如图 4.19(a)所示的图形绘制成如图 4.19(b)所示的图形。

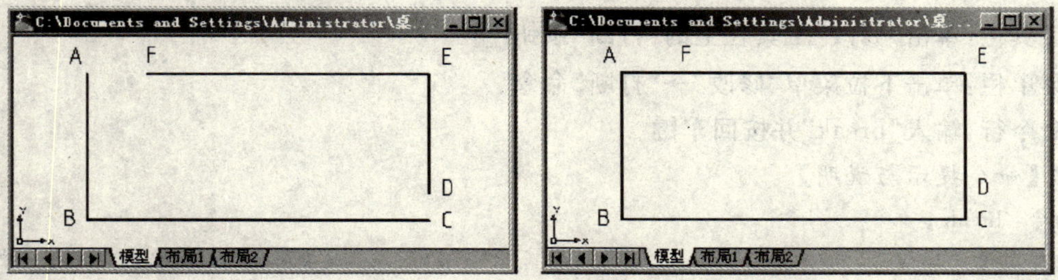

(a)　　(b)

图 4.19　“延伸”命令练习

命令：extend↙

当前设置：投影＝UCS，边＝无

选择边界的边...

选择对象或 <全部选择>：找到 1 个　（点选直线 AB）

选择对象：找到 1 个，总计 2 个　（点选直线 BC）

选择对象：　（回车，结束选择）

选择要延伸的对象，或按住 Shift 键选择要修剪的对象，或

[栏选(F)/窗交(C)/投影(P)/边(E)/放弃(U)]: (点选直线 EF 左半段)

选择要延伸的对象,或按住 Shift 键选择要修剪的对象,或

[栏选(F)/窗交(C)/投影(P)/边(E)/放弃(U)]: (点选直线 DE 下半段)

选择要延伸的对象,或按住 Shift 键选择要修剪的对象,或

[栏选(F)/窗交(C)/投影(P)/边(E)/放弃(U)]: (回车,结束命令)

4.2.13 打断于点命令

"打断于点"命令可以将一个对象打断为两个对象,对象之间没有间隙,外观没有任何变化。

1.【命令输入】

工具栏:单击"修改"工具栏上的"打断于点"按钮。

2.【命令提示与说明】

命令: break ↙

选择对象: (点选打断对象)

指定第二个打断点 或 [第一点(F)]: _f (信息行)

指定第一个打断点: (点选打断位置)

指定第二个打断点: @ (信息行)

4.2.14 打断命令

"打断"命令可以将一个对象打断为两个对象,对象之间可以具有间隙,也可以没有间隙。当对象之间具有间隙时,实际默认将两点之间的部分删除。通常用于给块或文字的插入创建空间。

1.【命令输入】

工具栏:单击"修改"工具栏上的"打断"按钮。

菜单栏:单击下拉菜单"修改"→"打断"命令。

命令行:输入"break"并按回车键。

2.【命令提示与说明】

命令: break ↙

选择对象: (点选打断对象或指定第一打断点)

指定第二个打断点 或 [第一点(F)]: (指定第二打断点或输入选项)

(1)第二个打断点。指定用于打断对象的第二个点。

(2)第一点。用指定的新点替换原来的第一个打断点。

3.【应用举例】

利用打断命令将如图 4.20(a)所示的图形绘制成如图 4.20(b)所示的图形。

命令: break ↙

选择对象: (在与文字相交直线左端处点击)

指定第二个打断点 或 [第一点(F)]: (在与文字相交直线右端处点击)

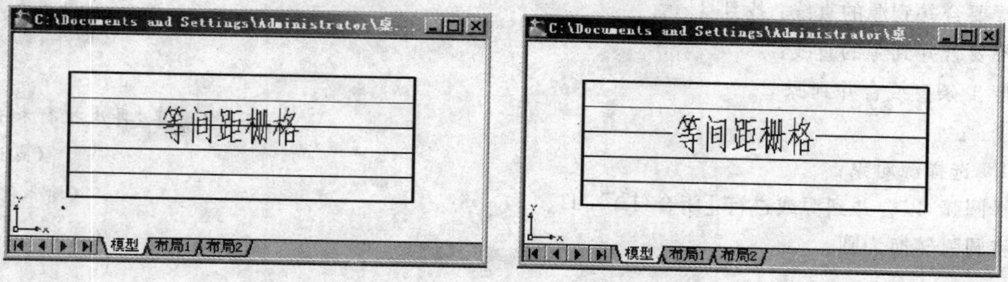

(a)　　(b)

图 4.20　“打断”命令练习

4.2.15　和并命令

“合并”命令可以将相似的多个对象合并为一个对象，也可以使用圆弧和椭圆弧创建完整的圆和椭圆。可以合并的对象有圆弧、椭圆弧、直线、多段线、样条曲线。

对于要合并的直线对象，必须共线（位于同一无限长的直线上），但是它们之间可以有间隙。

对于要合并的圆弧对象，必须位于同一假想的圆上，但是它们之间可以有间隙。“闭合”选项可将源圆弧转换成圆。

1.【命令输入】

工具栏：单击“修改”工具栏上的“合并”按钮。

菜单栏：单击下拉菜单“修改”→“合并”命令。

命令行：输入“join”并按回车键。

2.【命令提示与说明】

命令：join ↙

选择源对象：（点选合并的目标对象）

选择要合并到源的直线：（点选与目标对象要合并的对象）

选择要合并到源的直线：（回车，结束命令）

3.【应用举例】

利用合并命令将如图 4.21(a)所示的图形绘制成如图 4.21(b)所示的图形。

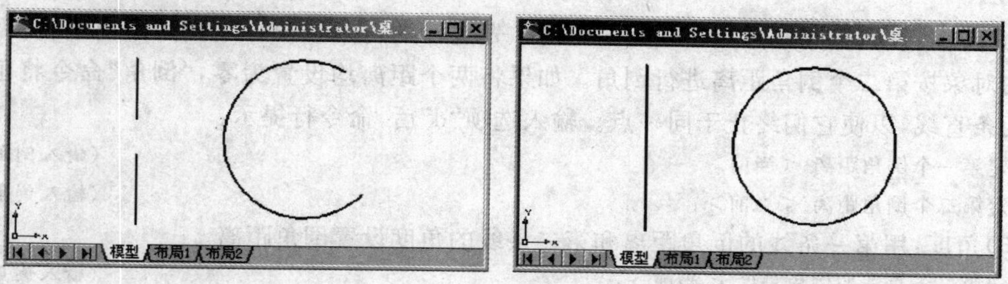

(a)　　(b)

图 4.21　“合并”命令练习

命令：join ↙

选择源对象：（点选左上直线）

选择要合并到源的直线：找到 1 个　　(点选左下直线)

选择要合并到源的直线：　　(回车，结束命令)

已将 1 条直线合并到源

命令：↙　　(回车，再次执行和并命令)

JOIN 选择源对象：　　(点选圆弧)

选择圆弧，以合并到源或进行［闭合(L)］：L↙　　(输入 L，回车)

已将圆弧转换为圆。

4.2.16　倒角命令

“倒角”命令可以使用成角的直线连接两个对象。它通常用于表示角点上的倒角边。可以倒角的对象有直线、多段线、射线、构造线、三维实体。

如果要被倒角的两个对象都在同一图层，则倒角线将位于该图层；否则，倒角线将位于当前图层上。此图层影响对象的特性(包括颜色和线型)。

1.【命令输入】

工具栏：单击“修改”工具栏上的“倒角”按钮。

菜单栏：单击下拉菜单“修改”→“倒角”命令。

命令行：输入“chamfer”并按回车键。

2.【命令提示与说明】

命令：chamfer↙

(“修剪”模式) 当前倒角距离 1 = 0，距离 2 = 0　　(信息行)

选择第一条直线或［放弃(U)/多段线(P)/距离(D)/

角度(A)/修剪(T)/方式(E)/多个(M)］：　　(点选第一条直线或输入选项)

选择第二条直线，或按住“Shift”键选择要应用角点的直线：　　(点选第二条直线)

(1)第一条直线：指定定义二维倒角所需的两条边中的第一条边或要倒角的三维实体的边。

(2)放弃：恢复在命令中执行的上一个操作。

(3)多段线：对整个二维多段线倒角，相交多段线线段在每个多段线顶点被倒角，倒角成为多段线的新线段。如果多段线包含的线段过短以致于无法容纳倒角距离，则不对这些线段倒角。

(4)距离：设置倒角至选定边端点的距离。先选择的对象按第一个倒角距离进行倒角，后选择的对象按第二个倒角距离进行倒角。如果将两个距离均设置为零，“倒角”命令将延伸或修剪两条直线，以使它们终止于同一点。输入选项“d”后，命令行提示：

指定第一个倒角距离 <当前>：　　(输入倒角距离)

指定第二个倒角距离 <当前>：　　(输入倒角距离)

(5)角度：用第一条线的倒角距离和第二条线的角度设置倒角距离。

指定第一条直线的倒角长度 <当前>：　　(输入倒角距离)

指定第一条直线的倒角角度 <当前>：　　(输入倒角角度)

(6)修剪：控制是否将选定的边修剪到倒角直线的端点。

(7)多个：为多组对象的边倒角。“倒角”命令将重复显示主提示和“选择第二个对象”的提示，直到用户按回车键结束命令。

3.【应用举例】

利用倒角命令将如图 4.22(a)所示的图形绘制成如图 4.22(b)所示图形。

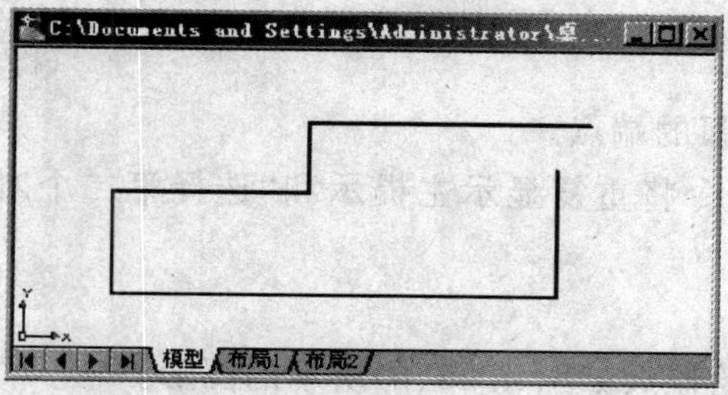

(a)

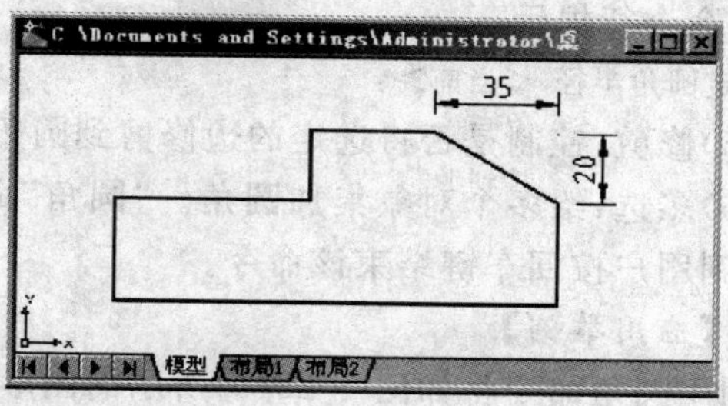

(b)

图 4.22 “倒角”命令练习

命令：chamfer↙

(“修剪”模式）当前倒角距离 1 = 0,距离 2 = 0

选择第一条直线或［放弃(U)/多段线(P)/距离(D)/

角度(A)/修剪(T)/方式(E)/多个(M)］:D↙ (输入 D,回车)

指定第一个倒角距离 <0>：20↙ (输入 20,回车)

指定第二个倒角距离 <20>：35↙ (输入 35,回车)

选择第一条直线或［放弃(U)/多段线(P)/距离(D)

/角度(A)/修剪(T)/方式(E)/多个(M)］: (点选右侧竖线)

选择第二条直线,或按住“Shift”键选择要应用角点的直线： (点选右上侧横线)

4.2.17　圆角命令

“圆角”命令使用与对象相切并且具有指定半径的圆弧连接两个对象。使用单个命令便可以为多段线的所有角点加圆角。

如果要进行圆角的两个对象位于同一图层上,那么将在该图层创建圆角弧;否则,将在当前图层创建圆角弧。此图层影响对象的特性(包括颜色和线型)。

1.【命令输入】

工具栏:单击“修改”工具栏上的“圆角”按钮。

菜单栏:单击下拉菜单“修改”→“圆角”命令。

命令行:输入“fillet”并按回车键。

2.【命令提示与说明】

命令：fillet↙

当前设置：模式 = 修剪,半径 = 30 (信息行)

选择第一个对象或［放弃(U)/多段线(P)/

半径(R)/修剪(T)/多个(M)］: (点选第一条直线或输入选项)

选择第二个对象,或按住“Shift”键选择要应用角点的对象： (点选第二条直线)

(1)第一个对象:选择定义二维圆角所需的两个对象中的第一个对象,或选择三维实体的边以便给其加圆角。

(2)放弃:恢复在命令中执行的上一个操作。

(3)多段线：在二维多段线中两条线段相交的每个顶点处插入圆角弧。

(4)半径：定义圆角弧的半径。输入的值将成为后续“圆角”命令的当前半径。输入选项“r”后，命令行提示：

指定圆角半径 <当前>： （输入半径）

(5)修剪：控制是否将选定的边修剪到圆角弧的端点。

(6)多选：给多个对象集加圆角。“圆角”命令将重复显示主提示和“选择第二个对象”提示，直到用户按回车键结束该命令。

3.【应用举例】

利用圆角命令将如图 4.23(a)所示的图形绘制成如图 4.23(b)所示的图形。

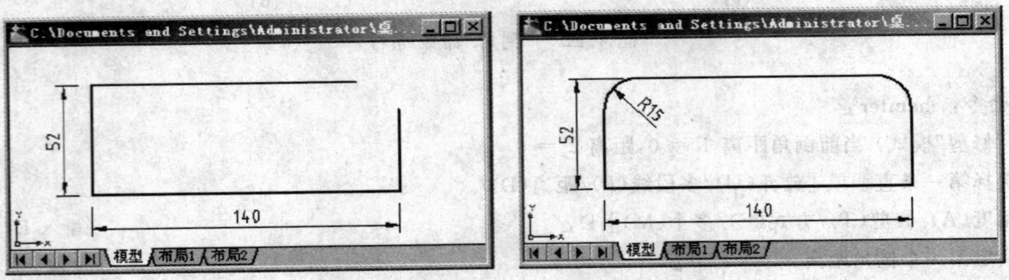

(a) (b)

图 4.23 “圆角”命令练习

命令：fillet↙

当前设置：模式 = 修剪，半径 = 30

选择第一个对象或［放弃(U)/多段线(P)/半径(R)/修剪(T)/多个(M)］：R↙ （输入 R，回车）

指定圆角半径 <30>：15↙ （输入 15，回车）

选择第一个对象或［放弃(U)/多段线(P)/半径(R)/修剪(T)/多个(M)］： （点选左侧竖线）

选择第二个对象，或按住“Shift”键选择要应用角点的对象： （点选上侧横线）

命令：↙ （回车，再次执行命令）

FILLET

当前设置：模式 = 修剪，半径 = 15

选择第一个对象或［放弃(U)/多段线(P)/半径(R)/修剪(T)/多个(M)］： （点选上侧横线）

选择第二个对象，或按住“Shift”键选择要应用角点的对象： （点选右侧竖线）

4.2.18 分解命令

“分解”命令可以将合成对象分解为其部件对象。任何分解对象的颜色、线型和线宽都可能会改变，其他结果将根据分解的合成对象类型的不同而有所不同。各类对象分解后的情况如下：

二维和优化多段线：放弃所有关联的宽度或切线信息。对于宽多段线，将沿多段线中心放置结果直线和圆弧。

三维多段线：分解成线段。

三维实体：将平面分解成面域，将非平面的面分解成曲面。

块：一次删除一个编组级。如果一个块包含一个多段线或嵌套块，那么对该块的分解就首先显露出该多段线或嵌套块，然后再分别分解该块中的各个对象。

引线：根据引线的不同，可分解成直线、样条曲线、实体（箭头）、块插入（箭头、注释块）、多行文字或公差对象。

多行文字：分解成文字对象。

多线：分解成直线和圆弧。

1.【命令输入】

工具栏：单击“修改”工具栏上的“分解”按钮。

菜单栏：单击下拉菜单“修改”→“分解”命令。

命令行：输入“explode”并按回车键。

2.【命令提示与说明】

命令：explode↙

选择对象：　（选择分解对象）

选择对象：　（回车，结束命令）

4.2.19　放弃命令

“放弃”命令可以从后向前依次撤销上一次的操作。

注意：“放弃”命令对一些命令和系统变量无效，包括用以打开、关闭或保存窗口或图形、显示信息、更改图形显示、重生成图形或以不同格式输出图形的命令及系统变量。

1.【命令输入】

工具栏：单击“标准”工具栏上的“放弃”按钮。

命令行：输入“undo”并按回车键。

2.【命令提示与说明】

命令：undo↙

当前设置：自动 = 开，控制 = 全部，合并 = 是　（信息行）

输入要放弃的操作数目或［自动(A)/控制(C)/

开始(BE)/结束(E)/标记(M)/后退(B)］<1>：　（输入要放弃的操作数目或选项）

(1)数目：放弃指定数目以前的操作。效果与多次输入“U”命令相同。

(2)自动：将单个命令的操作编组，从而可以使用单个“U”命令放弃这些操作。如果“自动”选项设置为开，则启动一个命令将对所有操作进行编组，直到退出该命令。可以将操作组当做一个操作放弃。如果“控制”选项关闭或者限制了“放弃”命令的功能，“放弃”命令的“自动”选项将不可用。

(3)控制：限制或关闭“放弃”命令。

(4)开始、结束：将一系列操作编组为一个集合。输入“开始”选项后，所有后续操作都将成为此集合的一部分，直至使用“结束”选项。

(5)标记：在放弃信息中放置标记。

(6)后退：放弃直到标记为止所做的全部工作。如果一次放弃一个操作，到达该标记时程序会给出通知。

4.2.20　重做命令

“重做”命令可以恢复上一个用“放弃”命令或“U”命令放弃的操作。

注意："重做"命令必须紧跟随在"U"命令或"放弃"命令之后操作。

1.【命令输入】

工具栏：单击"标准"工具栏上的"放弃"按钮。

命令行：输入"mredo"并按回车键。

2.【命令提示与说明】

命令：mredo ↙

输入动作数目或［全部(A)/上一个(L)］：　　　　（输入要重做的操作数目或选项）

(1)全部：恢复全部用"放弃"命令或"U"命令放弃的操作。

(2)上一个：恢复上一个用"放弃"命令或"U"命令放弃的操作。

4.3　多线的编辑

多线对象由 1～16 条平行线组成，这些平行线称为元素。要修改多线及其元素，可以使用多线样式、通用编辑命令和多线编辑命令。

4.3.1　编辑多线样式

多线样式用于控制多线中直线元素的数目、颜色、线型、线宽以及每个元素的偏移量，可以修改合并的显示、端点封口和背景填充。

编辑多线样式可以修改多线元素的特性，或者为后面创建的多线端点封口和背景填充。

编辑多线样式具有以下限制：

(1)不能编辑图形中已使用的任何多线样式的元素和多线特性。

(2)要编辑现有的多线样式，必须在用此样式绘制多线之前进行。

4.3.2　使用通用编辑命令

编辑多线时可以使用大多数通用编辑命令，但是"打断"命令、"倒角"命令、"圆角"命令、"拉长"命令、"偏移"命令除外。

要使用通用编辑命令编辑多线，先使用"分解"命令，将多线对象分解为独立的直线对象。

注意：如果修剪或延伸多线对象，只有遇到的第一个边界对象能确定多线端点的造型形式。多线端点的边界不能是复杂边界。

4.3.2　多线编辑命令

多线编辑命令中可用的特殊多线编辑功能有添加或删除顶点、控制角点结合的可见性、控制与其他多线的相交样式、打开或闭合多线对象中的间隔。

1.【命令输入】

菜单栏：单击下拉菜单"修改"→"对象"→"多线"命令。

命令行：输入"mledit"并按回车键。

2.【操作步骤】

(1)单击下拉菜单"修改"→"对象"→"多线"命令，打开"多线编辑工具"对话框，如图 4.24 所示。

(2)在“多线编辑工具”对话框中，点击选择需要的多线编辑工具，返回绘图区。

(3)在绘图区，按照提示选择编辑对象，完成编辑。

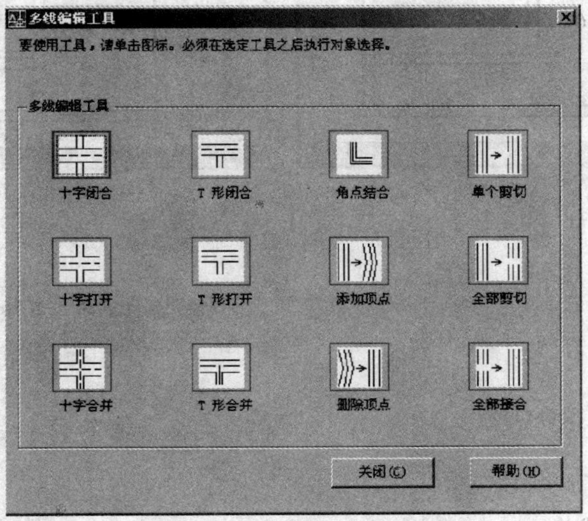

图 4.24　“多线编辑工具”对话框

3.【“多线编辑工具”对话框】

“多线编辑工具”对话框用于修改多线对象。该对话框将显示多线编辑工具，并以四列显示样例图像。第一列控制交叉的多线，第二列控制 T 形相交的多线，第三列控制角点结合和顶点，第四列控制多线中的打断。

(1)十字闭合：在两条多线之间创建闭合的十字交点。

(2)十字打开：在两条多线之间创建打开的十字交点。打断将插入第一条多线的所有元素和第二条多线的外部元素。

(3)十字合并：在两条多线之间创建合并的十字交点。选择多线的次序并不重要。

(4)T 形闭合：在两条多线之间创建闭合的 T 形交点。将第一条多线修剪或延伸到与第二条多线的交点处。

(5)T 形打开：在两条多线之间创建打开的 T 形交点。将第一条多线修剪或延伸到与第二条多线的交点处。

(6)T 形合并：在两条多线之间创建合并的 T 形交点。将多线修剪或延伸到与另一条多线的交点处。

(7)角点结合：在多线之间创建角点结合。将多线修剪或延伸到它们的交点处。

(8)添加顶点：向多线上添加一个顶点。

(9)删除顶点：从多线上删除一个顶点。

(10)单个剪切：在选定多线元素中创建可见打断。

(11)全部剪切：创建穿过整条多线的可见打断。

(12)全部接合：将已被剪切的多线线段重新接合起来。

4.【应用举例】

利用多线编辑命令将如图 4.25(a)所示的图形绘制成如图 4.25(b)所示的图形。

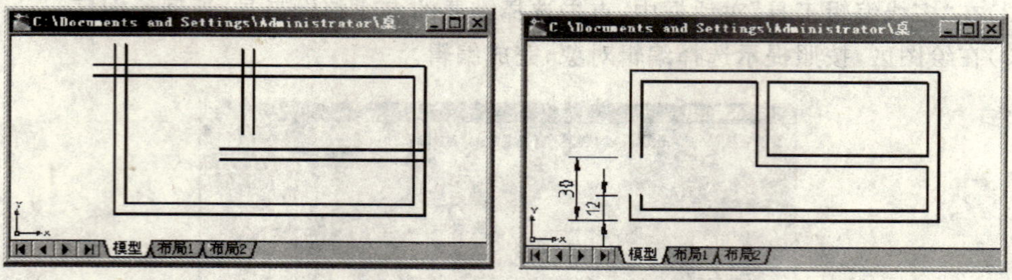

(a)　　　　　　　　(b)

图 4.25　“多线编辑”命令练习

命令：mledit↙　　(在“多线编辑工具”对话框中，点击“角点结合”)
选择第一条多线：　　(点选左侧竖线下端)
选择第二条多线：　　(点选上侧横线右端)
选择第一条多线 或［放弃(U)］：　　(点选中间竖线下端)
选择第二条多线：　　(点选中间横线右端)
选择第一条多线 或［放弃(U)］：↙　　(回车，结束命令)
命令：↙　　(再回车，重新执行命令)
编辑多线　　(在“多线编辑工具”对话框中，点击“T 形打开”)
选择第一条多线：　　(点选中间竖线下端)
选择第二条多线：　　(点选上侧横线)
选择第一条多线 或［放弃(U)］：　　(点选中间横线)
选择第二条多线：　　(点选右侧竖线)
选择第一条多线 或［放弃(U)］：↙　　(回车，结束命令)
命令：↙　　(再回车，重新执行命令)
编辑多线　　(在“多线编辑工具”对话框中，点击“全部剪切”)
选择多线：　　(同时按 shift 和鼠标右键，在弹出菜单中选“自(F)”)
_from 基点：　　(同时按 shift 和鼠标右键，在弹出菜单中选“端点(E)”，并拾取左下端点)
_endp 于 ＜偏移＞：@0,12↙　　(输入@0,12，并回车)
选择第二个点：　　(同时按 shift 和鼠标右键，在弹出菜单中选“自(F)”)
_from 基点：　　(同时按 shift 和鼠标右键，在弹出菜单中选“端点(E)”，并拾取左下端点)
_endp 于 ＜偏移＞：@0,30↙　　(输入@0,30，并回车)

4.4　综合编辑

用户也可以利用系统提供的“特性”命令、“特性匹配”命令及“夹点编辑”功能对图形进行编辑修改。

4.4.1　特性命令

“特性”命令可以打开“特性”选项板。该选项板用于列出选定对象或对象集的当前特性，可以修改任何可以通过指定新值进行修改的特性。

1.【命令输入】

工具栏：单击“标准”工具栏上的“特性”按钮。

菜单栏：单击下拉菜单“修改”→“ 特性”命令。

命令行：输入“properties”并按回车键。

快捷菜单：在绘图区单击鼠标右键，然后单击“特性”。

定点设备：双击大多数对象。

2.【操作步骤】

(1)单击“标准”工具栏上的“特性”按钮，打开“特性”选项板。

(2)在“特性”选项板中，显示出选定对象或对象集的当前特性。如要修改某些特性，可以通过指定新值进行修改；确定后，对象特性随之改变。

(3)完成特性显示或修改，单击“关闭”按钮退出。

3.【“特性”选项板】

“特性”选项板可以列出选定对象或对象集特性的当前设置。利用该功能可以修改任何可以通过指定新值进行修改的特性。

(1)显示选定对象或对象集的特性。选择多个对象时，“特性”选项板只显示选择集中所有对象的公共特性。如果未选择对象，“特性”选项板将只显示当前图层和布局的基本特性、附着在图层上的打印样式表名称、视图特性和 UCS 的相关信息。

(2)可以指定新值以修改任何可以更改的特性。单击该值并使用以下方法之一：

1)输入新值。

2)单击右侧的向下箭头并从列表中选择一个值。

3)单击“拾取点”按钮，使用定点设备修改坐标值。

4)单击“快速计算”计算器按钮可计算新值。

5)单击左或右箭头可增大或减小该值。

6)单击“...”按钮并在对话框中修改特性值。

4.【应用举例】

查阅如图 4.26 所示大圆的圆心坐标、半径、直径、周长、面积，并利用“特性”选项板将其更改为如图 4.27 所示的大圆(线宽 1.00mm)，其他不变。

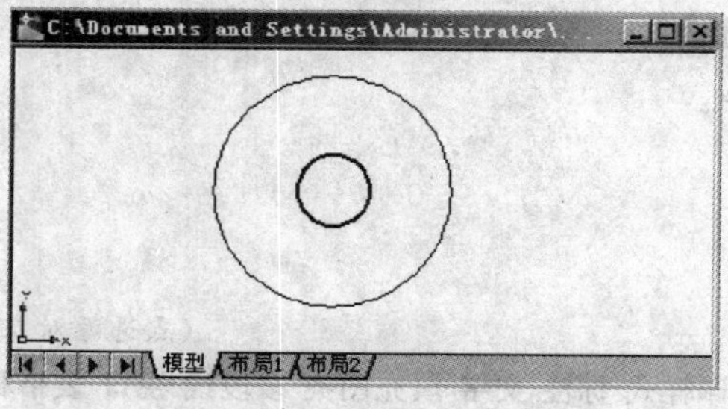

图 4.26　显示特性练习(1)

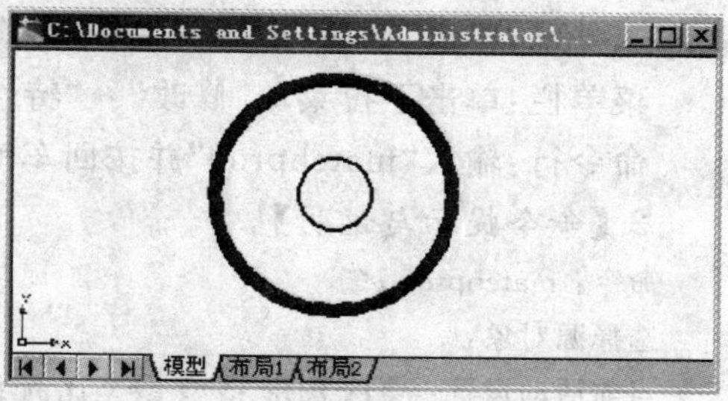

图 4.27　显示特性练习(2)

绘图操作步骤如下：

(1)点选大圆。

(2)单击“标准”工具栏上的“特性”按钮，打开“特性”选项板，如图 4.28 所示。点击“几何图形”列表并向上拖移，如图 4.29 所示。由图可知所选大圆的圆心坐标、半径、直径、周长、面积。

(3)单击“线宽”列表框右侧的向下箭头，并从中选择“1.00mm”，如图 4.30 所示；这时，绘图区的大圆已变宽。

(4)单击“特性”选项板左上角的“关闭”按钮，关闭选项板。

(5)按“Esc”键，退出对大圆的选择。

图 4.28　“特性”选项板

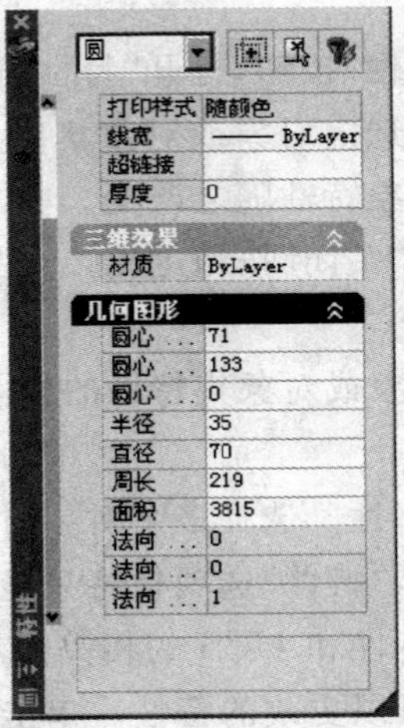

图 4.29　查看特性

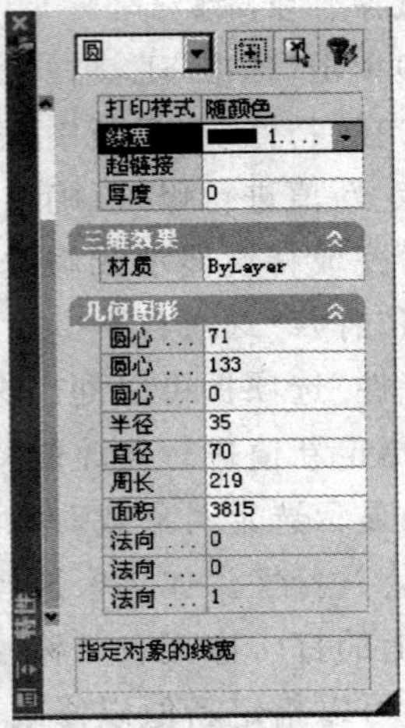

图 4.30　修改特性

4.4.2　特性匹配命令

“特性匹配”命令可以将一个对象的某些或所有特性复制到其他对象。可以复制的特性类型包括(但不仅限于)颜色、图层、线型、线型比例、线宽、打印样式和三维厚度。

默认情况下，所有可应用的特性都自动地从选定的第一个对象复制到其他对象。如果不希望复制特定的特性，可以使用“设置”选项禁止复制该特性。可以在执行该命令的过程中随时选择“设置”选项。

1.【命令输入】

工具栏：单击“标准”工具栏上的“特性匹配”按钮。

菜单栏：单击下拉菜单“修改”→“特性匹配”命令。

命令行：输入“matchprop”并按回车键。

2.【命令提示与说明】

命令：matchprop ↙

选择源对象：　(点选源对象)

当前活动设置：颜色 图层 线型 线型比例 线宽 厚度 打印样式 标注 文字 填充图案 多段线 视口 表格材质 阴影显示　(信息行)

选择目标对象或[设置(S)]：　(选择目标对象)

(1)目标对象：指定要将源对象的特性复制到其上的对象。可以继续选择目标对象或按回车键应用特性并结束该命令。

(2)设置：显示“特性设置”对话框，如图 4.31 所示，从中可以控制要将哪些对象特性复制到目标对象。在默认情况下，将选择“特性设置”对话框中的所有对象特性进行复制。

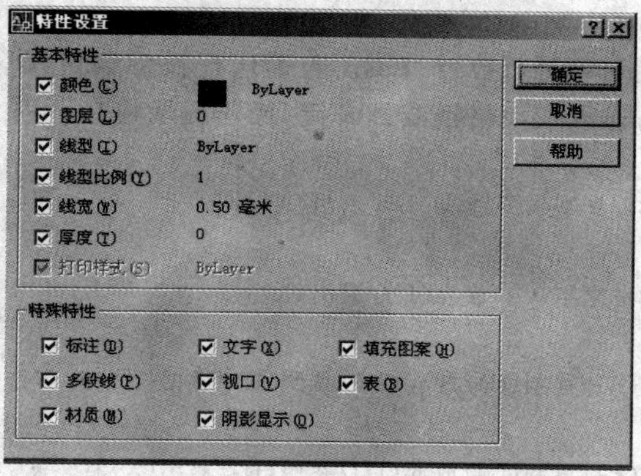

图 4.31　“特性设置”对话框

3.【应用举例】

利用“特性匹配”命令将如图 4.32(a)所示的图形绘制成如图 4.32(b)所示的图形。

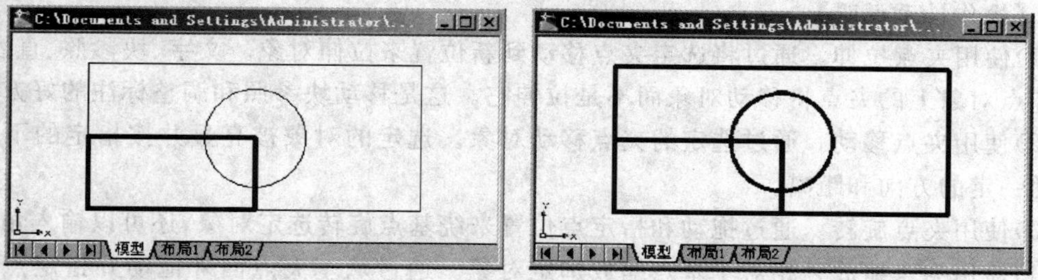

(a)　　(b)

图 4.32　“特性匹配”命令练习

命令：matchprop↙

选择源对象：　　　　(点选小矩形)

当前活动设置：颜色 图层 线型 线型比例 线宽 厚度 打印样式 标注 文字 填充图案 多段线 视口 表格材质 阴影显示

选择目标对象或[设置(S)]：　　　　(点选大矩形)

选择目标对象或[设置(S)]：　　　　(点选圆)

选择目标对象或[设置(S)]：　　　　(回车，结束命令)

4.4.3　夹点编辑

在未执行命令的情况下使用鼠标指定对象，对象关键点上将出现一些小方框，这就是夹点。在默认状态下，此时夹点的颜色为蓝色，称为“冷夹点”；如果再次点击某个夹点，则这个夹点变为红色，称为“热夹点”。

在“热夹点”状态，可以拖动夹点直接而快速地编辑对象。可选择执行的编辑操作有拉伸、移动、旋转、缩放和镜像。

1.【使用夹点编辑】

(1)选择要编辑的对象。

(2)在选定对象上，通过点击某个夹点使其成为“热夹点”；这时命令行出现提示：

＊＊ 拉伸 ＊＊

指定拉伸点或[基点(B)/复制(C)/放弃(U)/退出(X)]:

这时,就可以对选定对象进行拉伸编辑。若不进行拉伸编辑,可按空格键或回车键,命令行出现下一条操作提示;连续按空格键或回车键,操作提示将在下列5种操作中不断循环:

* * 拉伸 * *

指定拉伸点或[基点(B)/复制(C)/放弃(U)/退出(X)]:

* * 移动 * *

指定移动点或[基点(B)/复制(C)/放弃(U)/退出(X)]:

* * 旋转 * *

指定旋转角度或[基点(B)/复制(C)/放弃(U)/参照(R)/退出(X)]:

* * 比例缩放 * *

指定比例因子或[基点(B)/复制(C)/放弃(U)/参照(R)/退出(X)]:

* * 镜像 * *

指定第二点或[基点(B)/复制(C)/放弃(U)/退出(X)]:

(3)在某条操作提示,可对选定对象进行相应的编辑操作。

2.【操作提示说明】

(1)使用夹点拉伸。通过将选定夹点移动到新位置来拉伸对象。文字、块参照、直线中点、圆心和点对象上的夹点将移动对象而不是拉伸它。这是移动块参照和调整标注的好方法。

(2)使用夹点移动。通过选定的夹点移动对象。选定的对象被亮显并按指定的下一点位置移动一定的方向和距离。

(3)使用夹点旋转。通过拖动和指定点位置来绕基点旋转选定对象,还可以输入角度值。

(4)使用夹点缩放。相对于基点缩放选定对象。通过从基夹点向外拖动并指定点位置来增大对象尺寸,或通过向内拖动减小尺寸;也可以为相对缩放输入一个值。

(5)使用夹点创建镜像。沿临时镜像线为选定对象创建镜像。打开"正交"有助于指定垂直或水平的镜像线。

(6)取消夹点。按一次"Esc"键,从"热夹点"状态回到"冷夹点";连续按两次"Esc"键,则取消夹点。

3.【应用举例】

利用夹点编辑将如图4.33(a)所示的长轴为75mm,短轴为28mm的椭圆,绘制成如图4.33(b)所示的图形。

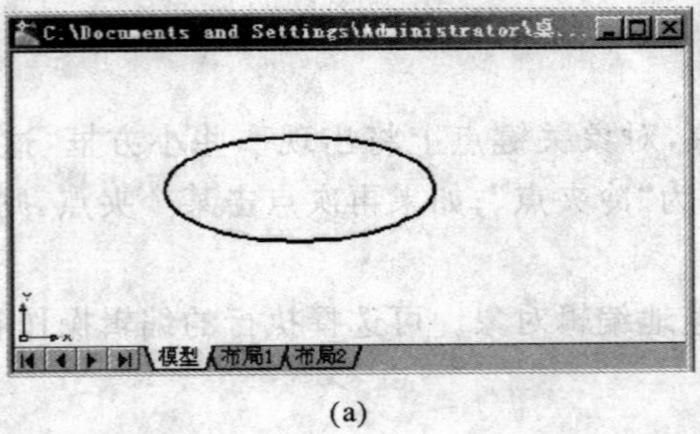

(a)

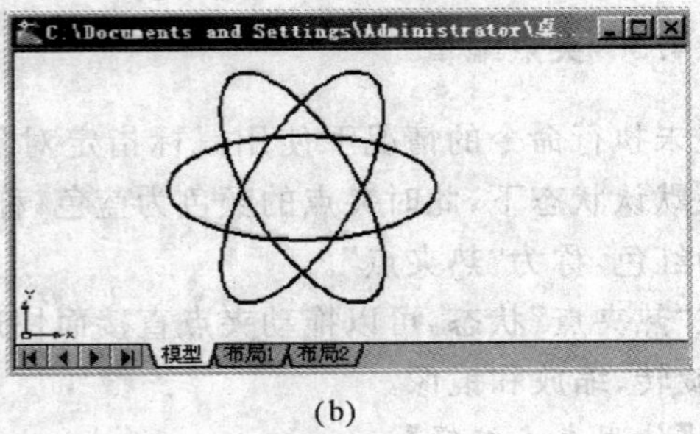

(b)

图4.33 夹点编辑练习

绘图操作如下:

1)点选椭圆,点击处于中心的夹点使其成为“热夹点”。这时命令行出现提示:

* * 拉伸 * *

指定拉伸点或[基点(B)/复制(C)/放弃(U)/退出(X)]:

2)连续按回车键两次,这时命令行出现提示:

* * 旋转 * *

指定旋转角度或[基点(B)/复制(C)/放弃(U)/参照(R)/退出(X)]:

3)输入选项“C”并按回车键,命令行出现提示:

* * 旋转(多重) * *

指定旋转角度或[基点(B)/复制(C)/放弃(U)/参照(R)/退出(X)]:60↙　　(输入 60,回车)

* * 旋转(多重) * *

指定旋转角度或[基点(B)/复制(C)/放弃(U)/参照(R)/退出(X)]:120↙　　(输入 120,回车)

* * 旋转(多重) * *

指定旋转角度或[基点(B)/复制(C)/放弃(U)/参照(R)/退出(X)]:　　(按“Esc”键)

命令:*取消*　　(按“Esc”键)

4.5　思考题与练习题

一、选择题

(1)执行删除命令时,最适合选择所有对象的方式是________。

(A) 点选方式　　(B) 交叉窗口方式

(C) 全选方式　　(D) 栏选方式

(2)在进行修剪操作时,首先要定义修剪边界,如果没有选择任何对象,而是直接按回车键,则________。

(A)结束修剪命令　　(B)系统要求继续选择

(C)默认所有对象是剪切边　　(D)重新执行修剪命令

(3)矩形阵列由________确定阵列方向。

(A)行数和列数　　(B)行距和列距的正负

(C)对象的位置　　(D)行数和列数的正负

(4)下列命令中将选定对象的特性应用到其他对象的是________。

(A)阵列　　(B)复制　　(C)特性　　(D)特性匹配

(5)在“特性”选项板中不能修改圆的________。

(A)半径大小　　(B)圆心坐标

(C)形状　　(D)线宽

(6)“夹点”编辑不可以________。

(A)阵列对象　　(B)拉伸对象

(C)移动对象　　(D)镜像对象

二、思考题

(1)采用窗口方式和交叉窗口方式选择对象的区别是什么?

(2)“删除”、“修剪”和“打断”命令在使用时有何不同？

(3)环形阵列和矩形阵列方式的使用对象有何不同？

(4)已知对象旋转后的位置，但不知道转角，可不可以旋转？

(5)拉伸命令在选择对象时应注意什么？

三、上机练习

(1)根据所注尺寸，绘制如图 4.34 所示的图形。

(2)根据所注尺寸，绘制如图 4.35 所示的图形。

(3)根据所注尺寸，绘制如图 4.36 所示的图形。

(4)根据所注尺寸，绘制如图 4.37 所示的图形。

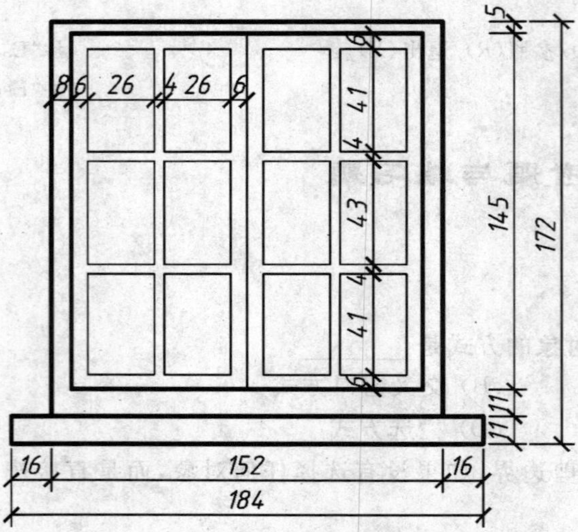

图 4.34　绘图练习(1)

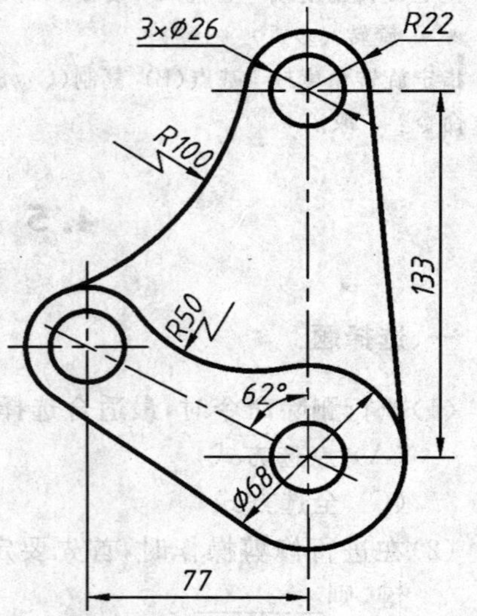

图 4.35　绘图练习(2)

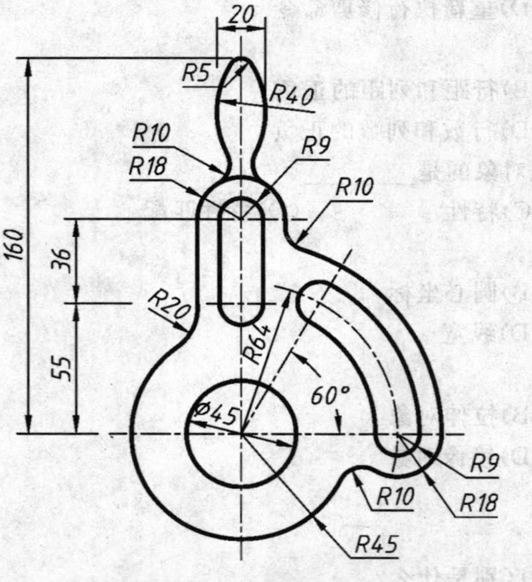

图 4.36　绘图练习(3)

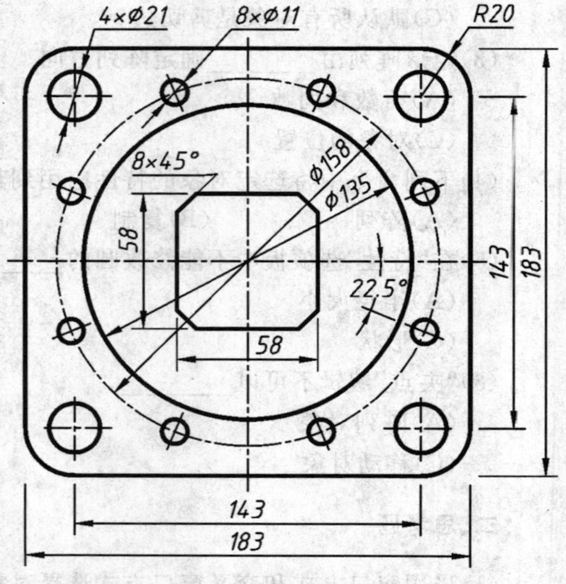

图 4.37　绘图练习(4)

第5章 图层与图块

本章将介绍图层与图块的相关知识。主要内容包括图层的创建、特性设置、图块的创建、图块插入、图块的属性定义等。

5.1 图层及其管理

图层就像透明的覆盖层，相当于手工绘图中使用的重叠透明纸，用户可以在上面组织和编写各种不同的图形信息。图层是计算机绘图中使用的主要组织工具，使用图层可以将信息按功能编组以及执行线型、颜色及其他标准。

5.1.1 图层的作用

通过创建图层，可以将类型相似的对象指定给同一个图层使其相关联。例如，可以将图线、文字、标注和标题栏置于不同的图层上，通过将对象分类放到各自的图层中，可以快速有效地控制对象的显示以及对其进行修改。

(1)通过图层能够整体控制和修改对象的基本特性，如颜色、线型、线宽、打印等。

(2)通过关闭图层，能够降低图形的复杂程度，使之变得清楚而易于修改编辑。

(3)通过冻结图层，可以减少计算机的计算量，加快显示速度等。

5.1.2 “图层”工具栏和“对象特性”工具栏

1.【“图层”工具栏】

在默认状态下，“图层”工具栏显示在绘图区的左上角，其形式和图标名称如图5.1所示。

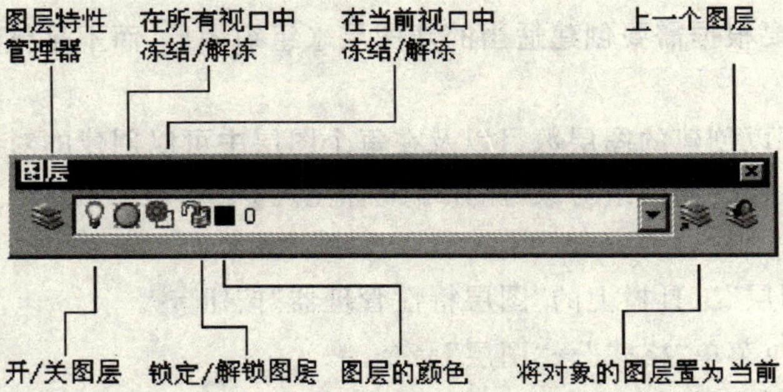

图5.1 “图层”工具栏

利用“图层”工具栏可以方便地创建和管理图层，包括转换当前图层、开/关、冻结/解冻、锁定/解锁图层等。当前图层是绘图时绘制对象所在的图层，要转换当前图层，可在“图层”工具栏的"图层"列表中选择需要的图层，该图层将被设置为当前图层，并显示在工具栏上。如图5.1所示显示的当前图层为"0"层。

2.【"特性"工具栏】

在默认状态下，在绘图区的上部中间位置显示"特性"工具栏，如图5.2所示。工具栏包括"颜色控制"、"线型控制"和"线宽控制"三个列表框，分别用于当前绘图区对象的颜色、线型和线宽的控制。

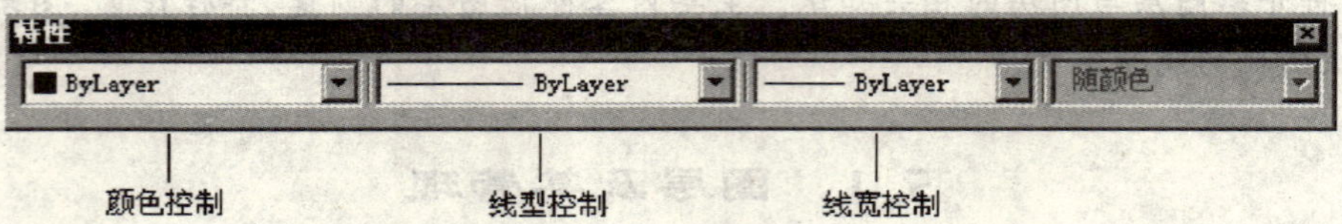

图5.2 "特性"工具栏

在默认状态下，"特性"工具栏的三个列表框"颜色控制"、"线型控制"和"线宽控制"均设置为"ByLayer"，即当前绘制对象的颜色、线型和线宽为当前图层设置的特性。一般情况下，为了后续修改和参照的需要，尽量不要使用"特性"工具栏，即让其保持默认设置。

若需要对图层上的个别对象改变颜色、线型和线宽，可在"特性"工具栏的"颜色控制"、"线型控制"和"线宽控制"三个列表框中选择需要的特性，将其置为当前。

5.1.3 图层的创建

一、默认图层

系统默认图层的名称为"0"，不能删除或重命名图层"0"。该图层有两个用途：

(1)确保每个图形至少包括一个图层。

(2)提供与块中的控制颜色相关的特殊图层。

二、创建新图层

在绘图时，首先要根据需要创建适当的新图层来组织图形，而不是将整个图形均创建在图层"0"上。

在一个图形中可以创建的图层数目以及在每个图层中可以创建的对象数是无限的。图层通常用于设计概念上相关的一组对象(例如墙或标注)。

1.【命令输入】

工具栏：单击"图层"工具栏上的"图层特性管理器"按钮。

菜单栏：单击下拉菜单"格式"→"图层"命令。

命令行：输入"layer"并按回车键。

2.【操作步骤】

(1)单击"图层"工具栏上的"图层特性管理器"按钮，打开"图层特性管理器"对话框，如图5.3所示。

(2)在"图层特性管理器"对话框中，单击"新建图层"按钮，名为"图层1"的图层将自动添加到图层列表中。连续单击该按钮，则依次创建名为“图层 2”“图层 3”……的图层，这些图层自动继承前一图层的特性。

(3)给图层命名。当出现名称“图层 1”“图层 2”“图层 3”……时，可重新输入新的名称。以“看名知意”为原则，汉字、字母、数字和特殊字符均可用于图层名称。一般根据图层的功能或控制的内容来命名。

(4)设置各图层的特性。对各图层的颜色、线型、线宽等进行设置。

(5)单击“确定”按钮，完成图层的创建。

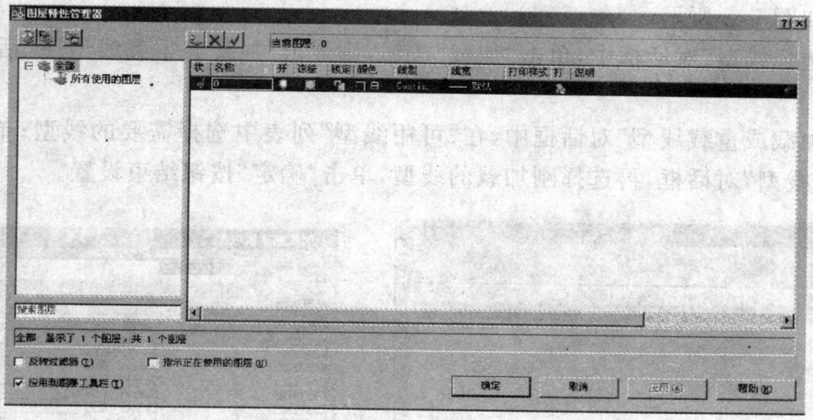

图 5.3　“图层特性管理器”对话框

5.1.4　图层的颜色设置

设置图层颜色的目的主要是为了区别不同图层。因此，在创建图层时，要给不同的图层设置不同的颜色。其具体操作步骤如下：

(1)在打开的“图层特性管理器”对话框中，单击已创建图层的“颜色”图标，则弹出“选择颜色”对话框，如图 5.4 所示。

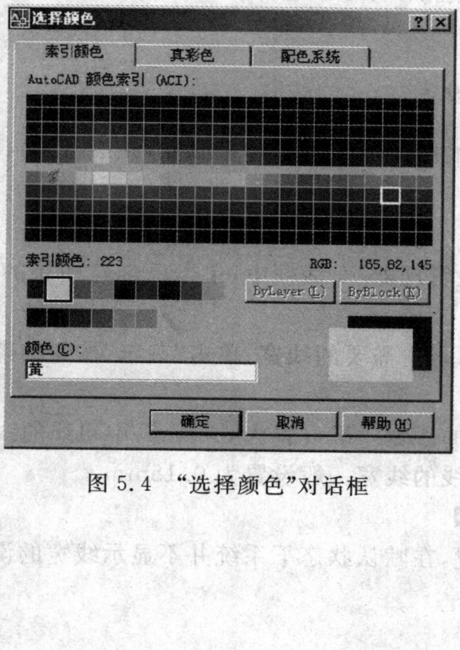

图 5.4　“选择颜色”对话框

(2)在“选择颜色”对话框中,选择需要的颜色,单击“确定”按钮结束设置。

5.1.5 图层的“线型”设置

在默认状态下,新创建的图层的线型均为实线,而绘制工程图需要多种线型,因此应根据需要设置新的线型。

1.【操作步骤】

(1)在打开的“图层特性管理器”对话框中,单击已创建图层的“线型”图标,则弹出“选择线型”对话框,如图 5.5 所示。

(2)在“选择线型”对话框中,单击“加载”按钮,则弹出“加载或重载线型”对话框,如图 5.6 所示。

(3)在“加载或重载线型”对话框中,在“可用线型”列表中选择需要的线型;单击“确定”按钮返回“选择线型”对话框,再选择刚加载的线型,单击“确定”按钮结束设置。

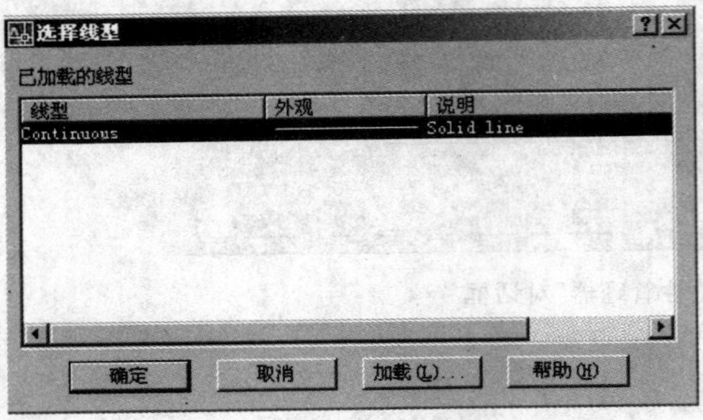

图 5.5 “选择线型”对话框

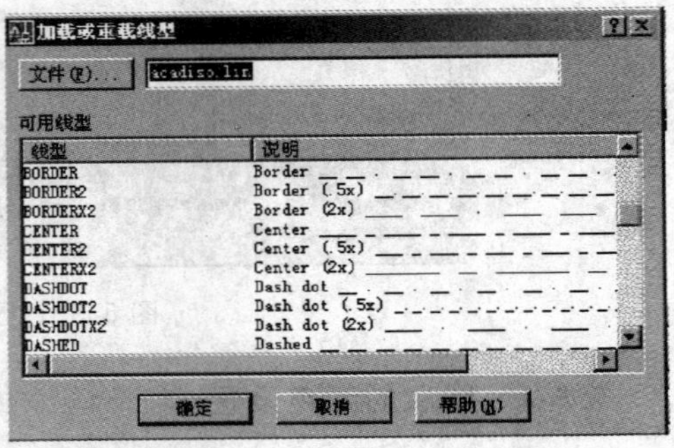

图 5.6 “加载或重载线型”对话框

2.【说明】

在绘制工程图时,是根据国家制图标准以及打印出图的比例和方式选择线型的。如果从模型空间按 1∶1 打印图形,点划线可以选择 CENTER2,虚线可以选择 HIDDEN,双点画线可以选择 PHANTOM2。

5.1.6 图层的“线宽”设置

在默认状态下,新创建的图层的线宽均为默认值(0.25mm),在绘制工程图时,应根据需要设置新的线宽。

1.【操作步骤】

(1)在打开的“图层特性管理器”对话框中,单击已创建图层的“线宽”图标,则弹出“线宽”对话框,如图 5.7 所示。

(2)在“线宽”对话框中,点击需要的线宽;单击“确定”按钮结束设置。

2.【说明】

绘制工程图时,粗实线的线宽一般设置为 0.7mm;中粗线的线宽一般设置为 0.35mm;细实线、点画线、虚线、双点划线的线宽一般设置为 0.18mm。

3.【“线宽设置”对话框】

由于线宽属于打印设置,在默认状态下系统并不显示线宽的设置效果。要显示线宽,有两种方法：

(1)单击状态栏上的“线宽”按钮，打开“线宽”显示模式。

(2)单击下拉菜单“格式”→“线宽”命令，打开“线宽设置”对话框，如图 5.8 所示；在该对话框中勾选“显示线宽”复选框，再单击“确定”按钮完成线宽显示设置。

在“线宽设置”对话框中，还可以通过移动滑块位置调整线宽的显示比例，通过“默认”列表框重新设定系统默认线宽等。

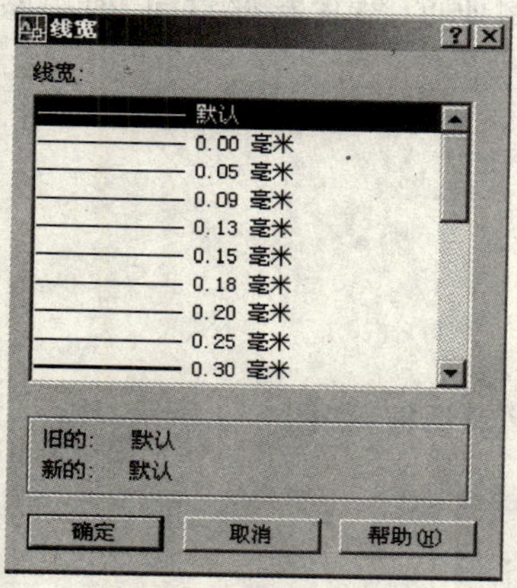

图 5.7　“线宽”对话框

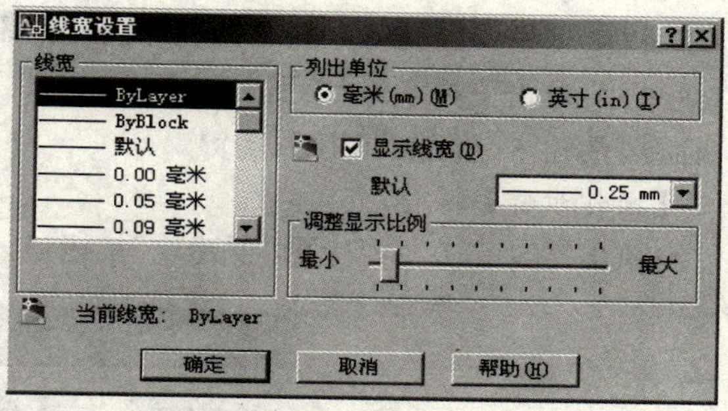

图 5.8　“线宽设置”对话框

5.1.7　图层的开关、冻结、锁定和删除

1.【图层的开关、冻结、锁定】

在“图层”工具栏中，点击相应图标，即可方便地开/关、冻结/解冻、锁定/解锁图层。

通过“关闭”或“冻结”图层，可以使该图层上的对象不可见，也不可打印。切换图层的开/关状态时，不会重新生成图形；解冻一个或多个图层将造成重新生成图形。

冻结和解冻图层比打开和关闭图层需要更多的时间。是否选择冻结或关闭图层取决于用户的工作方式和图形的大小。

通过“锁定”图层可以防止该层上的对象被修改，但不影响其他“解冻”图层上对象的修改编辑。

2.【图层的删除】

对于不使用的图层可以删除，但是当前图层、图层“0”、锁定图层和依赖外部参照的图层无法删除。删除不使用的图层的步骤如下：

(1) 单击“图层”工具栏上的“图层特性管理器”按钮，打开“图层特性管理器”对话框(见图 5.3)。

(2)在“图层特性管理器”对话框中选择要删除的图层，单击“删除图层”按钮。

(3)单击“应用”按钮保存修改，或者单击“确定”按钮完成选定的图层被删除。

5.2　图块的应用

在绘制图形时，如果图形中有大量相同或相似的内容，或者所绘制的图形与已有的图形文件相同，则可以把要重复绘制的图形创建成块(也称为图块)；并根据需要为块创建属性、指定块的名称、用途及设计者等信息，在需要时直接插入这些图块，从而可以提高绘图效率。

5.2.1 图块的创建

块是一个或多个对象组成的集合，常用于绘制复杂、重复的图形。一旦一组对象组合成块，就可以根据作图需要将这组对象插入到图中任意指定位置，而且还可以按照不同的比例和旋转角度进行插入。在 AutoCAD 中，使用块可以提高绘图速度、节省存储空间、便于修改图形。

1.【命令输入】

工具栏：单击“绘图”工具栏上的“创建块”按钮。

菜单栏：单击下拉菜单“绘图”→“块”→“创建”命令。

命令行：输入“block”并按回车键。

2.【操作步骤】

(1)单击“绘图”工具栏上的“创建块”按钮，打开“块定义”对话框，如图 5.9 所示。

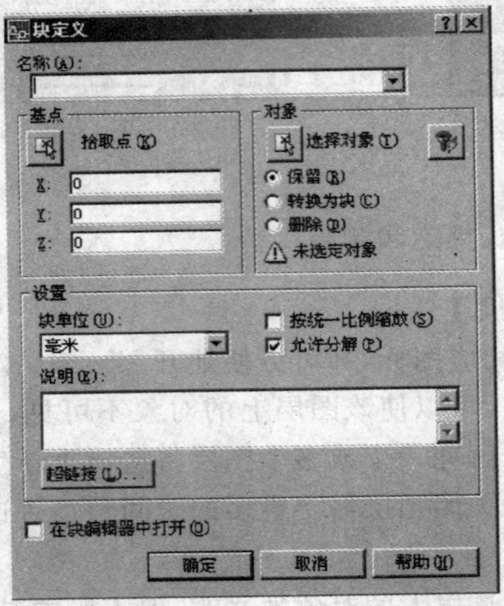

图 5.9 “块定义”对话框

(2)打开“块定义”对话框后，按如下操作：

1)图块命名：在“名称”列表框输入要创建的图块名称。

2)选择对象：单击“选择对象”按钮进入绘图区，按命令行的提示选择要创建为图块的对象；按回车键结束选择，系统重新返回“块定义”对话框。

3)定基点：单击“拾取点”按钮进入绘图区，按命令行的提示拾取要创建为图块对象的某一点作为基点，这时系统自动返回“块定义”对话框。

4)完成创建：单击“确定”按钮，完成图块的创建。

3.【说明】

“块定义”对话框各组成部分的意义与作用如下：

(1)“名称”列表框：指定块的名称。名称最多可以包含 255 个字符，包括字母、数字、空格，以及操作系统或程序未作他用的任何特殊字符。块名称及块定义保存在当前图形中。

(2)“拾取点”按钮：暂时关闭对话框以使用户能在当前图形中拾取插入基点。

(3)“X”，“Y”，“Z”文本框：分别指定插入基点的 X，Y，Z 坐标值。

(4)“选择对象”按钮：暂时关闭“块定义”对话框，允许用户选择块对象。完成选择对象后，按回车键重新显示“块定义”对话框。

(5)“保留”、“转换为块”、“删除”单选钮：分别表示创建块以后，将选定对象保留在图形中作为区别对象，将选定对象转换成图形中的块实例或从图形中删除选定的对象。

(6)“按统一比例缩放”复选框：指定是否阻止块参照不按统一比例缩放。

(7)“允许分解”复选框：指定块参照是否可以被分解。

(8)“说明”文本框：指定块的文字说明。

(9)“在块编辑器中打开”复选框：单击“确定”后，在块编辑器中打开当前的块定义。

5.2.2　图块的存储

在 AutoCAD 2007 中，使用 WBLOCK 命令可以将图块以文件的形式写入磁盘，这样能方便地生成符号库，便于后续作图需要。

1.【命令输入】

命令行：输入“wblock”并按回车键。

2.【操作步骤】

(1)在命令行输入命令 wblock，并按回车键。系统弹出“写块”对话框，如图 5.10 所示。

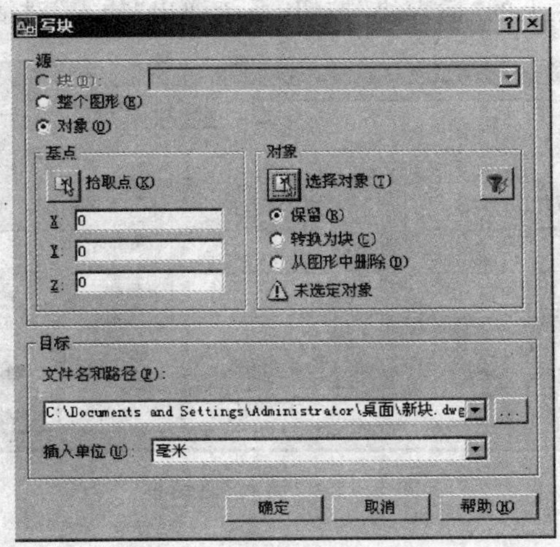

图 5.10　“写块”对话框

(2)打开“块定义”对话框后，按如下操作：

1)确定块文件的来源：在“源”选项组中，有三个单选钮定义存储块的来源，根据实际情况选择其一。

2)确定存储块的文件名和路径：在“文件名和路径”列表框中，输入块文件的保存路径和名称；也可单击其后的按钮，在弹出的“浏览图形文件”对话框中设定存储块的路径和文件名。

3)确定插入单位：一般设置为毫米。

4)完成:单击“确定”按钮,完成图块的存储。

3.【说明】

“写块”对话框各部分的意义与作用如下:

(1)“块”单选钮:表示指定要保存为文件的现有块,从列表中选择名称。

(2)“整个图形”单选钮:选择当前图形作为一个块。

(3)“对象”单选钮:选择某些对象来创建一个块。若选择该单选钮,则和前面创建图块一样要进行基点选择和对象选择。

(4)“文件名和路径”列表框:指定文件名和保存块或对象的路径。

(5)“插入单位”列表框:指定从设计中心拖动新文件或将其作为块插入到使用不同单位的图形中时用于自动缩放的单位值。如果希望插入时不自动缩放图形,可选择“无单位”。

5.2.3 图块的插入

当绘图需要的时候,可以将创建的图块插入到图中任意指定位置,而且还可以按照不同的比例和旋转角度进行插入。

1.【命令输入】

工具栏:单击“绘图”工具栏上的“插入块”按钮。

菜单栏:单击下拉菜单“插入”→“块”命令。

命令行:输入“insert”并按回车键。

2.【操作步骤】

(1)单击“绘图”工具栏上的“插入块”按钮,系统弹出“插入”对话框,如图 5.11 所示。

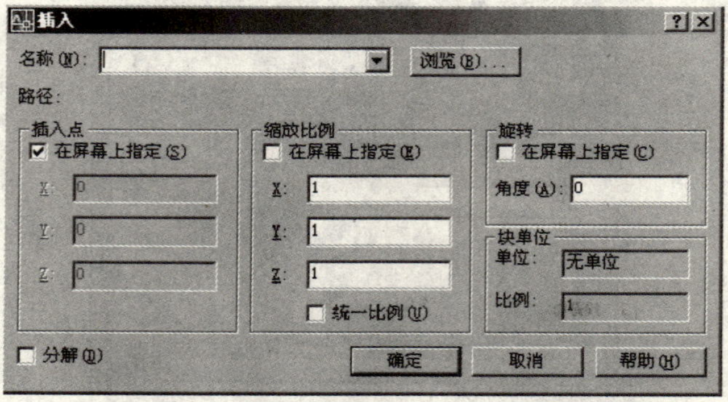

图 5.11 “插入”对话框

(2)打开“插入”对话框后,按如下操作:

1)选择图块:在“名称”列表框中,从块定义列表中指定要插入图块的名称。

2)指定插入点、缩放比例和旋转角度:勾选“插入点”、“缩放比例”和“旋转”三个选项组中的“在屏幕上指定”复选框。

3)确定是否分解:根据需要,对“分解”复选框可勾选或不勾选。

4)完成:单击“确定”按钮,系统退出“插入”对话框返回绘图区,同时命令行提示:

指定插入点或[基点(B)/比例(S)/X/Y/Z/旋转(R)]: (指定插入点)

输入 X 比例因子,指定对角点,或[角点(C)/XYZ(XYZ)]<1>: (输入插入 X 向比例因子)

输入 Y 比例因子或 ＜使用 X 比例因子＞：　　　　　　　　　　（输入插入 Y 向比例因子）

指定旋转角度 ＜0＞：　　　　　　　　　　　　　　　　　　（输入相对插入点的旋转比例）

3.【说明】

“插入”对话框各部分的意义与作用如下：

(1)“名称”列表框：指定要插入块的名称，或指定要作为块插入的文件的名称。

(2)“浏览”按钮：打开“选择图形文件”对话框（标准文件选择对话框），从中可选择要插入的块或图形文件。

(3)“插入点”选项组、“缩放比例”选项组、“旋转”选项组：分别指定块的插入点、指定插入块的缩放比例（如果指定负的 X，Y 和 Z 缩放比例因子，则插入块的镜像图像）和在当前 UCS 中指定插入块的旋转角度。

(4)“块单位”选项组：显示有关块单位的信息。

(5)“分解”复选框：分解块并插入该块的各个部分。选定“分解”时，只可以指定统一比例因子。

5.2.4　属性图块的创建和使用

属性图块由图形和属性两部分组成，属性用于在块的插入过程中进行自动注释。属性图块用于形式相同而属性内容需要变化的情况，如机械制图的表面粗糙度符号、建筑制图的标高符号、定位轴线符号等等，将它们创建为属性图块使用起来十分方便。

1.【创建属性图块】

下面以创建机械图样中的表面粗糙度符号为例，说明操作过程。

(1)绘制属性图块中的图形。在绘图区，按照制图标准要求 1∶1 绘制出图块中的图形部分“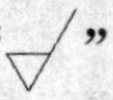”。

(2)定义属性文字。其具体操作步骤如下：

1)单击下拉菜单“绘图”→“块”→“定义属性”命令，打开“属性定义”对话框，如图 5.12 所示。

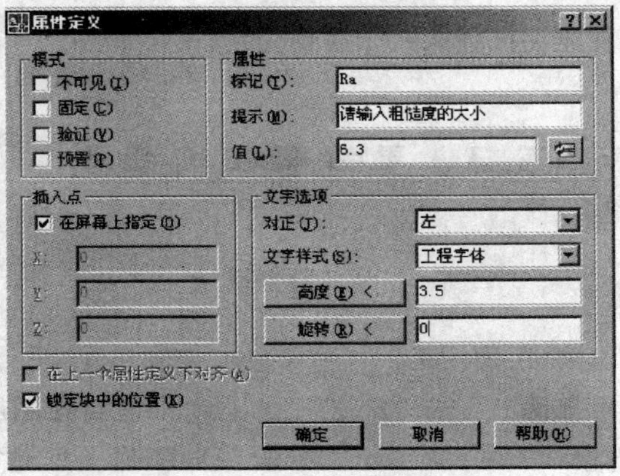

图 5.12　“属性定义”对话框

2)打开“属性定义”对话框后，按照以下步骤操作：

①设置属性。在“标记”文本框输入属性文字的标记“Ra”（标记将在属性图块创建后作为属性文字显示在图块中）；在“提示”文本框输入命令行的提示文字“请输入粗糙度的大小：”；在

“值”文本框输入常用的属性文字“6.3”。

②设置文字选项。在“对正”列表框选择属性文字合适的对正方式“左”；在“文字样式”列表框选择属性文字合适的文字样式“工程字体”（先要设置适当的文字样式）；在“高度”按钮后的文本框输入属性文字合适的高度“3.5”；在“旋转”按钮后的文本框输入属性文字的旋转角度“0”。

③勾选“插入点”选项组中“在屏幕上指定”复选框；“模式”选项组中的复选框一般不选。

④选择对象。单击“确定”按钮，关闭“属性定义”对话框进入绘图区；指定图形的左端点作为属性文字的插入点，完成属性文字的定义，这是图形显示“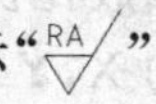

”。

(3)创建属性图块。单击“绘图”工具栏上的“创建块”按钮，打开“块定义”对话框，如图 5.10所示。在该对话框中，以“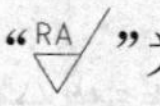

”为选择对象，以图形符号最下点为图块的插入点，创建名为“表面粗糙度（去除材料）”的图块。

注意：选择对象时，必须将属性文字和图形一并选上。

2.【使用属性图块】

带有属性的图块创建完成后，就可以使用“插入”对话框，在文档中插入该图块。操作如下：

(1)单击“绘图”工具栏上的“插入块”按钮，系统弹出“插入”对话框，如图 5.11 所示。

(2)选择属性图块（譬如上例的“表面粗糙度（去除材料）”），指定插入点、比例因子和旋转角度后，单击“确定”按钮命令行提示：

命令：_insert

指定插入点或［基点(B)/比例(S)/X/Y/Z/旋转(R)］：　　（指定插入点）

输入属性值

请输入粗糙度的大小 <6.3>：12.5↙　　（输入 12.5，回车）

回车结束插入后，将在绘图区插入一个属性图块“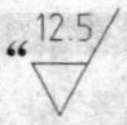

”。

5.3 思考题与练习题

一、选择题

(1)关于图层删除的说法，正确的是________。

(A) 所有图层均可删除　　(B) 所有自建图层均可删除

(C) “0”层不可删除　　(D) 图层一旦建立，均不可删除

(2)关于在当前图层绘制图样的说法，正确的是________。

(A)定义为实线的图层不能绘制虚线　　(B) 所绘对象一定可见

(C)定义为红色的图层不能绘制绿色对象　　(D) 所绘对象可以看不见

(3)只能在当前图形文件中调用，而不能在其他图形中调用的图块，是________命令创建的。

(A)BLOCK　　(B)WBLOCK

(C)EXPLODE　　(D)MBLOCK

(4)关于图块属性的定义,下面说法正确的是________。

(A)块必须定义属性　　(B)一个块只能定义一个属性

(C)多个块不可以共用一个属性　　(D)一个块中可以定义多个属性

二、思考题

(1)图层的作用是什么?如何建立新的图层?

(2)在图层中如何设置图层的颜色、线型和线宽?

(3)图层的开/关、冻结/解冻、锁定/解锁如何实现?

(4)如何定义图块的属性?

(5)如何定义图块?

三、上机练习

(1)新建一个绘图文件,将模型空间的背景设置为白色,长度的精度设置为"0",当前图形界限设置为 A3 幅面大小,并新建 5 个图层:

1)虚线:颜色为蓝色;线性为 Hidden,线宽为 0.18;

2)粗实线:颜色为白色;线性为 Continuous,线宽为 0.5;

3)细实线:颜色为绿色;线性为 Continuous,线宽为 0.18;

4)点画线:颜色为红色;线性为 Center2,线宽为 0.18;

5)中粗实线:颜色为青色;线性为 Continuous,线宽为 0.35

6)双点画线:颜色为洋红色;线性为 Phantom2,线宽为 0.18。

(2)在练习(1)设置的文件中,根据所注尺寸,绘制如图 5.13 所示的图形。

(3)在练习(1)设置的文件中,根据所注尺寸,绘制如图 5.14 所示的图形。

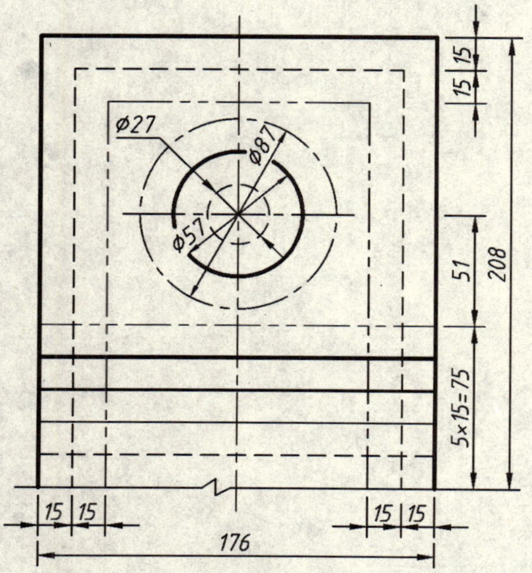

图 5.13　绘图练习(1)

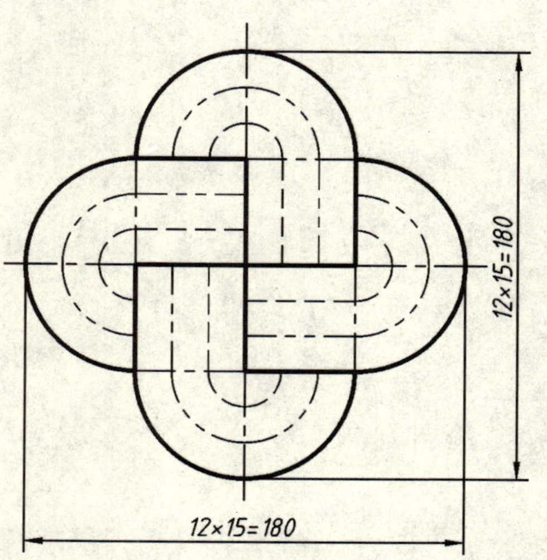

图 5.14　绘图练习(2)

(4)将机械图样中去除材料的表面粗糙度符号创建为带有属性的图块，图块名称为表面粗糙度符号(去除材料)，并保存到桌面上。

(5)将建筑图样中标注在图样左侧的标高符号创建为带有属性的图块，图块名称为标高符号(左)，并保存到桌面上。

(6)将建筑图样中标注在图样下侧的轴线编号符号创建为带有属性的图块，图块名称为“轴线编号(下)”，并保存到桌面上。

第 6 章　图案填充与文字注释

本章将介绍图案填充与文字注释的相关知识。主要内容包括图案填充命令的使用、图案填充的编辑、文字样式的设置、文字注写命令的使用、文字编辑命令的使用、表格样式的设置、表格的插入和表格的编辑等。

6.1　图 案 填 充

图案填充是一种使用指定线条图案来充满指定区域的绘图操作，常常用于表达剖切断面和不同类型物体对象的外观纹理。图案填充的应用非常广泛，例如，在机械图样中，可以用图案填充表示一个剖切的区域，也可以使用不同的图案填充来表示不同的零部件或者材料。

6.1.1　图案填充的实现

1.【命令输入】

工具栏：单击“绘图”工具栏上的“图案填充”按钮。

菜单栏：单击下拉菜单“绘图”→“图案填充”命令。

命令行：输入“hatch”并按回车键。

2.【操作步骤】

(1)单击“绘图”工具栏上的“图案填充”按钮，打开“图案填充和渐变色”对话框，如图 6.1 所示。

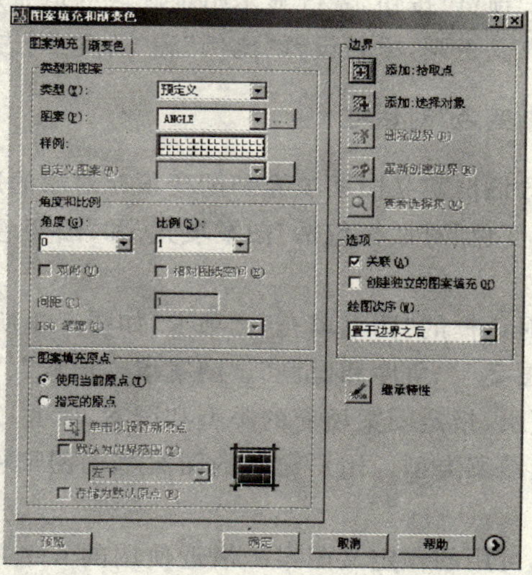

图 6.1　“图案填充和渐变色”对话框

(2)在“图案填充”选项卡,进行如下操作:

1)选择填充图案:在“图案”列表框中选择将要填充的图案名称,或单击其右侧的按钮,打开“填充图案选项板”对话框,如图 6.2 所示,在该对话框中选择需要填充的图案名称。

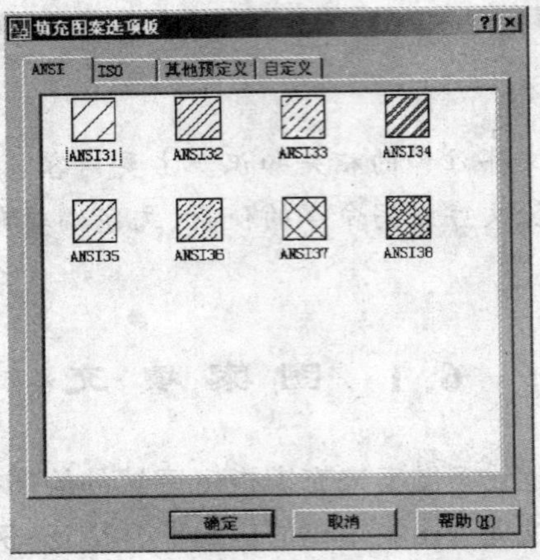

图 6.2 “填充图案选项板”对话框

2)指定填充区域:单击“添加:拾取点”按钮,系统返回绘图区;在需要填充图案的封闭区域内点取指定填充区域,系统自动分析将该区域并以虚线显示。选择完成,单击回车键返回“图案填充和渐变色”对话框。

注:也可单击“添加:选择对象”按钮,系统返回绘图区,用“选择对象”的各种方法选择待填充的封闭区域。

3)预览效果:这时单击“预览”按钮,系统返回绘图区,显示指定区域的填充效果;如果结果合适,单击回车键或右键接受图案填充,否则在绘图区点取或按“Esc”键返回到对话框,对“比例”和“角度”列表框进行设置。

4)完成确认:再次单击“预览”按钮,系统显示指定区域的填充效果;若填充效果合适,单击回车键或右键接受图案填充。否则,重新设置“比例”和“角度”列表框。

6.1.2 “图案填充和渐变色”对话框

“图案填充和渐变色”对话框定义图案填充和渐变填充对象的边界、图案类型、图案特性和其他特性。“图案填充和渐变色”对话框包括“图案填充”和“渐变色”两个选项卡。

1.“图案填充”选项卡

“图案填充和渐变色”对话框的“图案填充”选项卡,如图 6.1 所示,主要定义要应用的填充图案的外观,包括“类型和图案”、“角度和比例”、“图案填充原点”、“边界”、“选项”等选项组。

(1)“类型和图案”选项组:指定图案填充的类型和图案。

1)“类型”列表框:设置图案类型。用户定义的图案基于图形中的当前线型。可以控制任何图案的角度和比例。

2)“图案”列表框:列出可用的预定义图案。最近使用的 6 个用户预定义图案出现在列表顶部。

3)“...”按钮:显示“填充图案选项板”对话框,从中可以同时查看所有预定义图案的预览图像，这将有助于用户做出选择。

4)“样例”文本框：显示选定图案的预览图像。

(2)“角度和比例”选项组：指定选定填充图案的角度和比例。

1)“角度”列表框：指定填充图案的角度(相对当前 UCS 坐标系的 X 轴)。

2)“比例”列表框：放大或缩小预定义或自定义图案。只有将“类型”设置为“预定义”或“自定义”，此选项才可用。

3)“双向”复选框：对于用户定义的图案，将绘制第二组直线，这些直线与原来的直线成90°，从而构成交叉线。只有在“图案填充”选项卡上将“类型”设置为“用户定义”时，此选项才可用。

4)“相对图纸空间”复选框：相对于图纸空间单位缩放填充图案。使用此选项，可很容易地做到以适合于布局的比例显示填充图案。该选项仅适用于布局。

5)“间距”文本框：指定用户定义图案中的直线间距。只有将“类型”设置为“用户定义”，此选项才可用。

(3)“图案填充原点”选项组：控制填充图案生成的起始位置。某些图案填充(例如砖块图案)需要与图案填充边界上的一点对齐。在默认情况下，所有图案填充原点都对应于当前的 UCS 原点。

1)“使用当前原点”单选钮：使用存储在 HPORIGINMODE 系统变量中的设置。默认情况下，原点设置为(0,0)。

2)“指定的原点”单选钮：指定新的图案填充原点。

(4)“边界”选项组：指定选定填充图案的边界。

1)“添加：拾取点”按钮：根据围绕指定点构成封闭区域的现有对象确定边界。

2)“添加：选择对象”按钮：根据构成封闭区域的选定对象确定边界。

3)“删除边界”按钮：从边界定义中删除以前添加的任何对象。

4)“重新创建边界”按钮：围绕选定的图案填充或填充对象创建多段线或面域，并使其与图案填充对象相关联。

5)“查看选择集”按钮：暂时关闭对话框，并使用当前的图案填充或填充设置显示当前定义的边界。如果未定义边界，则此选项不可用。

(5)“选项”选项组：控制几个常用的图案填充或填充选项。

1)“关联”复选框：控制图案填充或填充的关联。关联的图案填充或填充在用户修改其边界时将会更新。

2)“创建独立的图案填充”复选框：控制当指定了几个单独的闭合边界时，是创建单个图案填充对象，还是创建多个图案填充对象。

3)“绘图次序”列表框：为图案填充或填充指定绘图次序。图案填充可以放在所有其他对象之后、所有其他对象之前、图案填充边界之后或图案填充边界之前。

(6)“继承特性”按钮：使用选定图案填充对象的图案填充或填充特性对指定的边界进行图案填充或填充。

(7)“预览”按钮：关闭对话框，并使用当前图案填充设置显示当前定义的边界。单击图形或按“Esc”键返回对话框。单击鼠标右键或按回车键接受图案填充或填充。如果没有指定用于定义边界的点，或没有选择用于定义边界的对象，则此选项不可用。

2."渐变色"选项卡

"图案填充和渐变色"对话框的"渐变色"选项卡,如图 6.3 所示,主要定义要应用的渐变填充的外观,包括"颜色"、"方向"、"边界"、"选项"等选项组。

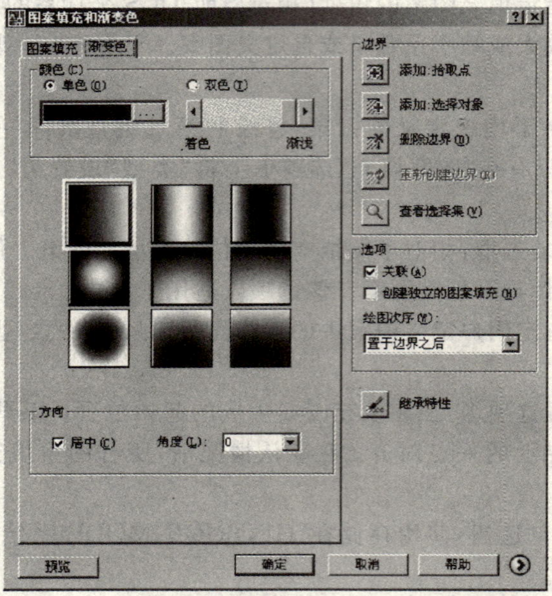

图 6.3 "渐变色"选项卡

(1)"颜色"选项组:用于设定渐变填充的颜色类型。

1)"单色"单选钮:指定使用从较深着色到较浅色调平滑过渡的单色填充。选择"单色"时,HATCH 将显示带有"浏览"按钮和"着色"和"染色"滑块的颜色样本。

2)"双色"单选钮:指定在两种颜色之间平滑过渡的双色渐变填充。选择"双色"时,HATCH 将显示颜色 1 和颜色 2 的带有"浏览"按钮的颜色样本。

3)"颜色样本"框:指定渐变填充的颜色。单击浏览按钮"..."以显示"选择颜色"对话框,从中可以选择 AutoCAD 颜色索引 (ACI) 颜色、真彩色或配色系统颜色。显示的默认颜色为图形的当前颜色。

4)"着色"和"渐浅"滑块:指定一种颜色的渐浅(选定颜色与白色的混合)或着色(选定颜色与黑色的混合),用于渐变填充。

(2)渐变图案:显示用于渐变填充的 9 种固定图案。这些图案包括线性扫掠状、球状和抛物面状图案。

(3)"方向"选项组:指定渐变色的角度以及其是否对称。

1)"居中"复选框:指定对称的渐变配置。如果没有选定此选项,渐变填充将朝左上方变化,创建光源在对象左边的图案。

2)"角度"列表框:指定渐变填充的角度。相对当前 UCS 指定角度。此选项与指定给图案填充的角度互不影响。

(4)其他选项组和按钮与"图案填充"选项卡相同。

6.1.3 “填充图案选项板”对话框

“填充图案选项板”对话框(见图 6.2),显示所有预定义和自定义图案的预览图像。此对话框在 4 个选项卡上组织图案,每个选项卡上的预览图像按字母顺序排列。

要选择某个图案,只须单击要选择的填充图案图标,然后单击“确定”按钮。

(1)“ANSI”选项卡:显示系统附带的所有 ANSI 图案。

(2)“ISO”选项卡:显示系统附带的所有 ISO 图案。

(3)“其他预定义”选项卡:显示系统附带的除 ISO 和 ANSI 之外的所有其他图案。

(4)“自定义”选项卡:显示已添加到搜索路径(在“选项”对话框的“文件”选项卡上设置)中的自定义 PAT 文件列表。

(5)“预览”框:显示选定的自定义图案的预览图像。

6.1.4 图案填充的应用实例

绘制如图 6.4 所示图形中的剖面线。

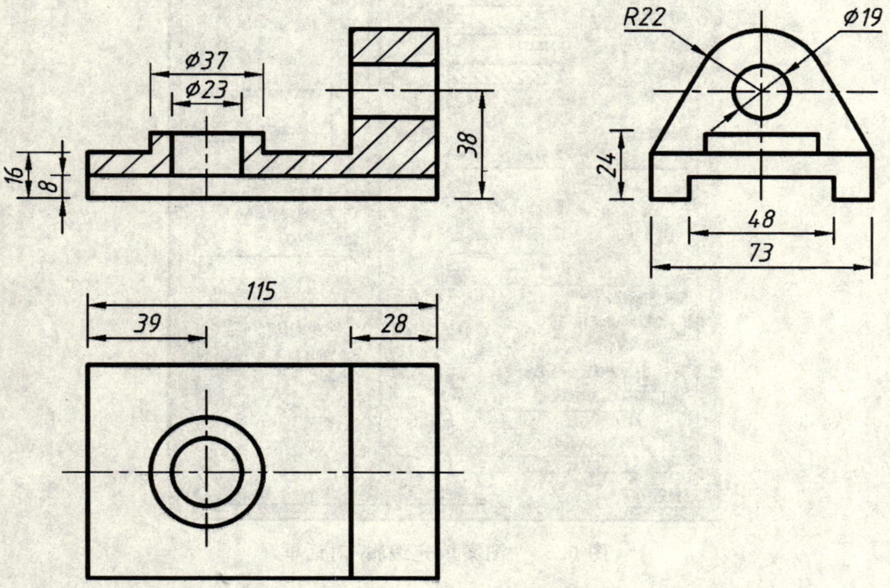

图 6.4　图案填充练习

绘图操作步骤如下:

(1)单击“绘图”工具栏上的“图案填充”按钮,打开“图案填充和渐变色”对话框(见图 6.1)。

(2)选择填充图案。在“图案”列表框中选择将要填充的图案“ANSI31”。

(3)指定填充区域。单击“添加:拾取点”按钮,系统返回绘图区;在需要填充图案的三个封闭区域内分别点击,这些区域以虚线显示。单击回车键返回“图案填充和渐变色”对话框。

(4)预览效果。单击“预览”按钮,系统返回绘图区,显示指定区域的填充效果;如果结果合适,单击回车键接受图案填充,否则在绘图区点击返回对话框,对“比例”列表框进行设置。

(5)完成确认。再次单击“预览”按钮，系统显示填充效果；若填充效果合适，单击回车键接受图案填充。

6.1.5 图案填充的编辑

1.【命令输入】

菜单栏：单击下拉菜单“修改”→“对象”→“图案填充”命令。

命令行：输入“hatchedit”并按回车键。

直接双击：直接双击要修改的图案填充对象。

快捷菜单：选择要编辑的图案填充对象，单击鼠标右键，选择菜单中的“编辑图案填充”命令。

2.【操作步骤】

(1)直接双击要修改的图案填充对象，系统弹出“图案填充编辑”对话框，如图 6.5 所示。

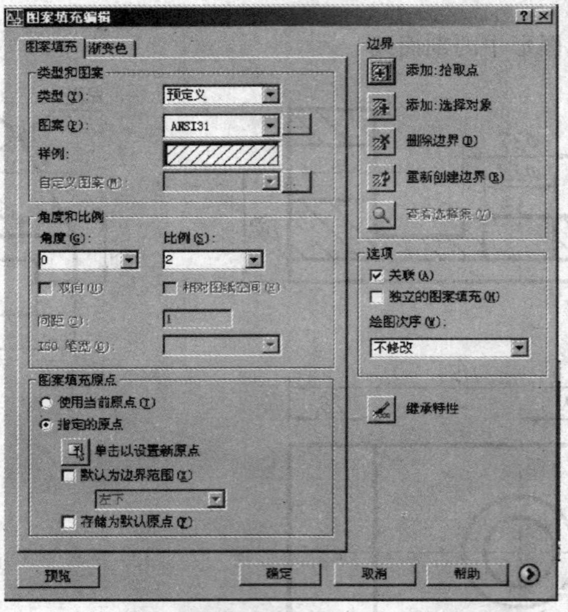

图 6.5 “图案填充编辑”对话框

(2)在“图案填充编辑”对话框(与“图案填充和渐变色”对话框内容完全相同)中，可以对图案填充对象的图案类型、填充角度、比例等进行重新设置。

3.【说明】

(1)用标准工具栏上的“对象特性”按钮，即“Properties”命令，也可以全方位修改图案填充对象。

(2)在 AutoCAD 2007 中，可以使用“Trim”命令修剪填充的图案。

(3)可以使用“Explode”命令分解填充的图案。

6.2　文 字 注 释

文字对象是 AutoCAD 图形中很重要的图形元素，是工程图样不可缺少的组成部分。在一个完整的工程图样中，一般都包含一些文字注释来标注图样中的非图形信息，如建筑施工图中的材料说明、施工要求等。另外，在 AutoCAD 2007 中，使用表格功能可以创建不同类型的表格，还可以在其他软件中复制表格，以简化制图操作。

6.2.1　文字样式的设置

在 AutoCAD 中，所有文字都有与之相关联的文字样式。在进行文字注释和尺寸标注时，AutoCAD 通常使用当前的文字样式。

AutoCAD 默认的文字样式名为 Standard，它的字体名为“txt. shx”和“gbcbig. shx”。用户可以使用默认的文字样式，也可以根据需要自定义文字样式。

1.【命令输入】

菜单栏：单击下拉菜单“格式”→“文字样式”命令。

命令行：输入“style”并按回车键。

2.【操作步骤】

(1)单击下拉菜单“格式”→“文字样式”命令，系统弹出“文字样式”对话框，如图 6.6 所示。

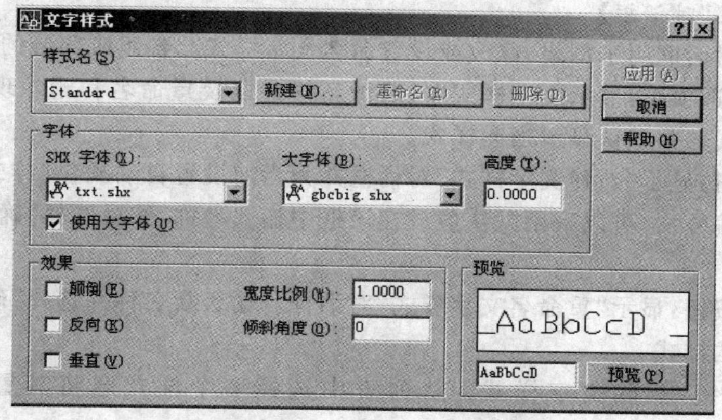

图 6.6　“文字样式”对话框

(2)在“文字样式”对话框，进行如下操作：

1)命名样式名称。单击“新建”按钮，打开“新建文字样式”对话框，如图 6.7 所示；在“样式名”文本框中输入样式名称(本例为工程字体)，单击“确定”按钮返回“文字样式”对话框。

图 6.7　“新建”对话框

2)选择字体。勾选"使用大字体"复选框,在"SHX 字体"列表框选择需要的字体"gbeitc. shx";在"大字体"列表框选择字体"gbcbig. shx";"高度"文本框等其他各项保持默认值。

3)字体确认。单击"应用"按钮,将选择的字体"gbeitc. shx"和"gbcbig. shx"赋予新建的样式名称。

(3)完成创建。单击"取消"按钮退出"文字样式"对话框,完成文字样式的创建,结果如图 6.8 所示。

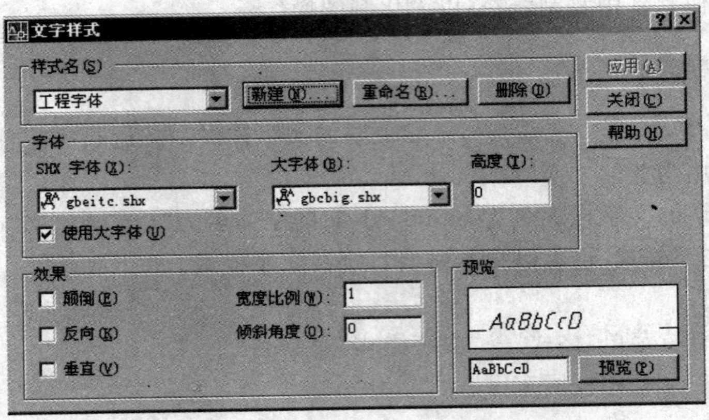

图 6.8　文字样式创建结果

3.【"文字样式"对话框】

"文字样式"对话框用于创建、修改或设置命名文字样式。各组成部分的意义和作用如下:

(1)"样式名"选项组:显示文字样式名、添加新样式以及重命名和删除现有样式。列表中包括已定义的样式名并默认显示当前样式。

1)"新建"按钮:显示"新建文字样式"对话框并为当前设置自动提供"样式 n"名称(其中 n 为所提供样式的编号)。可以采用默认值或在该框中输入名称,然后选择"确定"使新样式名使用当前样式设置。

2)"重命名"按钮:显示"重命名文字样式"对话框。输入新名称并选择"确定"后,就重命名了方框中所列出的样式。

3)"删除"按钮:删除文字样式。从列表中选择一个样式名将其置为当前,然后选择"删除"。

(2)"字体"选项组:更改样式的字体。如果改变现有文字样式的方向或字体文件,当图形重生成时所有具有该样式的文字对象都将使用新值。

1)"字体名"列表框:列出所有注册的 TrueType 字体和 Fonts 文件夹中编译的形(SHX)字体的字体族名。勾选"使用大字体"复选框后,该选项变为"SHX 字体"。其中,字体"gbeitc. shx"创建长仿宋体字母、数字及符号的斜体字;字体"gbcbig. shx"创建长仿宋体汉字的直体字。

2)"字体样式"列表框:指定字体格式,比如斜体、粗体或者常规字体。勾选"使用大字体"复选框后,该选项变为"大字体",用于选择大字体文件。

3)"高度"文本框:根据输入的值设置文字高度。如果输入"0.0",每次用该样式输入文字时,系统都将提示输入文字高度。输入大于"0.0"的高度值则为该样式设置固定的文字高度。

4)“使用大字体”复选框：指定亚洲语言的大字体文件。只有在“字体名”中指定 SHX 文件，才能使用“大字体”。只有 SHX 文件可以创建“大字体”。

(3)“效果”选项组：修改字体的特性，例如反向、宽度比例、倾斜角度以及是否颠倒显示等。

(4)“预览”选项组：随着字体的改变和效果的修改动态显示样例文字。在字符预览图像下方的方框中输入字符，将改变样例文字。

1)“预览文字”文本框：提供了要在预览图像中显示的文字。

2)“预览”按钮：根据对话框中所做的更改，更新字符预览图像中的样例文字。

(5)“应用”按钮：将对话框中所做的样式更改应用到图形中具有当前样式的文字。

(6)“关闭”按钮：将更改应用到当前样式。

6.2.2 单行文字输入

对于单行文字来说，每一行就是一个对象。

1.【命令输入】

菜单栏：单击下拉菜单“绘图”→“文字”→“单行文字”命令。

命令行：输入“text(或 dtext)”并按回车键。

2.【命令提示与说明】

命令：dtext ↙

当前文字样式：工程字体 当前文字高度：2.5000 (信息行)

指定文字的起点或［对正(J)/样式(S)］： (指定文字的起点)

指定高度 <2.5000>： (输入文字的高度)

指定文字的旋转角度 <0>： (输入文字的旋转角度)

输入文字的旋转角度后，在绘图区文字的起点处出现一个文字编辑框，可输入第一行需要注释的文字。若要在其他位置输入，可用鼠标指定新的起始位置(若要输入汉字，需要转换为中文输入法)。输入完毕，按回车键结束输入；再按回车键结束命令。

(1)指定文字的起点。为缺省项，用以确定文本的起点。

(2)对正。设定文本对齐方式，系统缺省为左对齐方式。选择该项后，系统提示：

［对齐(A)/调整(F)/中心(C)/中间(M)/右(R)/左上(TL)/中上(TC)/右上(TR)/左中(ML)/正中(MC)/右中(MR)/左下(BL)/中下(BC)/右下(BR)］：

共有 14 种文本对齐方式，其中：

1)对齐：通过指定基线端点来指定文字的高度和方向。字符的大小根据其高度按比例调整。文字字符串越长，字符越矮。

2)调整：指定文字按照由两点定义的方向和一个高度值布满一个区域。只适用于水平方向的文字。

3)中心：从基线的水平中心对齐文字，此基线是由用户给出的点指定的。

4)中间：文字在基线的水平中点和指定高度的垂直中点上对齐。中间对齐的文字不保持在基线上。

5)右：在由用户给出的点指定的基线上右对正文字。

6)左上：在指定为文字顶点的点上左对正文字。只适用于水平方向的文字。

7)中上：以指定为文字顶点的点居中对正文字。只适用于水平方向的文字。

8)右上:以指定为文字顶点的点右对正文字。只适用于水平方向的文字。

9)左中:在指定为文字中间点的点上靠左对正文字。只适用于水平方向的文字。

10)正中:在文字的中央水平和垂直居中对正文字。只适用于水平方向的文字。

11)右中:以指定为文字的中间点的点右对正文字。只适用于水平方向的文字。

12)左下:以指定为基线的点左对正文字。只适用于水平方向的文字。

13)中下:以指定为基线的点居中对正文字。只适用于水平方向的文字。

14)右下:以指定为基线的点靠右对正文字。只适用于水平方向的文字。

(3)样式。指定文字样式,创建的文字使用当前文字样式。选择该选项后,系统提示:

输入样式名或[?]<当前样式>: (输入文字样式名称或输入"?")

输入"?":可以显示已经设定好的文字样式名称。

6.2.3 多行文字输入

"多行文字"又称为段落文字,整体是一个对象,这种对象易于管理。

1.【命令输入】

工具栏:单击"绘图"工具栏上的"多行文字"按钮A。

菜单栏:单击下拉菜单"绘图"→"文字"→"多行文字"命令。

命令行:输入"mtext"并按回车键。

2.【操作步骤】

(1)执行"多行文字"命令。单击"绘图"工具栏上的"多行文字"按钮,命令行提示:

指定第一角点: (指定段落文字矩形区域的第一角点)

指定对角点或[高度(H)/对正(J)/行距(L)/旋转(R)/样式(S)/宽度(W)]: (指定对角点)

这时,弹出在位文字编辑器。在位文字编辑器包含"文字格式"工具栏和带有标尺的文字显示区,如图 6.9 所示。

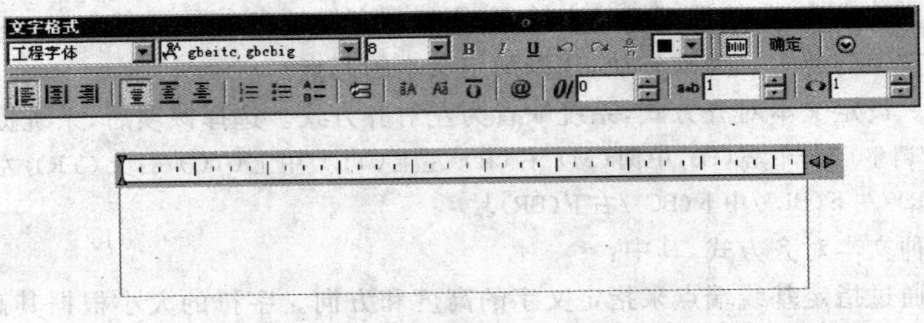

图 6.9 在位文字编辑器

(2)设置文字样式和高度。在"文字格式"工具栏的"字体"列表框选择创建的文字样式,在"文字高度"列表框选择或输入字体的高度。

(3)输入文字。在文字显示区输入需要的文字。若要插入特殊符号,可单击"文字格式"工具栏中的"符号"按钮@,在其弹出的菜单中选取。

(4)完成创建。输入完成后,单击"文字格式"工具栏上的"确定"按钮,退出"在位文字编辑器",完成多行文字创建。

3.【在位文字编辑器】

在位文字编辑器由“文字格式”工具栏和带有标尺的文字显示区两部分组成。

(1)“文字格式”工具栏:控制多行文字对象的文字样式和选定文字的字符格式。

1)“样式”列表框:向多行文字对象应用文字样式。

2)“字体”列表框:为新输入的文字指定字体或改变选定文字的字体。

3)“文字高度”列表框:按图形单位设置新文字的字符高度或修改选定文字的高度。如果当前文字样式没有固定高度,则文字高度是 TEXTSIZE 系统变量中存储的值。多行文字对象可以包含不同高度的字符。

4)“粗体”、“斜体”、“下画线”、“放弃”、“重做”、“堆叠”按钮。

5)“文字颜色”列表框:为新输入的文字指定颜色或修改选定文字的颜色。

6)“标尺”按钮:在编辑器顶部显示标尺。拖动标尺末尾的箭头可更改多行文字对象的宽度。

7)“确定”按钮:关闭编辑器并保存所做的任何修改。替代方法:在编辑器外部的图形中单击或按组合键“Ctrl+Enter”。要关闭在位文字编辑器而不保存更改,按“Esc”键。

8)“选项”按钮:显示选项菜单。

9)“左对齐”、“居中对齐”、“右对齐”按钮:设置左右文字边界的对正和对齐。“左上”选项是默认设置。

10)“顶部”、“中间”、“底部”按钮:设置顶部和底部文字边界的对正和对齐。“左上”选项是默认设置。

11)“编号”、“项目符号”按钮:使用编号创建带有句点的列表,使用项目符号创建列表。

12)“大写字母”按钮:使用大写字母创建带有句点的列表。如果列表含有的项多于字母中含有的字母,可以使用双字母继续序列。

13)“插入字段”按钮:显示“字段”对话框,从中可以选择要插入到文字中的字段。关闭该对话框后,字段的当前值将显示在文字中。

14)“大写”、“小写”按钮:将选定文字更改为大写、小写。

15)“符号”按钮:在光标位置插入符号或不间断空格。单击“其他”将显示“字符映射表”对话框,其中包含了系统中每种可用字体的整个字符集。

16)“倾斜角度”按钮:确定文字是向前倾斜还是向后倾斜。倾斜角度表示的是相对于 90°方向的偏移角度。输入一个−85~85之间的数值使文字倾斜。倾斜角度的值为正时文字向右倾斜,倾斜角度的值为负时文字向左倾斜。

17)“追踪”按钮:增大或减小选定字符之间的空间。设置 1.0 是常规间距。设置为大于 1.0可增大间距,设置为小于 1.0 可减小间距。

18)“宽度比例”按钮:扩展或收缩选定字符。设置 1.0 代表此字体中字母的常规宽度。可以增大该宽度或减小该宽度。

(2)带有标尺的文字显示区。

1)标尺。设置制表符和缩进文字来控制多行文字对象中的段落外观。

2)文字显示区。用于定义多行文字对象中段落的宽度。

6.2.4 特殊字符输入

在实际绘图中，往往需要标注一些特殊的字符。例如，度符号“°”、公差符号“±”、直径符号“ϕ”。这些特殊字符不能从键盘上直接输入，因此 AutoCAD 提供了相应的控制符，以实现这些标注要求。

1.【使用控制代码和 Unicode 字符串】

采用控制代码或 Unicode 字符串可实现一些常用特殊字符的标注，如度符号“°”、公差符号“±”、直径符号“ϕ”等，如表 6.1 所示。

表 6.1 常用特殊字符的标注

控制代码	Unicode 字符串	功能说明	实 例	标注结果
%%d	\U+00B0	标注符号“°”	100%%d 或 100\U+00B0	100°
%%p	\U+00B1	标注符号“±”	%%p100 或\U+00B1100	±100
%%c	\U+2205	标注符号“ϕ”	%%c100 或\U+2205100	ϕ100

2.【使用“字符映射表”】

“字符映射表”对话框，包含了系统中可用字体的整个字符集。也可在其中选取需要的特殊字符，操作如下。

(1)在在位文字编辑器的“文字格式”工具栏中，单击“符号”按钮@，打开符号下拉菜单，如图 6.10 所示；单击“其他”命令，打开“字符映射表”对话框，如图 6.11 所示。

(2)在“字符映射表”对话框中选择所需字符，然后单击“选择”按钮将其放入“复制字符”文本框中。选中所有要使用的字符后，单击“复制”按钮关闭“字符映射表”对话框。

(3)在在位文字编辑器文字显示区，单击鼠标右键并单击“粘贴”命令。

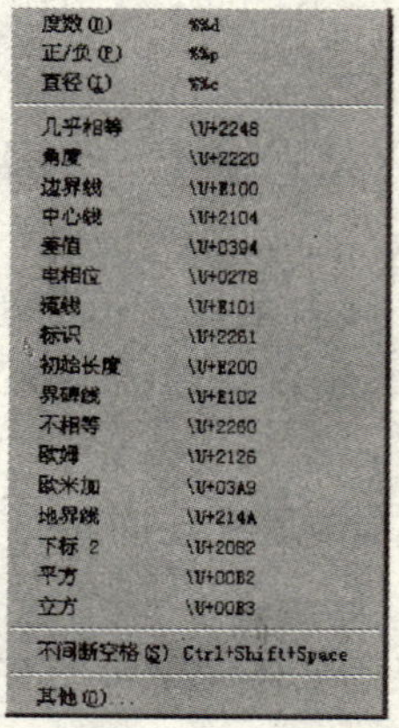

图 6.10 符号下拉菜单

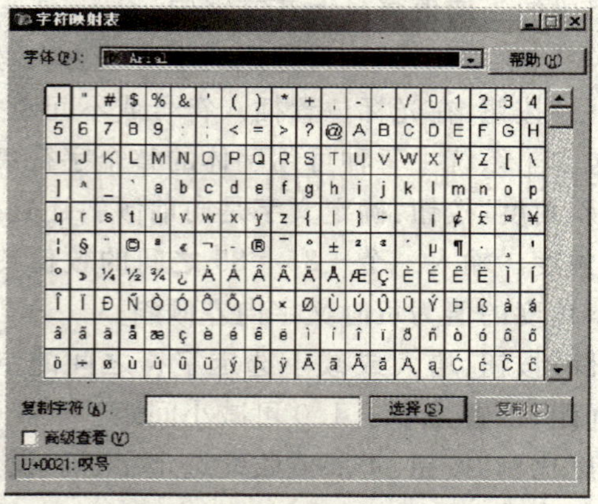

图 6.11 “字符映射表”对话框

6.2.5 文字编辑

无论是单行文字还是多行文字，都可以像其他对象一样修改编辑：可以移动、旋转、删除和复制，也可以在“特性”选项板中修改文字特性，也可以创建它的镜像图像和编辑现有文字的内容。

使用“Ddedit”命令和“Properties”命令编辑文字。

一、内容编辑

如果只需要修改文字的内容而无须修改文字对象的格式或特性，使用“Ddedit”命令。

1.【命令输入】

菜单栏：单击下拉菜单“修改”→“文字”→“编辑”命令。

命令行：输入“ddedit”并按回车键。

2.【操作步骤】

1)单击下拉菜单“修改”→“文字”→“编辑”命令，命令行提示：

命令：_ddedit

选择注释对象或［放弃(U)］：

这时选择待编辑的文字对象。根据所选文字类型的不同显示相应的编辑方法。

若文字对象是单行文字，将显示不具有“文字格式”工具栏和标尺的在位文字编辑器，在其中可对文字内容进行编辑。

若文字对象是多行文字，则显示在位文字编辑器(见图 6.9)，在其中对文字内容进行编辑；当然也可以对文字的大小、字体、对正方式、倾斜角度等进行修改。

二、综合编辑

如果要修改内容、文字样式、位置、方向、大小、对正和其他特性，则使用“Properties”命令。

1.【命令输入】

工具栏：单击标准工具栏上的“特性”按钮 。

菜单栏：单击下拉菜单“工具”→“选项板”→“特性”命令。

命令行：输入“properties”并按回车键。

2.【操作步骤】

(1)选择编辑文字。直接点取要编辑的文字对象，使其处于冷夹点状态。

(2)打开“特性”选项板。单击标准工具栏上的“特性”按钮，弹出“特性”选项板。

(3)更改特性：在“特性”选项板中，指定新值以修改任何可以更改的特性。

(4)完成退出。更改特性结束，单击“关闭”按钮退出“特性”选项板。

6.2.6　设置表格样式

表格样式控制一个表格的外观，用于保证标准的字体、颜色、文本、高度和行距。用户可以使用默认的表格样式，也可以根据需要自定义表格样式。

1.【命令输入】

菜单栏：单击下拉菜单“格式”→“表格样式”命令。

命令行：输入“tablestyle”并按回车键。

2.【操作步骤】

(1)单击下拉菜单“格式”→“表格样式”命令，系统弹出“表格样式”对话框，如图6.12所示。

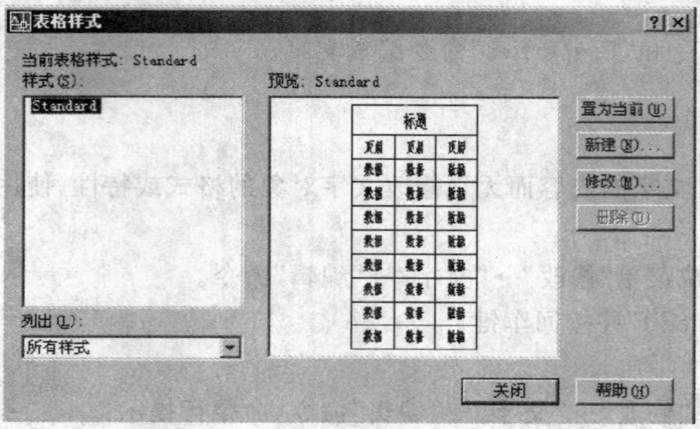

图 6.12 “表格样式”对话框

(2)在“表格样式”对话框中，单击“新建”按钮，弹出“创建新的表格样式”对话框，如图6.13所示。在“新样式名”文本框输入新的表格样式的名称(本例名称为“标题栏”)，在“基础样式”列表框中选择一个表格样式为新的表格样式提供默认设置，然后单击“继续”按钮进入“新建表格样式”对话框，如图 6.14 所示。

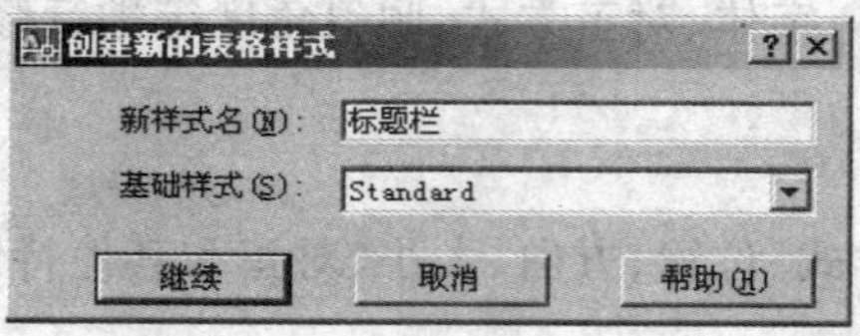

图 6.13 “创建新的表格样式”对话框中

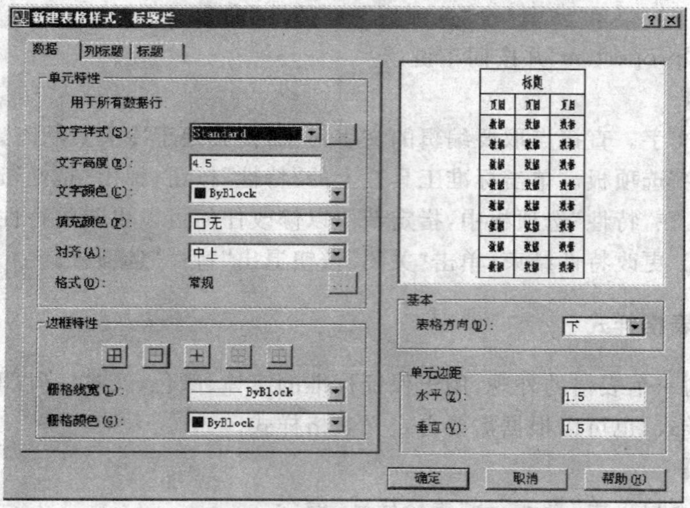

图 6.14 “新建表格样式”对话框

(3)在“新建表格样式”对话框中，为整个表格设置表格方向和单元边距；设置数据单元的外观、列标题单元或标题单元，在相应的选项卡“数据”选项卡、“标题”选项卡或“列标题”选项卡中设置。

(4)设置完成各项参数,单击“确定”按钮,结束新表格样式的创建。

3.【“新建表格样式”对话框】

在“表格样式”对话框中单击“新建”按钮并在“创建新表格样式”对话框中指定名称后,将显示“新建表格样式”对话框。在“表格样式”对话框中单击“修改”按钮后,将显示“修改表格样式”对话框。两个对话框中的选项是一样的。现将各部分介绍如下:

(1)“预览”区:显示当前表格样式设置效果的样例。

(2)“基本”选项组:更改表格方向。

1)“表格方向”列表框:设置表格方向。

向下:创建由上而下读取的表格。标题行和列标题行位于表格的顶部。单击“插入行”并单击“下”时,将在当前行的下面插入新行。

向上:创建由下而上读取的表格。标题行和列标题行位于表格的底部。单击“插入行”并单击“上”时,将在当前行的上面插入新行。

(3)“单元边距”选项组:控制单元边界和单元内容之间的间距。单元边距设置应用于表格中的所有单元。默认设置为 0.06(英制)和 1.5(公制)。

1)“水平”文本框:设置单元中的文字或块与左右单元边界之间的距离。

2)“垂直”文本框:设置单元中的文字或块与上下单元边界之间的距离。

(4)“单元特性”选项组:设置数据单元、列标题和表格标题的外观,具体取决于当前所用的选项卡,即“数据”选项卡、“列标题”选项卡或“标题”选项卡。

用于所有数据行(仅限于“数据”选项卡)将设置应用于所有数据行。

1)“文字样式”列表框:列出图形中的所有文字样式。单击“...”按钮将显示“文字样式”对话框,从中可以创建新的文字样式。

2)“文字高度”文本框:设置文字高度。数据和列标题单元的默认文字高度为 0.18,表标题的默认文字高度为 0.25。

3)“文字颜色”列表框:指定文字颜色。

4)“填充颜色”列表框:指定单元的背景色。默认值为“无”。

5)“对齐”列表框:设置表格单元中文字的对正和对齐方式。文字根据单元的上下边界进行居中对齐、靠上对齐或靠下对齐。文字相对于单元的左右边界进行居中对正、左对正或右对正。

6)“格式”:为表格中的“数据”、“列标题”或“标题”行设置数据类型和格式。

单击“格式”右侧的省略号“...”以显示“表格单元格式”对话框,从中可以进一步定义格式选项。

(5)“边框特性”选项组:控制单元边界的外观。边框特性包括栅格线的线宽和颜色。

1)“边界”按钮:将边界特性设置应用于所有数据单元、列标题单元或标题单元的所有边界,具体取决于当前活动的选项卡。

2)“栅格线宽”列表框:通过单击边界按钮,设置将要应用于指定边界的线宽。如果使用粗线宽,可能必须增加单元边距。

3)“栅格颜色”列表框:通过单击边界按钮,设置将要应用于指定边界的颜色。

6.2.7 插入表格

表格是在行和列中包含数据的对象。创建表格对象时，首先创建一个空表格，然后在表格的单元中添加内容。

1.【命令输入】

工具栏：单击“绘图”菜单上的“表格”按钮。

菜单栏：单击下拉菜单“绘图”→“表格”命令。

命令行：输入“table”并按回车键。

2.【操作步骤】

(1)单击“绘图”菜单上的“表格”按钮，系统弹出“插入表格”对话框，如图 6.15 所示。

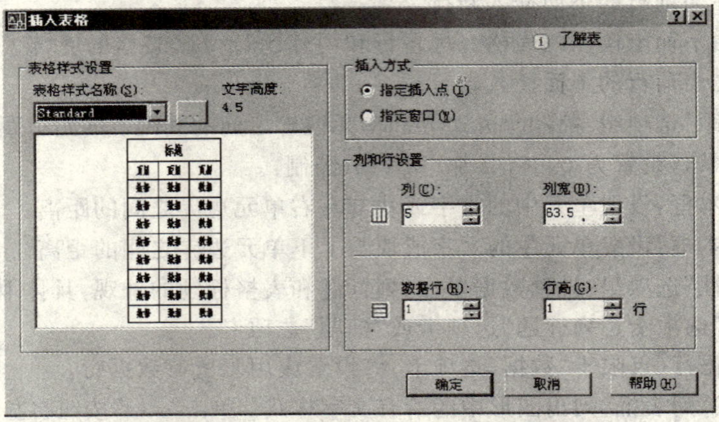

图 6.15 “插入表格”对话框

(2)在“插入表格”对话框中，从“表格样式名称”列表中选择一个表格样式，或单击“...”按钮创建一个新的表格样式。

(3)选择插入方法。点选“指定插入点”或“指定窗口”单选钮。

(4)设置列数和列宽。如果使用窗口插入方法，可以选择列数或列宽，但是不能同时选择两者。列宽指定列的宽度。选定“指定窗口”选项并指定列数时，则选定了“自动”选项，且列宽由表格的宽度控制。最小列宽为一个字符。

(5)设置行数和行高。如果使用窗口插入方法，行数由用户指定的窗口尺寸和行高决定。按照文字行的高度指定表格的行高。文字行的高度基于文字高度和单元边距，这两项均在表格样式中设置。行高由表格的高度控制。

(6)单击“确定”按钮返回绘图区，按命令行提示完成表格插入。

3.【“插入表格”对话框】

“插入表格”对话框用于在图形中插入空表格。现将各部分介绍如下：

(1)“表格样式设置”选项组：设置表格的外观。

1)“表格样式名称”列表框：指定表格样式。默认样式为 STANDARD。

2)“文字高度”：显示在当前表格样式中为数据行指定的文字高度(只读)。

3)“预览”：显示当前表格样式的样例。

(2)“插入方式”选项组:指定表格位置。

1)“指定插入点”单选钮:指定表格左上角的位置。可以使用定点设备,也可以在命令行上输入坐标值。如果表格样式将表格的方向设置为由下而上读取,则插入点位于表格的左下角。

2)“指定窗口”单选钮:指定表格的大小和位置。可以使用定点设备,也可以在命令行上输入坐标值。选定此选项时,行数、列数、列宽和行高取决于窗口的大小以及列和行设置。

(3)“列和行设置”选项组:设置列和行的数目和大小。

1)“列”图标:表示列。

2)“列”列表框:指定列数。选定“指定窗口”选项并指定列宽时,则选定了“自动”选项,且列数由表格的宽度控制。

3)“列宽”列表框:指定列的宽度。选定“指定窗口”选项并指定列数时,则选定了“自动”选项,且列宽由表格的宽度控制。最小列宽为一个字符。

4)“行”图标:表示行。

5)“数据行”列表框:指定行数。选定“指定窗口”选项并指定行高时,则选定了“自动”选项,且行数由表格的高度控制。带有标题行和表格头行的表格样式最少应有三行。最小行高为一行。

6)“行高”列表框:按照文字行高指定表格的行高。文字行高基于文字高度和单元边距,这两项均在表格样式中设置。1 个行高≈文字高度+1.5+2×单元垂直边距。

6.2.8　编辑表格

完成表格创建,若需要编辑表格,可通过表格的快捷菜单实现。当选中整个表格,单击鼠标右键,其快捷菜单如图 6.16 所示;当选中单元格,单击右键,其快捷菜单如图 6.17 所示。

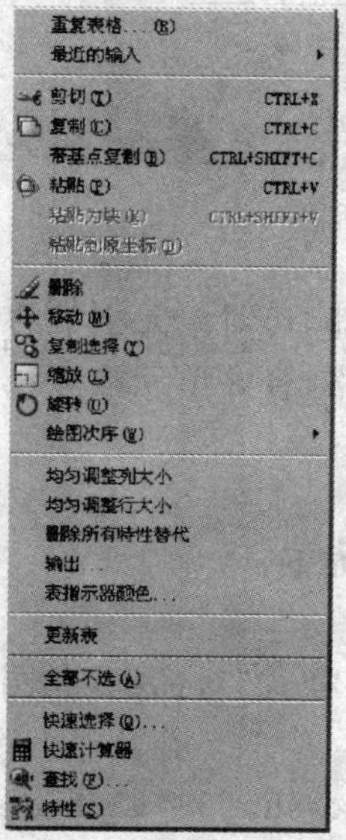

图 6.16　编辑整个表格时的快捷菜单

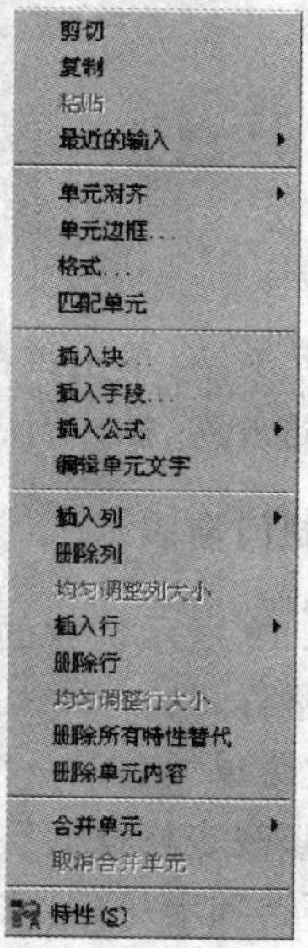

图 6.17　编辑单元格时的快捷菜单

1.【编辑整个表格】

选中整个表格,单击鼠标右键,可以选择快捷菜单相应的命令项对表格进行编辑。这些编辑包括：剪切、复制、删除、移动、缩放、旋转、均匀调整行大小、均匀调整列大小等。

选中整个表格，也可通过夹点编辑表格。各夹点可实现的操作如下：

(1)左上夹点：移动表格。

(2)右上夹点：修改表宽并按比例修改所有列。

(3)左下夹点：修改表高并按比例修改所有行。

(4)右下夹点：修改表高和表宽并按比例修改行和列。

(5)列夹点(在列标题行的顶部)：将列的宽度修改到夹点的左侧，并加宽或缩小表格以适应此修改。

(6)"Ctrl"键＋列夹点：加宽或缩小相邻列而不改变表宽。

2.【编辑单元格】

选中单元格，单击鼠标右键，可以选择快捷菜单相应的命令项对单元格进行编辑。主要编辑包括：

(1)单元边框：在子菜单中可选择文字在单元格中的对齐方式。

(2)单元边框：单击该命令，将弹出"单元边框特性"对话框，如图 6.18 所示。在其中可以设置单元格的线宽、颜色等。

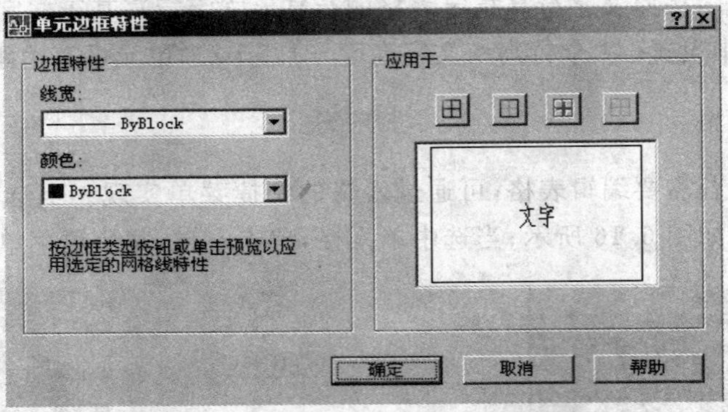

图 6.18 "单元边框特性"对话框

(3)编辑单元文字：单击该命令，将弹出在位文字编辑器，可对单元格中的文字进行编辑。

(4)还可以插入列、插入行；删除列、删除行；删除单元格、合并单元格等。

6.2.9 绘制门窗表

绘制如图 6.19 所示尺寸的门窗表。其具体操作步骤如下：

(1)设置表格样式。

1)单击下拉菜单"格式"→"表格样式"命令，弹出"表格样式"对话框(见图 6.12)；单击"修改"按钮，弹出"修改表格样式"对话框。

2)将"数据"选项卡中的"文字样式"设置为包含"gbeitc. shx"和"gbcbig. shx"字体的文字样式；在"文字高度"文本框输入"5"，其他为默认值。

3)将"列标题"选项卡中"包含页眉行"复选框不选；将"标题"选项卡中"包含标题行"复选框不选；其他为默认值。完成设置。

(2)插入表格。

门窗表

编号	洞宽×洞高	数量	标准图集编号	备注
M1	3300×2500	6	ZJ602	铝合金
M2	900×2200	6	ZJ602	实木
M3	700×2200	18		塑料
C1	1500×1600	12	92SJ713	铝合金
C2	1200×1600	6	92SJ713	铝合金
C3	700×1200	12	92SJ713	铝合金

图 6.19　表格绘制练习

1)单击“绘图”菜单上的“表格”按钮，弹出“插入表格”对话框，按照如图 6.20 所示设置各参数。

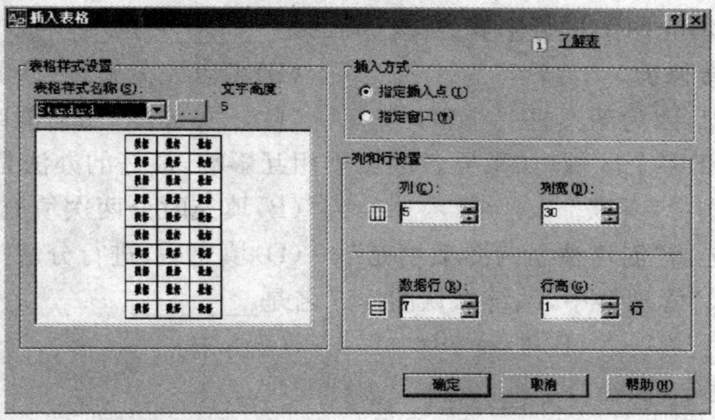

图 6.20　设置“插入表格”对话框参数

2)单击“确定”按钮，在绘图区指定表格插入位置，弹出“在位文字编辑器”对话框，效果如图 6.21 所示。

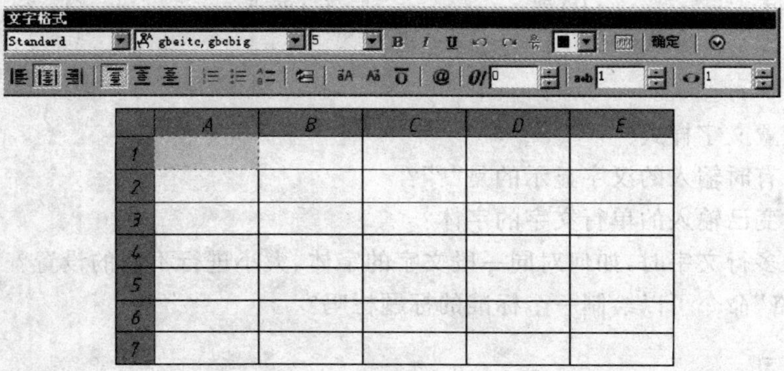

图 6.21　“在位文字编辑器”对话框

3)输入内容后,单击“确定”按钮退出“在位文字编辑器”。

(3)利用“夹点”调整行距。利用“夹点”编辑,调整各行的间距。

(4)输入表格名称。通过“单行文字”命令,设置字高为 10,输入表格名称。

6.3 思考题与练习题

一、选择题

(1)下列图案填充操作中,说法正确是________。

(A)通过单击填充边界来确定填充区域　　(B)填充图案可以和原对象关联

(C)填充图案可以调整比例　　(D)填充图案不可以编辑修改

(2)在使用图案 ANSI31 进行填充时,设置角度为 0,则填充的剖面线与水平方向夹角是________。

(A)45°　　(B)60°　　(C)90°　　(D)120°

(3)下列关于对填充图案进行修剪说法正确的是________。

(A)可以直接修剪　　(B)可以先分解,后修剪

(C)不可修剪,因为图案是一个整体　　(D)不可修剪,因为图案不可以编辑

(4)将图案填充于多个区域,如果要各区域不相互影响,最好的办法是________。

(A)填充时选择“关联”　　(B)填充时分两次填充

(C)填充时选择“创建独立的图案填充”　　(D)填充后,进行分解

(5)在“文字样式”管理器中,系统默认的样式名是________。

(A)默认　　(B)工程字体　　(C)仿宋　　(D)standard

(6)执行“多行文字”的命令是________。

(A)TEXT　　(B)MTEXT　　(C)QTEXT　　(D)WBLOCK

(7)如果在一个数值前面添加直径符号,则输入________。

(A)%%c　　(B)%%p　　(C)%%d　　(D)%%%

(8)在 AutoCAD 中,要编辑表格可以拖动表格的________。

(A)边框　　(B)列　　(C)夹点　　(D)行

二、思考题

(1)如何设置文字样式?

(2)为什么有时输入的汉字显示的是“?”?

(3)如何改变已输入的单行文字的字体?

(4)在输入多行文字时,如何对同一段文字的字体、大小进行不同的设置?

(5)用“表格”命令可以绘制一个标准的标题栏吗?

三、上机练习

(1)根据所注尺寸,绘制如图 6.22 所示的图形,其中,五角星的每个角填充相间的红色和绿色。

(2)根据所注尺寸，按照 1∶5 的比例绘制如图 6.23 所示的图形。

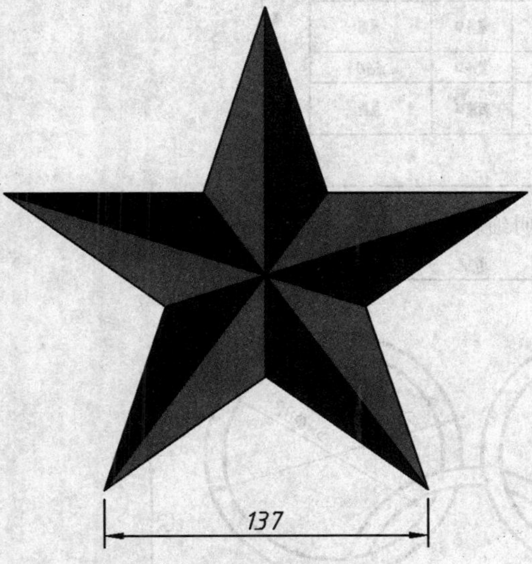

图 6.22　图案填充(1)

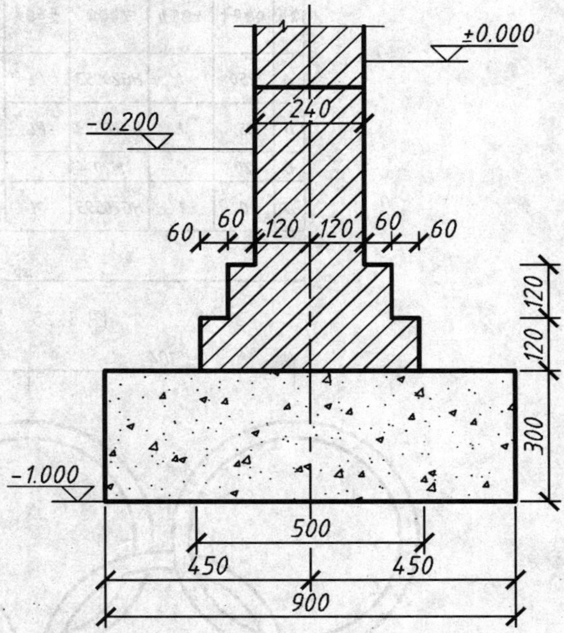

图 6.23　图案填充(2)

(3)根据所注尺寸，绘制如图 6.24 所示的标题栏，其中，字体为“gbeitc. shx”和“gbcbig. shx”；字高为 7.5mm 和 5mm。

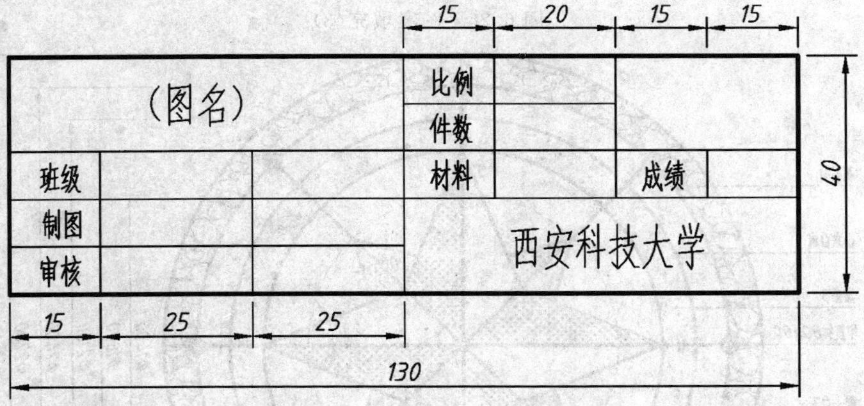

图 6.24　绘制标题栏

(4)根据所注尺寸，绘制如图 6.25 所示的明细表，其中，字体为“gbeitc. shx”和“gbcbig. shx”；字高为 5mm。

(5)根据所注尺寸，绘制如图 6.26 所示的图形，其中，5 个圆环用 5 种不同颜色绘制，并填充上对应的颜色。

(6)根据所注尺寸，按 1∶10 绘制如图 6.27 所示的图形，其中，用到的 3 种图案分别为 Ar-Conc，Cross 和 Graver。

管口表							
符号	公称尺寸	公称压力	连接标准	法兰型式	连接面形式	用途和名称	设备中心线至法兰面距离
A	250	1	HG20953	PL	突面	气体进口	660
B	15	1	HG20593	PL	突面	取样口	见图
C	20		M20		内螺纹	放净口	660
D	0	1	HG20593	PL	突面	回流口	见图

180

93

图 6.25 绘制明细表

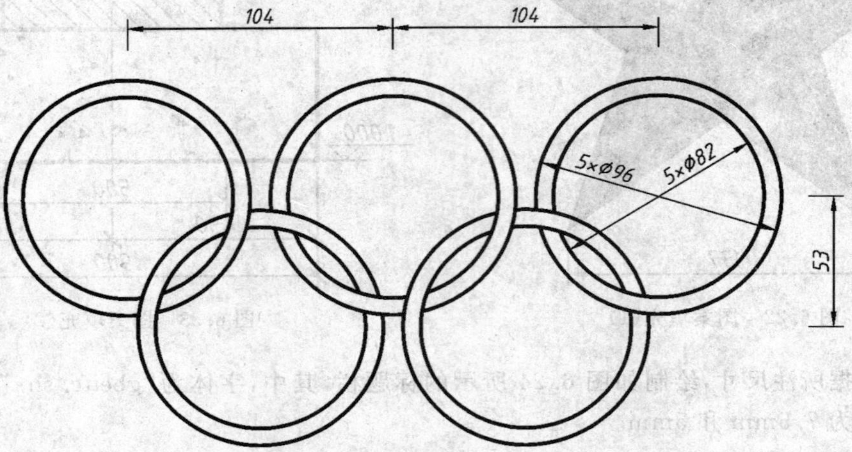

图 6.26 图案填充(3)

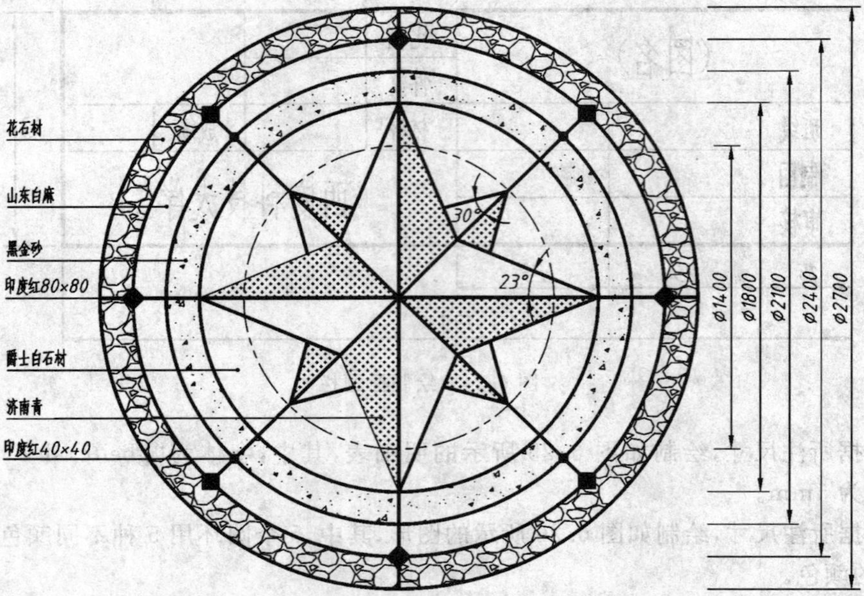

图 6.27 文字注写及图案填充

第7章　尺寸标注

本章将介绍关于尺寸标注的相关知识。主要内容包括标注工具栏的设置、标注样式的设置、尺寸标注命令的使用、尺寸编辑命令的使用等。

7.1　设置标注工具栏

尺寸标注是绘制工程图样的重要环节。在一个完整的工程图样中，都标注有一套完整的尺寸以确定图样中各要素的大小与位置。

7.1.1　尺寸标注的操作步骤

尺寸标注的操作步骤如下：

(1)设置标注工具栏。

(2)设置标注样式。

(3)用尺寸标注命令标注尺寸。

(4)编辑尺寸标注。

7.1.2　设置标注工具栏

系统默认窗口没有设置标注工具栏，给图形标注尺寸时应首先设置标注工具栏，这样便于操作。可利用快捷菜单进行设置。

在任意已设置的工具栏上单击右键，系统将弹出一个快捷菜单，通过选择“标注”命令项可以设置标注工具栏。

7.2　设置标注样式

标注样式用来控制标注的外观，如箭头样式、文字位置和尺寸公差等。用户可以设置标注样式，以快速指定标注的格式，并确保标注符合行业标准。

7.2.1　设置标注样式

若系统提供的标注样式不能满足需要时，必须设置自己的标注样式。

1.【命令输入】

工具栏：单击“标注”工具栏上的“标注样式”按钮。

菜单栏：单击下拉菜单“格式”→“标注样式”命令。

命令行：输入“dimstyle”并按回车键。

2.【操作步骤】

(1)单击“标注”工具栏上的“标注样式”按钮，打开“标注样式管理器”对话框，如图 7.1 所示。

(2)在“标注样式管理器”对话框中，单击“新建”按钮，打开“创建新标注样式”对话框，如图 7.2 所示。

(3)在“创建新标注样式”对话框中，从“基础样式”列表框中选择一种已有样式作为新样式的基础(新样式继承它的所有属性)；在“用于”列表框选择需要的子样式名称，本例选择“线性标注”。

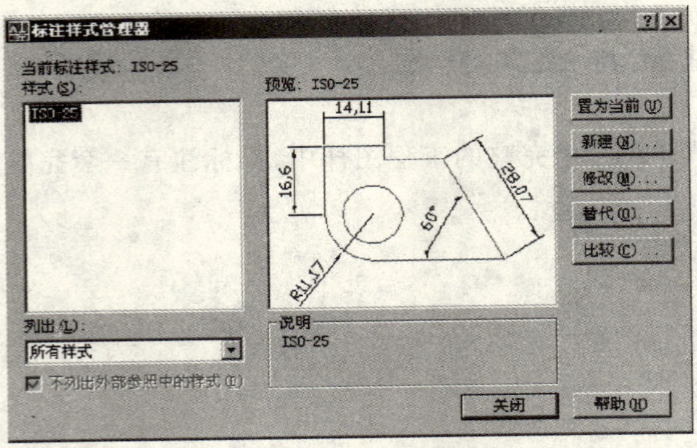

图 7.1 “标注样式管理器”对话框

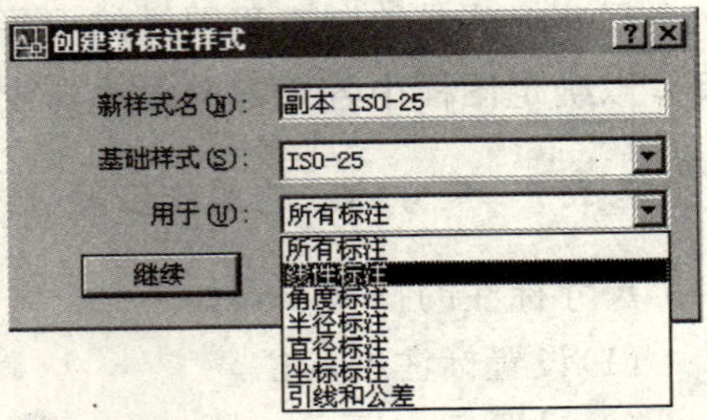

图 7.2 “创建新标注样式”对话框

(4)单击“继续”按钮，打开“新建标注样式”对话框，如图 7.3 所示。在该对话框中完成对各选项卡的设置，单击“确定”按钮返回“标注样式管理器”对话框，重复步骤(3)，完成所需的各类样式的设置。一般须设置的样式类型如图 7.4 所示。

(5)设置完各类样式及其特性，单击“标注样式管理器”对话框的“关闭”按钮，完成标注样式设置。

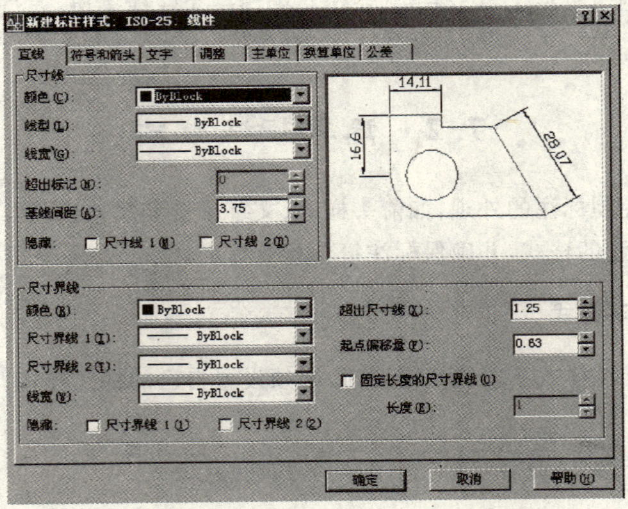

图 7.3 “新建标注样式”对话框

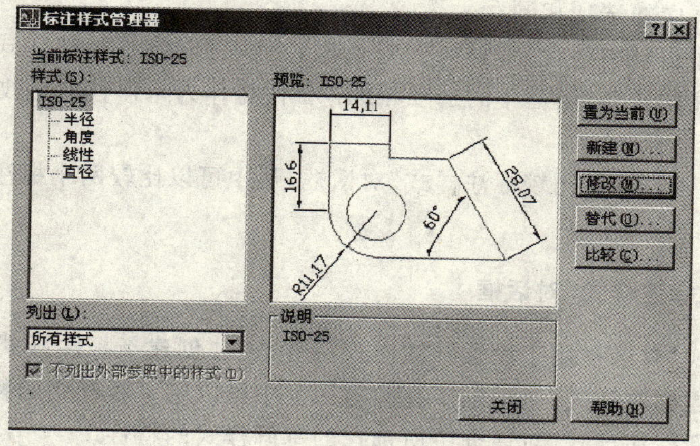

图 7.4　一般须设置的样式类型

3.【说明】

(1)置为当前样式。在设置好标注样式之后,使用时应将所设置的样式置为当前:从“样式”或“标注”工具栏的“样式名”列表中选择设置的样式,选中的标注样式即设为当前标注样式,并显示在窗口中。

(2)修改标注样式。要修改标注样式,单击“标注”工具栏上的“标注样式”按钮,打开“标注样式管理器”对话框;再单击“修改”按钮,打开“修改标注样式”对话框,在其中完成修改。

7.2.2　“标注样式管理器”对话框

“标注样式管理器”对话框用于创建新样式、设置当前样式、修改样式、设置当前样式的替代以及比较样式。

(1)“当前标注样式”:显示当前标注样式的名称。当前样式将应用于所创建的标注。

(2)“样式”列表:列出图形中的标注样式。当前样式被亮显。在列表中单击鼠标右键可显示快捷菜单及选项,可用于设置当前标注样式、重命名样式和删除样式。不能删除当前样式或当前图形使用的样式。

“列表”中的选定项目控制显示的标注样式。要将某样式置为当前样式,可选择该样式并单击“置为当前”按钮。

(3)“列出”列表框:在“样式”列表中控制样式显示。如果要查看图形中所有的标注样式,可选择“所有样式”。如果只希望查看图形中标注当前使用的标注样式,可选择“正在使用的样式”。

(4)“预览”框:显示“样式”列表中选定样式的图示。

(5)“说明”选项组:说明“样式”列表中与当前样式相关的选定样式。如果说明超出给定的空间,可以单击窗格并使用箭头键向下滚动。

(6)“置为当前”按钮:将在“样式”下选定的标注样式设置为当前标注样式。当前样式将应用于所创建的标注。

(7)“新建”按钮:显示“创建新标注样式”对话框,从中可以定义新的标注样式。

(8)“修改”按钮:显示“修改标注样式”对话框,从中可以修改标注样式。对话框选项与“新建标注样式”对话框中的选项相同。

(9)“替代”按钮：显示“替代当前样式”对话框，从中可以设置标注样式的临时替代。对话框选项与“新建标注样式”对话框中的选项相同。替代将作为未保存的更改结果显示在“样式”列表中的标注样式下。

(10)“比较”按钮：显示“比较标注样式”对话框，从中可以比较两个标注样式或列出一个标注样式的所有特性。

7.2.3 “新建标注样式”对话框

“新建标注样式”对话框用于设置标注样式特性。在“创建新标注样式”对话框中选择“继续”时，将显示“新建标注样式”对话框。在此对话框中可以定义新样式的特性。此对话框最初显示的是在“创建新标注样式”对话框中所选择的基础样式的特性。

在“标注样式管理器”中选择“修改”或“替代”将显示“修改标注样式”对话框或“替代标注样式”对话框，这些对话框的内容和“新建标注样式”对话框的内容是相同的，各选项卡介绍如下。

1.【“直线”选项卡】

“直线”选项卡用于设置尺寸线、尺寸界线、箭头和圆心标记的格式和特性，如图 7.3 所示。

(1)“尺寸线”选项组：设置尺寸线的特性。

1)“颜色”列表框：显示并设置尺寸线的颜色。

2)“线型”列表框：设置尺寸线的线型。

3)“线宽”列表框：设置尺寸线的线宽。

4)“超出标记”列表框：指定当箭头使用倾斜、建筑标记、积分和无标记时尺寸线超过尺寸界线的距离。

5)“基线间距”列表框：设置基线标注的尺寸线之间的距离。

6)“隐藏”复选框：不显示尺寸线。“尺寸线 1”隐藏第一条尺寸线，“尺寸线 2”隐藏第二条尺寸线。

(2)“尺寸界线”选项组：控制尺寸界线的外观。

1)“颜色”列表框：设置尺寸界线的颜色。

2)“线型尺寸界线 1”列表框：设置第一条尺寸界线的线型。

3)“线型尺寸界线 2”列表框：设置第二条尺寸界线的线型。

4)“线宽”列表框：设置尺寸界线的线宽。

5)“隐藏”复选框：不显示尺寸界线。“尺寸界线 1”隐藏第一条尺寸界线，“尺寸界线 2”隐藏第二条尺寸界线。

6)“超出尺寸线”文本框：指定尺寸界线超出尺寸线的距离。

7)“起点偏移量”文本框：设置自图形中定义标注的点到尺寸界线的偏移距离。

8)“固定长度的尺寸界线”复选框：启用固定长度的尺寸界线。

9)“长度”文本框：设置尺寸界线的总长度，起始于尺寸线，直到标注原点。

10)“预览”区：显示样例标注图像，它可显示对标注样式设置更改的效果。

2.【“符号和箭头”选项卡】

“符号和箭头”选项卡用于设置箭头、圆心标记、弧长符号和折弯半径标注的格式和位置，如图 7.5 所示。

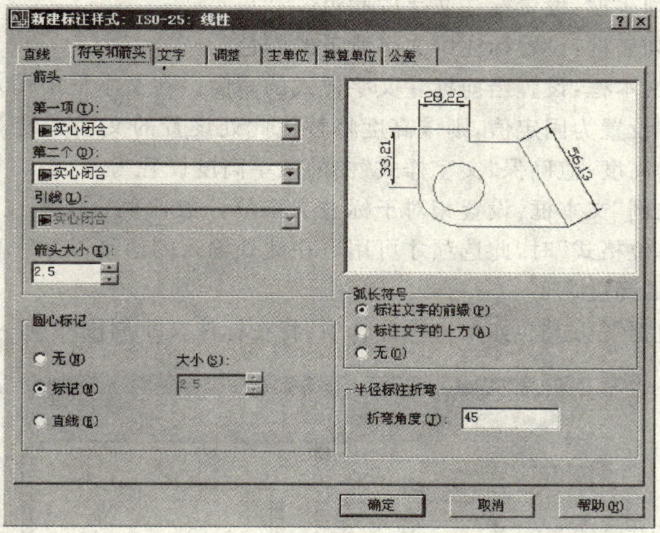

图 7.5　“符号和箭头”选项卡

(1)“箭头”选项组:控制标注箭头的外观。

1)“第一个”列表框:设置第一条尺寸线的箭头。当改变第一个箭头的类型时,第二个箭头将自动改变以与第一个箭头相匹配。

2)“第二个”列表框:设置第二条尺寸线的箭头。

3)“引线”列表框:设置引线箭头。

4)“箭头大小”文本框:显示和设置箭头的大小。

(2)“圆心标记”选项组:控制直径标注和半径标注的圆心标记和中心线的外观。

1)“无”单选钮:不创建圆心标记或中心线。

2)“标记”单选钮:创建圆心标记。

3)“直线”单选钮:创建中心线。

4)“大小”文本框:显示和设置圆心标记或中心线的大小。

(3)“弧长符号”选项组:控制弧长标注中圆弧符号的显示。

1)“标注文字的前缀”单选钮:将弧长符号放置在标注文字之前。

2)“标注文字的上方”单选钮:将弧长符号放置在标注文字的上方。

3)“无”单选钮:隐藏弧长符号。

(4)“半径标注折弯”选项组:控制折弯(Z 字型)半径标注的显示。折弯半径标注通常在中心点位于页面外部时创建。

“折弯角度”文本框:确定折弯半径标注中,尺寸线的横向线段的角度。

(5)“预览”区:显示样例标注图像,它可显示对标注样式设置更改的效果。

3.【“文字”选项卡】

“文字”选项卡用于设置标注文字的格式、放置和对齐,如图 7.6 所示。

(1)“文字外观”选项组:控制标注文字的格式和大小。

1)“文字样式”列表框:显示和设置当前标注文字样式。

2)“文字样式”按钮：显示“文字样式”对话框，从中可以定义或修改文字样式。

3)“文字颜色”列表框：设置标注文字的颜色。

4)“填充颜色”列表框：设置标注中文字背景的颜色。

5)“文字高度”文本框：设置当前标注文字样式的高度。在文本框中输入值。如果在“文字样式”中将文字高度设置为固定值，则该高度将替代此处设置的文字高度。如果要使用在“文字”选项卡上设置的高度，应确保“文字样式”中的文字高度设置为 0。

6)“分数高度比例”文本框：设置相对于标注文字的分数比例。仅当在“主单位”选项卡上选择“分数”作为“单位格式”时，此选项才可用。在此处输入的值乘以文字高度，可确定标注分数相对于标注文字的高度。

7)“绘制文字边框”复选框：如果选择此选项，将在标注文字周围绘制一个边框。

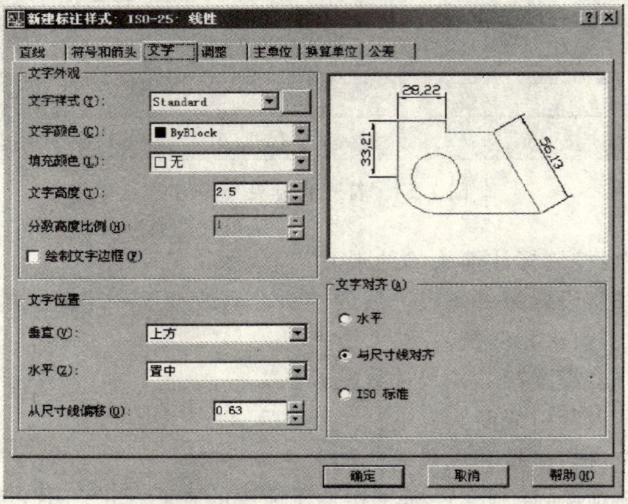

图 7.6 “文字”选项卡

(2)“文字位置”选项组：控制标注文字的位置。

1)“垂直”列表框：控制标注文字相对尺寸线的垂直位置。

2)“水平”列表框：控制标注文字在尺寸线上相对于尺寸界线的水平位置。

3)“从尺寸线偏移”文本框：设置当前文字间距，文字间距是指当尺寸线断开以容纳标注文字时标注文字周围的距离。

此值也用做尺寸线段所需的最小长度。仅当生成的线段至少与文字间隔同样长时，才会将文字放置在尺寸界线内侧。仅当箭头、标注文字以及页边距有足够的空间容纳文字间距时，才将尺寸线上方或下方的文字置于内侧。

(3)“文字对齐”选项组：控制标注文字放在尺寸界线外边或里边时的方向是保持水平还是与尺寸界线平行。

1)“水平”单选钮：水平放置文字。

2)“与尺寸线对齐”单选钮：文字与尺寸线对齐。

3)“ISO 标准”单选钮：当文字在尺寸界线内时，文字与尺寸线对齐。当文字在尺寸界线外时，文字水平排列。

(4)“预览”区:显示样例标注图像,它可显示对标注样式设置更改的效果。

4.【“调整”选项卡】

“调整”选项卡控制标注文字、箭头、引线和尺寸线的放置,如图 7.7 所示。

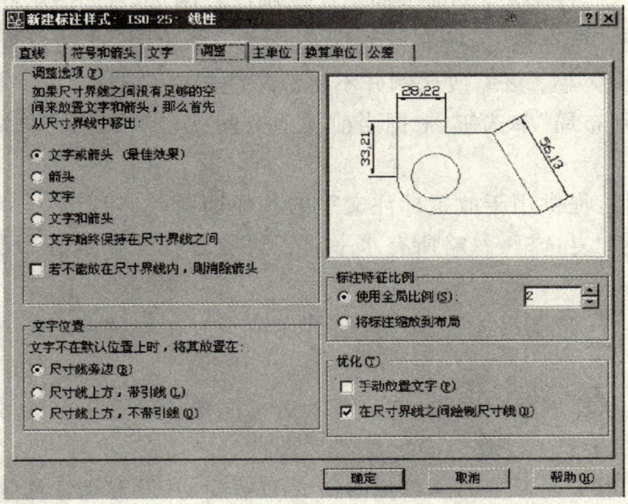

图 7.7　“调整”选项卡

(1)“调整选项”选项组:控制基于尺寸界线之间可用空间的文字和箭头的位置。如果有足够大的空间,文字和箭头都将放在尺寸界线内。否则,将按照“调整”选项放置文字和箭头。

1)“文字或箭头(最佳效果)”单选钮:按照最佳效果将文字或箭头移动到尺寸界线外。当尺寸界线间的距离足够放置文字和箭头时,文字和箭头都放在尺寸界线内。否则,将按照最佳效果移动文字或箭头。

2)“箭头”单选钮:先将箭头移动到尺寸界线外,然后移动文字。当尺寸界线间的距离足够放置文字和箭头时,文字和箭头都放在尺寸界线内。当尺寸界线间距离仅够放下箭头时,将箭头放在尺寸界线内,而文字放在尺寸界线外。

3)“文字”单选钮:先将文字移动到尺寸界线外,然后移动箭头。当尺寸界线间的距离足够放置文字和箭头时,文字和箭头都放在尺寸界线内。当尺寸界线间的距离仅能容纳文字时,将文字放在尺寸界线内,而箭头放在尺寸界线外。

4)“文字和箭头”单选钮:当尺寸界线间距离不足以放下文字和箭头时,文字和箭头都移到尺寸界线外。

5)“文字始终保持在尺寸界线之间”单选钮:始终将文字放在尺寸界线之间。

6)“若不能放在尺寸界线内,则消除箭头”复选框:如果尺寸界线内没有足够的空间,则隐藏箭头。

(2)“文字位置”选项组:设置标注文字从默认位置(由标注样式定义的位置)移动时标注文字的位置。

1)“尺寸线旁边”单选钮:如果选定,只要移动标注文字尺寸线就会随之移动。

2)“尺寸线上方,加引线”单选钮:如果选定,移动文字时尺寸线将不会移动。如果将文字从尺寸线上移开,将创建一条连接文字和尺寸线的引线。当文字非常靠近尺寸线时,将省略引线。

3)“尺寸线上方，不加引线”单选钮：如果选定，移动文字时尺寸线不会移动。远离尺寸线的文字不与带引线的尺寸线相连。

(3)“标注特征比例”选项组：设置全局标注比例值或图纸空间比例。

1)“使用全局比例”单选钮：为所有标注样式设置一个比例，这些设置指定了大小、距离或间距，包括文字和箭头大小。该缩放比例并不更改标注的测量值。

2)“将标注缩放到布局”单选钮：根据当前模型空间视口和图纸空间之间的比例确定比例因子。

(4)“优化”选项组：提供用于放置标注文字的其他选项。

1)“手动放置文字”复选框：忽略所有水平对正设置并把文字放在“尺寸线位置”提示下指定的位置。

2)“在尺寸界线之间绘制尺寸线”复选框：即使箭头放在测量点之外，也在测量点之间绘制尺寸线。

(5)“预览”区：显示样例标注图像，它可显示对标注样式设置更改的效果。

5.【“主单位”选项卡】

“主单位”选项卡用于设置主标注单位的格式和精度，并设置标注文字的前缀和后缀，如图 7.8 所示。

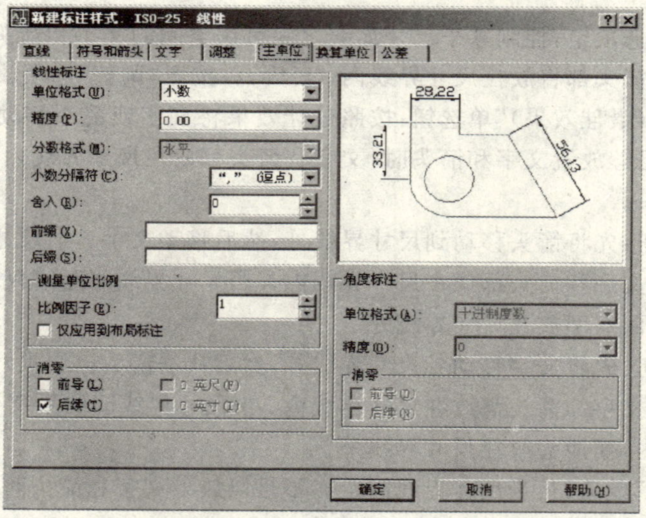

图 7.8 “主单位”选项卡

(1)“线性标注”选项组：设置线性标注的格式和精度。

1)“单位格式”列表框：设置除角度之外的所有标注类型的当前单位格式。

2)“精度”列表框：显示和设置标注文字中的小数位数。

3)“分数格式”列表框：设置分数格式。

4)“小数分隔符”列表框：设置用于十进制格式的分隔符。

5)“舍入”文本框：为除“角度”之外的所有标注类型设置标注测量值的舍入规则。如果输入 0.5，则所有标注距离都以 0.5 为单位进行舍入。如果输入 1.0，则所有标注距离都将舍入为最接近的整数。小数点后显示的位数取决于“精度”设置。

6)“前缀”文本框:在标注文字中包含前缀。可以输入文字或使用控制代码显示特殊符号。例如,输入控制代码 %%c 显示直径符号。当输入前缀时,将覆盖在直径和半径等标注中使用的任何默认前缀。

7)“后缀”文本框:在标注文字中包含后缀。可以输入文字或使用控制代码显示特殊符号。输入的后缀将替代所有默认后缀。

(2)“测量单位比例”选项组:定义线性比例选项。主要应用于传统图形。

1)“比例因子”文本框:设置线性标注测量值的比例因子。建议不要更改此值的默认值 1.00。例如,如果输入 10,则 1mm 直线的尺寸将显示为 10mm。该值不应用到角度标注,也不应用到舍入值或者正负公差值。

2)“仅应用到布局标注”复选框:仅将测量单位比例因子应用于布局视口中创建的标注。除非使用非关联标注,否则,该设置应保持取消复选状态。

(3)“消零”选项组:控制不输出前导零和后续零。

1)“前导”复选框:不输出所有十进制标注中的前导零。例如,0.80 变成 .80。

2)“后续”复选框:不输出所有十进制标注中的后续零。例如,2.500 变成 2.5。

(4)“角度标注”选项组:显示和设置角度标注的当前角度格式。

1)“单位格式”列表框:设置角度单位格式。

2)“精度”列表框:设置角度标注的小数位数。

6.【“换算单位”选项卡】

“换算单位”选项卡用于指定标注测量值中换算单位的显示并设置其格式和精度,如图 7.9所示。它与“主单位”选项卡基本相同,在此不详述。

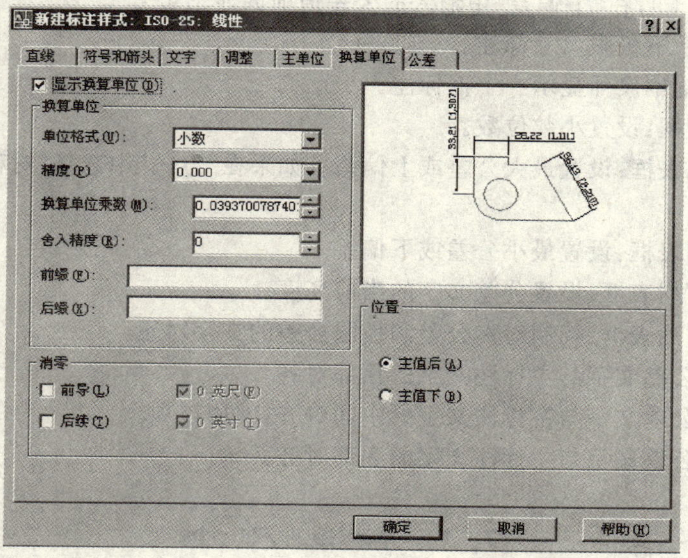

图 7.9 “换算单位”选项卡

7.【“公差”选项卡】

“公差”选项卡用于控制标注文字中公差的格式及显示,如图 7.10 所示。

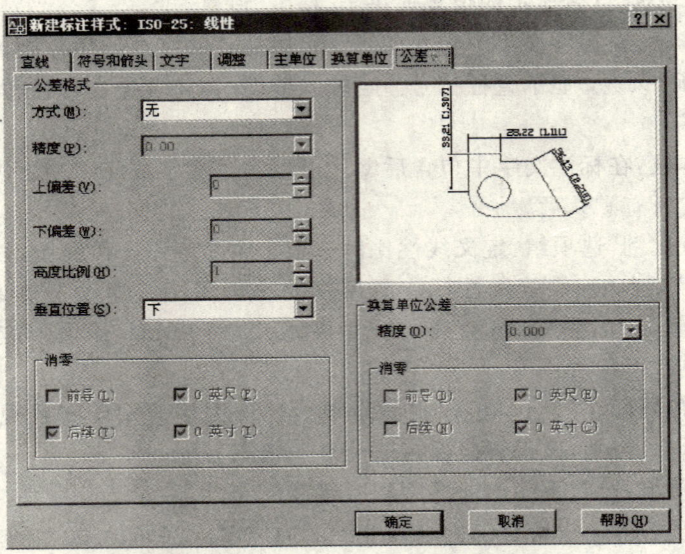

图 7.10 “公差”选项卡

(1)“公差格式”选项组：控制公差格式。

1)“方式”列表框：设置公差标注的方法。

①“无”：不标注公差。

②“对称”：添加正/负公差表达式，上下偏差同值标注。在“上偏差”中输入公差值。

③“极限偏差”：添加正/负公差表达式，上下偏差不同值标注。在“上偏差”中输入的公差值前面显示正号（＋）；在“下偏差”中输入的公差值前面显示负号（－）。

④“界限”：用上下极限尺寸标注。

⑤“基本”：在基本尺寸显示一个框标注。

2)“精度”列表框：设置小数位数。

3)“上偏差”列表框：设置最大公差或上偏差。如果在“方式”中选择“对称”，则此值将用于公差。

4)“下偏差”列表框：设置最小公差或下偏差。

5)“高度比例”列表框：设置公差文字的当前高度。

6)“垂直位置”列表框：控制对称公差和极限公差的文字对正。

①“上对齐”：公差文字与主标注文字的顶部对齐。

②“中对齐”：公差文字与主标注文字的中间对齐，常用该项。

③“下对齐”：公差文字与主标注文字的底部对齐。

7.3 标注尺寸

7.3.1 “标注”工具栏及菜单

(1)常用标注命令所在的“标注”工具栏如图 7.11 所示，“标注”工具栏中的每个命令按钮都与“标注”菜单中的某个标注命令相对应。

(2)常用标注命令所在的“标注”菜单如图 7.12 所示。“标注”菜单包含了 AutoCAD 2007 的所有标注命令。

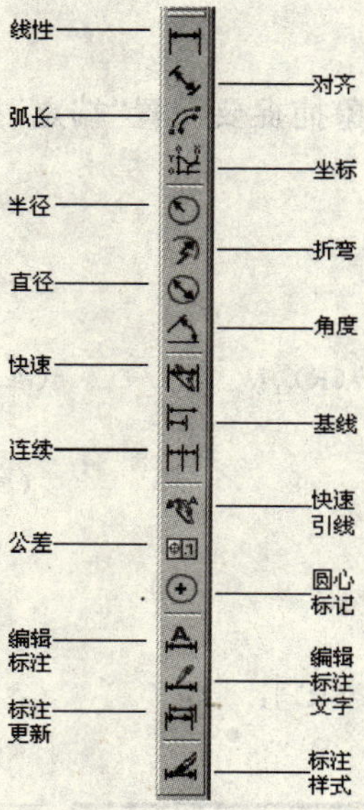

图 7.11　“标注”工具栏

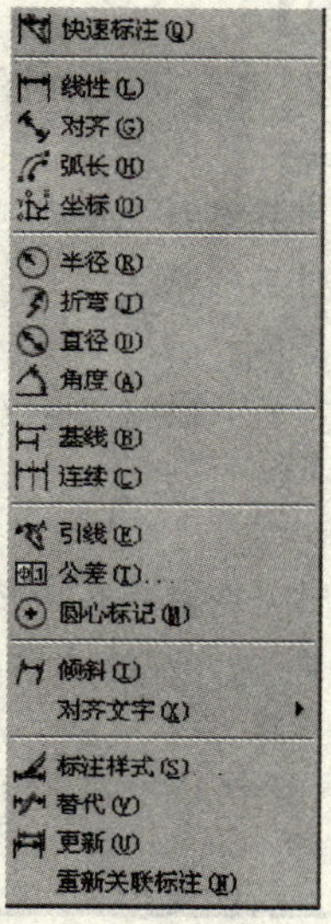

图 7.12　“标注”菜单

7.3.2　线性标注

“线性标注”命令用于创建水平和垂直标注。系统将根据指定的尺寸界线原点或选择对象的位置自动应用水平或垂直标注。

1.【命令输入】

工具栏:单击“标注”工具栏上的“线性”按钮。

菜单栏:单击下拉菜单“标注”→“线性”命令。

命令行:输入“dimlinear”并按回车键。

2.【命令提示与说明】

命令:_dimlinear

指定第一条尺寸界线原点或 <选择对象>:　　(拾取第一条尺寸界线原点)

指定第二条尺寸界线原点:　　(拾取第二条尺寸界线原点)

指定尺寸线位置或

[多行文字(M)/文字(T)/角度(A)/水平(H)/垂直(V)/旋转(R)]:　　(指定尺寸线位置或输入选项)

标注文字 =　　(信息行)

(1)第一条尺寸界线原点:指定第一条尺寸界线的原点之后,将提示指定第二条尺寸界线的原点。

(2)选择对象:在选择对象之后,自动确定第一条和第二条尺寸界线的原点。

(3)尺寸线位置:使用指定点定位尺寸线并且确定绘制尺寸界线的方向。指定位置之后,将绘制标注。

(4)多行文字：显示在位文字编辑器，可用它来编辑标注文字。要添加前缀或后缀，在生成的测量值前后输入前缀或后缀。要编辑或替换生成的测量值，可删除文字，输入新文字，然后单击“确定”按钮。

(5)文字：在命令行自定义标注文字。

3.【应用举例】

用“线性标注”命令标注如图 7.13 所示的尺寸。对象捕捉要设置“端点”捕捉模式。

命令：_dimlinear

指定第一条尺寸界线原点或 ＜选择对象＞： (拾取左下角点)

指定第二条尺寸界线原点： (拾取右下角点)

指定尺寸线位置或

[多行文字(M)/文字(T)/角度(A)/水平(H)/垂直(V)/旋转(R)]： (在下方适当位置点击)

标注文字 ＝ 225

命令：_dimlinear (回车，再次执行命令)

指定第一条尺寸界线原点或 ＜选择对象＞： (回车)

选择标注对象： (选取右侧竖线)

指定尺寸线位置或

[多行文字(M)/文字(T)/角度(A)/水平(H)/垂直(V)/旋转(R)]： (在右侧适当位置点击)

标注文字 ＝ 117

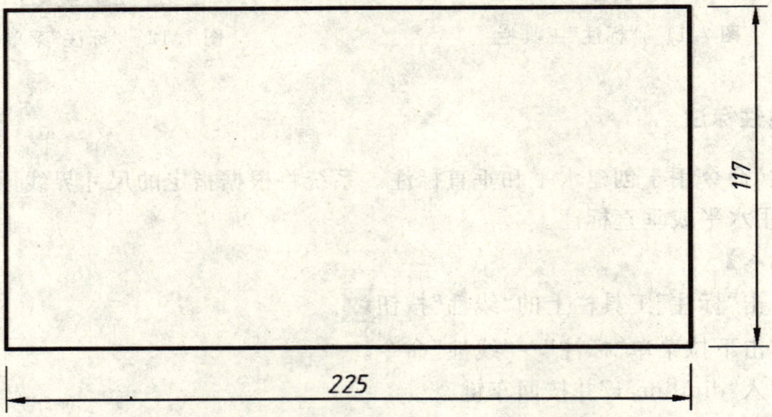

图 7.13 “线性标注”命令练习

7.3.3 对齐标注

“对齐标注”命令用于创建与指定位置或对象平行的标注。在对齐标注中，尺寸线平行于尺寸界线原点连成的直线。

1.【命令输入】

工具栏：单击“标注”工具栏上的“对齐”按钮。

菜单栏：单击下拉菜单“标注”→“对齐”命令。

命令行：输入“dimaligned”并按回车键。

2.【命令提示与说明】

命令：_dimaligned

指定第一条尺寸界线原点或 <选择对象>： （拾取第一条尺寸界线原点）

指定第二条尺寸界线原点： （拾取第二条尺寸界线原点）

指定尺寸线位置或

[多行文字(M)/文字(T)/角度(A)]： （指定尺寸线的位置或输入选项）

标注文字 = （信息行）

(1)第一条尺寸界线原点：指定第一条尺寸界线的原点之后，将提示指定第二条尺寸界线的原点。

(2)选择对象：在选择对象之后，自动确定第一条和第二条尺寸界线的原点。

(3)尺寸线位置：使用指定点定位尺寸线并且确定绘制尺寸界线的方向。指定位置之后，将绘制标注。

(4)角度：修改标注文字的角度。

3.【应用举例】

用“对齐标注”命令标注如图 7.14 所示的尺寸。对象捕捉要设置“端点”捕捉模式。

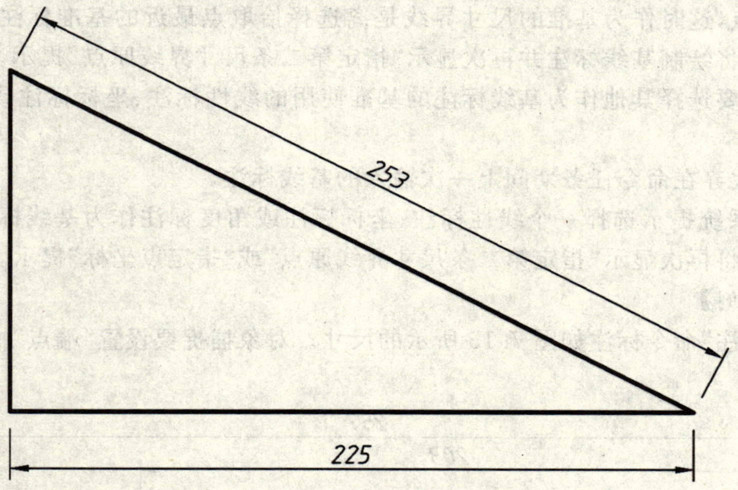

图 7.14 “对齐标注”命令练习

命令：_dimaligned

指定第一条尺寸界线原点或 <选择对象>： （拾取左下角点）

指定第二条尺寸界线原点： （拾取右下角点）

指定尺寸线位置或

[多行文字(M)/文字(T)/角度(A)]： （在下方适当位置点击）

标注文字 = 225

命令： （回车，再次执行命令）

DIMALIGNED

指定第一条尺寸界线原点或 <选择对象>： （回车）

选择标注对象： （选取斜线）

指定尺寸线位置或

[多行文字(M)/文字(T)/角度(A)]: (在斜线右上适当位置点击)
标注文字 = 253

7.3.4 基线标注

“基线标注”命令用于从上一个标注或选定标注的基线处创建线性标注、角度标注或坐标标注。

1.【命令输入】

工具栏：单击“标注”工具栏上的“基线”按钮。

菜单栏：单击下拉菜单“标注”→“基线”命令。

命令行：输入“dimbaseline”并按回车键。

2.【命令提示与说明】

命令：_dimbaseline
指定第二条尺寸界线原点或[放弃(U)/选择(S)]<选择>: (拾取第二条尺寸界线原点)
标注文字 = (信息行)

(1)第二条尺寸界线原点：在默认情况下，使用基准标注的第一条尺寸界线作为基线标注的尺寸界线原点，这时作为基准的尺寸界线是离选择拾取点最近的基准标注的尺寸界线。选择第二点之后，将绘制基线标注并再次显示“指定第二条尺寸界线原点”提示。要结束此命令，请按“Esc”键。要选择其他作为基线标注的基准使用的线性标注、坐标标注或角度标注，按回车键。

(2)放弃：放弃在命令任务期间上一次输入的基线标注。

(3)选择：系统提示选择一个线性标注、坐标标注或角度标注作为基线标注的基准。选择基准标注之后，将再次显示“指定第二条尺寸界线原点”或“指定点坐标”提示。

3.【应用举例】

用“基线标注”命令标注如图 7.15 所示的尺寸。对象捕捉要设置“端点”捕捉模式。

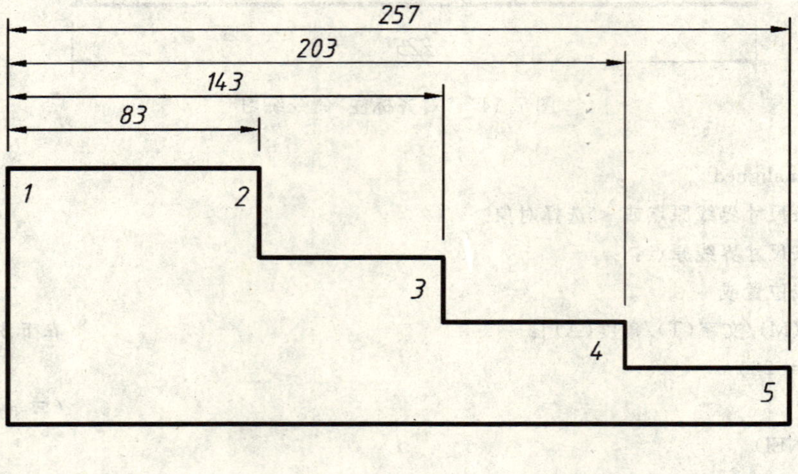

图 7.15 “基线标注”命令练习

命令：_dimlinear （执行“线性标注”）
指定第一条尺寸界线原点或＜选择对象＞： （拾取角点1）
指定第二条尺寸界线原点： （拾取角点2）
指定尺寸线位置或
[多行文字(M)/文字(T)/角度(A)/水平(H)/垂直(V)/旋转(R)]： （在上方适当位置点击）
标注文字 ＝ 83
命令：_dimbaseline （执行“基线标注”）
指定第二条尺寸界线原点或[放弃(U)/选择(S)]＜选择＞： （拾取角点3）
标注文字 ＝ 143
指定第二条尺寸界线原点或[放弃(U)/选择(S)]＜选择＞： （拾取角点4）
标注文字 ＝ 203
指定第二条尺寸界线原点或[放弃(U)/选择(S)]＜选择＞： （拾取角点5）
标注文字 ＝ 257
指定第二条尺寸界线原点或[放弃(U)/选择(S)]＜选择＞： （回车）
选择基准标注： （回车，结束命令）

7.3.5 连续标注

“连续标注”命令用于从上一个标注或选定标注的第二条尺寸界线处创建线性标注、角度标注或坐标标注。

1.【命令输入】

工具栏：单击“标注”工具栏上的“连续”按钮。

菜单栏：单击下拉菜单“标注”→“连续”命令。

命令行：输入“dimcontinue”并按回车键。

2.【命令提示与说明】

命令：_dimcontinue
指定第二条尺寸界线原点或[放弃(U)/选择(S)]＜选择＞： （拾取第二条尺寸界线原点）
标注文字 ＝ （信息行）

(1)第二条尺寸界线原点：使用连续标注的第二条尺寸界线原点作为下一个标注的第一条尺寸界线原点。当前标注样式决定文字的外观。

(2)放弃：放弃在命令任务期间上一次输入的连续标注。

(3)选择：提示选择线性标注、坐标标注或角度标注作为连续标注。选择连续标注之后，将再次显示“指定第二条尺寸界线原点”或“指定点坐标”提示。要结束此命令，请按Esc键。

3.【应用举例】

用“连续标注”命令标注如图7.16所示的尺寸。对象捕捉要设置“端点”捕捉模式。

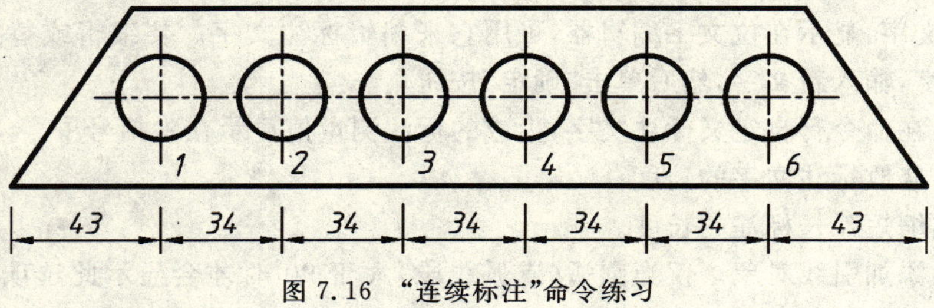

图7.16 “连续标注”命令练习

命令：_dimlinear （执行“线性标注”）
指定第一条尺寸界线原点或 ＜选择对象＞： （拾取左下角点）
指定第二条尺寸界线原点： （拾取端点 1）
指定尺寸线位置或
[多行文字(M)/文字(T)/角度(A)/水平(H)/垂直(V)/旋转(R)]： （在下方适当位置点击）
标注文字 ＝ 43
命令：_dimcontinue （执行“连续标注”）
指定第二条尺寸界线原点或[放弃(U)/选择(S)]＜选择＞： （拾取端点 2）
标注文字 ＝ 34
指定第二条尺寸界线原点或[放弃(U)/选择(S)]＜选择＞： （拾取端点 3）
标注文字 ＝ 34
指定第二条尺寸界线原点或[放弃(U)/选择(S)]＜选择＞： （拾取端点 4）
标注文字 ＝ 34
指定第二条尺寸界线原点或[放弃(U)/选择(S)]＜选择＞： （拾取端点 5）
标注文字 ＝ 34
指定第二条尺寸界线原点或[放弃(U)/选择(S)]＜选择＞： （拾取端点 6）
标注文字 ＝ 34
指定第二条尺寸界线原点或[放弃(U)/选择(S)]＜选择＞： （拾取右下角点）
标注文字 ＝ 43
指定第二条尺寸界线原点或[放弃(U)/选择(S)]＜选择＞： （回车）
选择连续标注： （回车，结束命令）

7.3.6 弧长标注

“弧长标注”用于测量圆弧或多段线弧线段上的距离。圆弧符号显示在标注文字的上方或前方，可以使用“标注样式管理器”指定位置样式。需要在“新建标注样式”对话框或“修改标注样式”对话框的“符号和箭头”选项卡上更改位置样式。

1.【命令输入】

工具栏：单击“标注”工具栏上的“弧长”按钮。

菜单栏：单击下拉菜单“标注”→“弧长”命令。

命令行：输入“dimarc”并按回车键。

2.【命令提示与说明】

命令：_ dimarc
选择弧线段或多段线弧线段： （选择弧线段）
指定弧长标注位置或[多行文字(M)/文字(T)/角度(A)/部分(P)/引线(L)]： （选择标注位置）

(1)弧长标注位置：指定尺寸线的位置并确定尺寸界线的方向。

(2)多行文字：显示在位文字编辑器，可用它来编辑标注文字。要编辑或替换生成的测量值，应删除文字，输入新文字，然后单击“确定”按钮。

(3)文字：在命令行自定义标注文字，生成的标注测量值显示在尖括号中。

(4)角度：修改标注文字的角度。

(5)部分：缩短弧长标注的长度。

(6)引线：添加引线对象。仅当圆弧(或弧线段)大于 90°时才会显示此选项。引线是按径向绘制的，指向所标注圆弧的圆心。

7.3.7　坐标标注

“坐标标注”测量原点到标注特征的垂直距离，系统使用当前UCS的绝对坐标值确定坐标值。在创建坐标标注之前，通常需要重设UCS原点与基准相符。

1.【命令输入】

工具栏：单击“标注”工具栏上的“坐标”按钮。

菜单栏：单击下拉菜单“标注”→“坐标”命令。

命令行：输入“dimordinate”并按回车键。

2.【命令提示与说明】

命令：_dimordinate

指定点坐标：　（指定点）

指定引线端点或［X基准(X)/Y基准(Y)/多行文字(M)/文字(T)/角度(A)］：　（指定引线端点）

(1)指定引线端点：使用点坐标和引线端点的坐标差可确定它是X坐标标注还是Y坐标标注。

(2)X基准：测量X坐标并确定引线和标注文字的方向。将显示“引线端点”提示，从中可以指定端点。

(3)Y基准：测量Y坐标并确定引线和标注文字的方向。将显示“引线端点”提示，从中可以指定端点。

(4)多行文字：显示在位文字编辑器，可用它来编辑标注文字。

(5)文字：在命令行自定义标注文字，生成的标注测量值显示在尖括号中。

(6)角度：修改标注文字的角度。

7.3.8　半径标注

“半径标注”用于创建圆和圆弧的半径标注，并显示前面带有字母R的标注文字。

1.【命令输入】

工具栏：单击“标注”工具栏上的“半径”按钮。

菜单栏：单击下拉菜单“标注”→“半径”命令。

命令行：输入“dimradius”并按回车键。

2.【命令提示与说明】

命令：_dimradius

选择圆弧或圆：　（选择圆弧或圆）

标注文字 =　（信息行）

指定尺寸线位置或［多行文字(M)/文字(T)/角度(A)］：　（指定尺寸线位置）

(1)尺寸线位置：确定尺寸线的角度和标注文字的位置。

(2)多行文字：显示在位文字编辑器，可用它来编辑标注文字。要编辑或替换生成的测量值，应删除文字，输入新文字，然后单击“确定”按钮。

(3)文字：在命令行自定义标注文字。生成的标注测量值显示在尖括号中。

(4)角度：修改标注文字的角度。

7.3.9 折弯半径标注

“折弯半径标注”用于当圆弧或圆的中心位于布局外并且无法显示在其实际位置时，创建折弯半径标注。

1.【命令输入】

工具栏：单击“标注”工具栏上的“半径”按钮。

菜单栏：单击下拉菜单“标注”→“折弯”命令。

命令行：输入“dimjogged”并按回车键。

2.【命令提示与说明】

命令：_dimjogged
选择圆弧或圆：（选择圆弧、圆）
指定中心位置替代：（指定中心位置）
标注文字 =（信息行）
指定尺寸线位置或[多行文字(M)/文字(T)/角度(A)]：（指定尺寸线位置）
指定折弯位置：（指定折弯位置）

7.3.10 直径标注

“直径标注”创建圆和圆弧的直径标注，并显示前面带有直径符号的标注文字。

1.【命令输入】

工具栏：单击“标注”工具栏上的“直径”按钮。

菜单栏：单击下拉菜单“标注”→“直径”命令。

命令行：输入“dimdiameter”并按回车键。

2.【命令提示与说明】

命令：_dimdiameter
选择圆弧或圆：（选择圆弧、圆）
标注文字 =（信息行）
指定尺寸线位置或[多行文字(M)/文字(T)/角度(A)]：（指定尺寸线位置）

3.【应用举例】

用“半径标注”、“折弯半径标注”和“直径标注”命令标注如图 7.17 所示的尺寸。

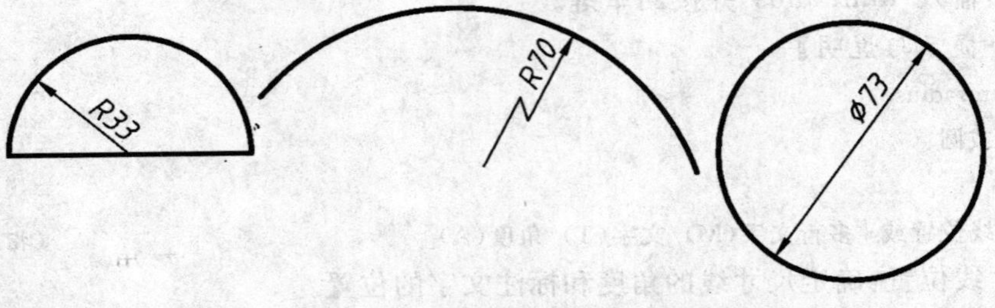

图 7.17 “半径标注”、“折弯半径标注”和“直径标注”命令练习

命令：_dimradius（执行“半径标注”）
选择圆弧或圆：（点选左侧圆弧）
标注文字 = 33

指定尺寸线位置或［多行文字(M)/文字(T)/角度(A)］:　　（指定尺寸线位置，结束命令）

命令：_dimjogged　　（执行“折弯半径标注”）

选择圆弧或圆：　　（点选中间圆弧）

指定中心位置替代：　　（指定假定中心）

标注文字 ＝ 70

指定尺寸线位置或［多行文字(M)/文字(T)/角度(A)］:　　（指定尺寸线位置）

指定折弯位置：　　（指定折弯位置）

命令：_dimdiameter　　（执行“直径标注”）

选择圆弧或圆：　　（点选右侧圆弧）

标注文字 ＝ 73

指定尺寸线位置或［多行文字(M)/文字(T)/角度(A)］:　　（指定尺寸线位置，结束命令）

7.3.11　角度标注

“角度标注”创建圆弧、圆、直线对象的角度标注。

1.【命令输入】

工具栏：单击“标注”工具栏上的“角度”按钮。

菜单栏：单击下拉菜单“标注”→“角度”命令。

命令行：输入“dimangular”并按回车键。

2.【命令提示与说明】

命令：_dimangular

选择圆弧、圆、直线或 <指定顶点>：　　（选择对象）

(1)若选择圆弧，系统提示：

指定标注弧线位置或［多行文字(M)/文字(T)/角度(A)］:　　（指定标注线位置）

标注文字 ＝　　（信息行）

(2)若选择圆，系统提示：

指定角的第二个端点：　　（指定角的第二个端点）

指定标注弧线位置或［多行文字(M)/文字(T)/角度(A)］:　　（指定标注线位置）

标注文字 ＝　　（信息行）

(3)若选择直线，系统提示：

选择第二条直线：　　（选择第二条直线）

指定标注弧线位置或［多行文字(M)/文字(T)/角度(A)］:　　（指定标注线位置）

标注文字 ＝　　（信息行）

1)选择圆弧：使用选定圆弧上的点作为三点角度标注的定义点。圆弧的圆心是角度的顶点。圆弧端点成为尺寸界线的原点。

2)选择圆：将第一选择点作为第一条尺寸界线的原点。圆的圆心是角度的顶点。

3)选择直线：用两条直线定义角度。

4)标注弧线位置：指定尺寸线的位置并确定绘制尺寸界线的方向。指定位置之后，命令将结束。

5) 多行文字：显示在位文字编辑器，可用它来编辑标注文字。要编辑或替换生成的测量值，应删除文字，输入新文字，然后单击“确定”按钮。

3.【应用举例】

用“角度标注”命令标注如图 7.18 所示的尺寸。

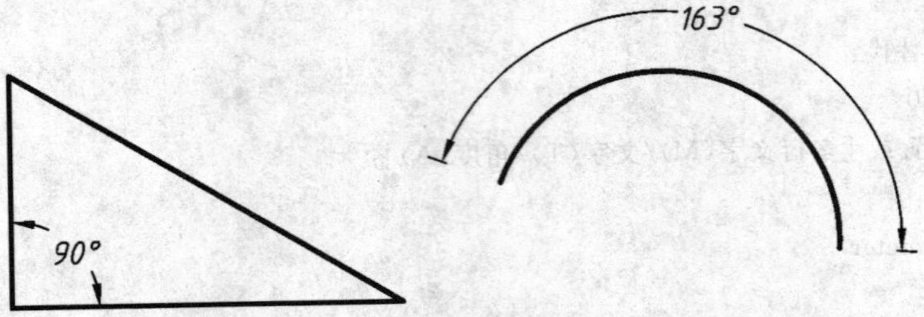

图 7.18 “角度标注”命令练习

命令：_dimangular （执行“角度标注”）

选择圆弧、圆、直线或 <指定顶点>： （点选左侧竖线）

选择第二条直线： （点选下侧横线）

指定标注弧线位置或［多行文字(M)/文字(T)/角度(A)］： （指定标注线位置，结束命令）

标注文字 = 90

命令：_dimangular （再次执行“角度标注”）

选择圆弧、圆、直线或 <指定顶点>： （点选圆弧）

指定标注弧线位置或［多行文字(M)/文字(T)/角度(A)］： （指定标注线位置，结束命令）

标注文字 = 163

7.3.12 公差标注

“公差标注”创建形位公差特征控制框、符号和值，不产生引线和箭头。常用“快速引线”标注形位公差。

1.【命令输入】

工具栏：单击“标注”工具栏上的“公差”按钮。

菜单栏：单击下拉菜单“标注”→“公差”命令。

命令行：输入“tolerance”并按回车键。

2.【操作步骤】

(1)单击“标注”工具栏上的“公差”按钮，弹出“形位公差”对话框，如图 7.19 所示。

(2)在“形位公差”对话框中，单击“符号”黑色方框，弹出“特征符号”选项板，从中选择需要的形位公差符号，如图 7.20 所示；选择结束，系统自动退出“特征符号”选项板并显示所选符号。

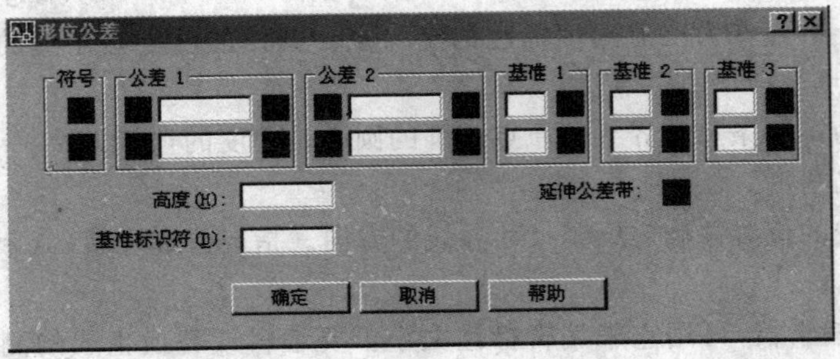

图 7.19 “形位公差”对话框

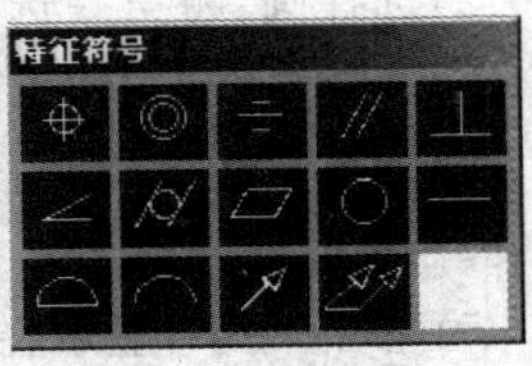

图 7.20 “特征符号”选项板

(3)在“公差 1”文本框输入形位公差的数值;若有基准,在“基准”文本框输入基准代号。

(4)设置完成后,单击“确定”按钮,在绘图区指定位置,完成形位公差符号的创建。

3.【“形位公差”对话框】

“形位公差”对话框用来指定特征控制框的符号和值。各部分意义如下:

(1)“符号”框:单击“符号”框,显示“特征符号”选项板。

(2)“公差 1”:创建特征控制框中的第一个公差值。可在公差值前插入直径符号,在其后插入包容条件符号。

1)第一个框:在公差值前面插入直径符号。

2)第二个框:创建公差值。在框中输入值。

3)第三个框:显示“包容条件”对话框,从中选择修饰符号。

(3)“公差 2”:在特征控制框中创建第二个公差值。

(4)“基准 1”:在特征控制框中创建第一级基准参照。基准参照由值和修饰符号组成。

1)第一个框:创建基准参照值。在框中输入值。

2)第二个框:显示“包容条件”对话框,从中选择修饰符号。这些符号可以作为基准参照的修饰符。

(5)“基准 2”:在特征控制框中创建第二级基准参照。

(6)“基准 3”:在特征控制框中创建第三级基准参照。

(7)“高度”:创建特征控制框中的投影公差零值。

(8)“投影公差带”:在延伸公差带值的后面插入延伸公差带符号。

(9)“基准标识符”:创建由参照字母组成的基准标识符。

7.3.13 快速引线标注

“快速引线标注”可以快速创建引线和引线注释,可用来标注形位公差。

1.【命令输入】

工具栏:单击“标注”工具栏上的“快速引线”按钮。

菜单栏:单击下拉菜单“标注”→“引线”命令。

命令行:输入“qleader”并按回车键。

2.【命令提示与说明】

命令:_qleader
指定第一个引线点或[设置(S)]＜设置＞:　　(指定引线起始点)
指定下一点:　　(指定引线转折点)
指定下一点:　　(指定引线终止点)
指定文字宽度＜0＞:　　(指定多行文字注释的宽度)
输入注释文字的第一行＜多行文字(M)＞:　　(回车,弹出在位文字编辑器;输入文字)

(1)第一个引线点:引线起始点。

(2)设置(S):显示“引线设置”对话框。“引线设置”对话框自定义 Qleader 命令并设置引线和引线注释的特性。

3.【应用举例】

用“快速引线”命令标注如图 7.21 所示的形位公差。

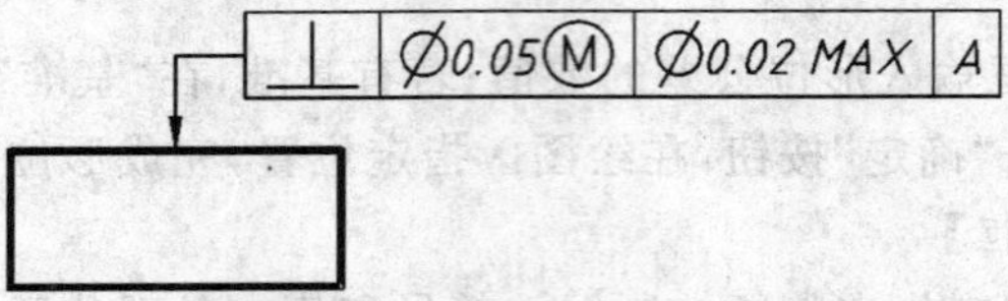

图 7.21 “快速引线”命令练习

操作如下：

(1)单击“标注”工具栏上的“快速引线”按钮，命令行提示：

命令：_qleader

指定第一个引线点或［设置(S)］＜设置＞：

(2)输入 S 并按回车键，弹出“引线设置”对话框，勾选“公差”单选钮，如图 7.22 所示；单击“确定”按钮退出对话框。系统接着提示：

指定第一个引线点或［设置(S)］＜设置＞：

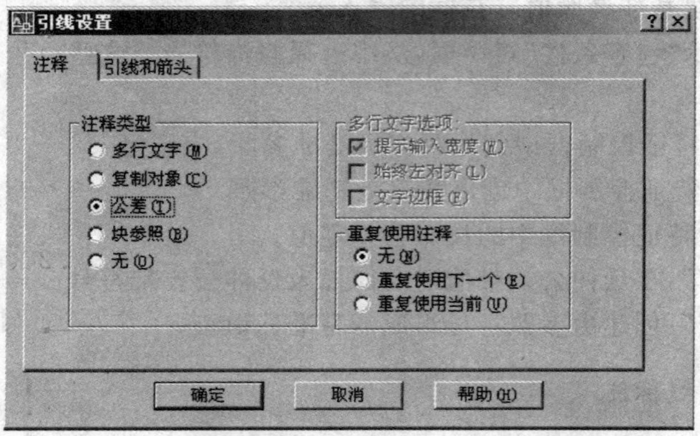

图 7.22 “引线设置”对话框

(3)移动鼠标，指定引线的起始点；按照提示再依次指定引线的转折点、文本起始点，这时系统弹出“形位公差”对话框，并按照如图 7.23 所示进行设置。

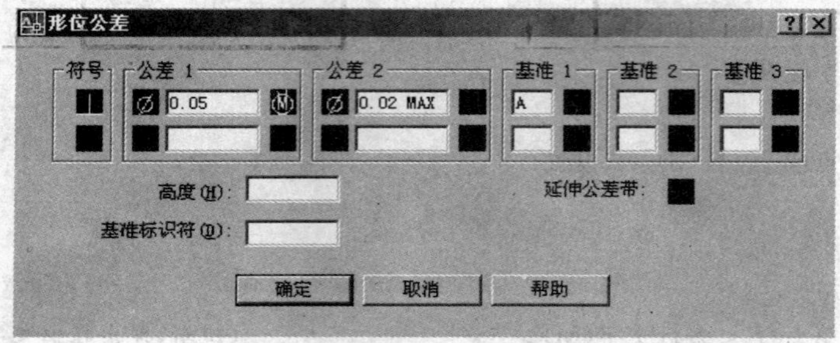

图 7.23 “形位公差”对话框相应设置

(4)设置完成，单击“确定”按钮，系统自动退出对话框并完成标注。

7.4 编辑标注

图形的尺寸标注完成以后，可以对其进行必要的编辑处理。

7.4.1 编辑标注

“编辑标注”命令可以编辑标注对象上的标注文字和尺寸界线。

1.【命令输入】

工具栏：单击“标注”工具栏上的“编辑标注”按钮。

命令行：输入“dimedit”并按回车键。

2.【命令提示与说明】

命令：_dimedit

输入标注编辑类型［默认(H)/新建(N)/旋转(R)/倾斜(O)］<默认>：　　　　（选择标注编辑类型）

(1)默认(H)：将旋转标注文字移回默认位置。

(2)新建(N)：使用在位文字编辑器更改标注文字。

(3)旋转(R)：旋转标注文字。

(4)倾斜(O)：调整线性标注尺寸界线的倾斜角度。

3.【应用举例】

将如图 7.24(a)所示的尺寸，使用“编辑标注”命令修改为如图 7.24(b)所示的尺寸。

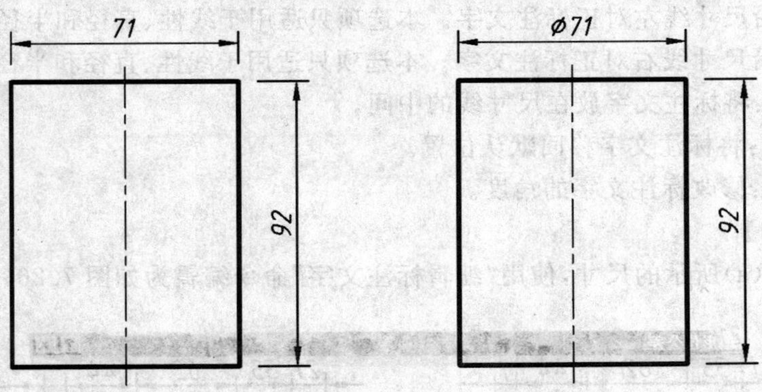

(a)　　　　(b)

图 7.24 “编辑标注”命令练习

绘图操作如下：

(1)单击“标注”工具栏上的“编辑标注”按钮，系统提示：

命令：_dimedit

输入标注编辑类型［默认(H)/新建(N)/旋转(R)/倾斜(O)］<默认>：

(2)输入 N 并按回车键，系统弹出在位文字编辑器，如图 7.25 所示；在文字显示区的“0”前面输入%%c，单击“确定”按钮返回绘图区，这时命令行提示“选择对象：”。

(3)点选尺寸 71，则其变为所需样式；按回车键，结束命令。

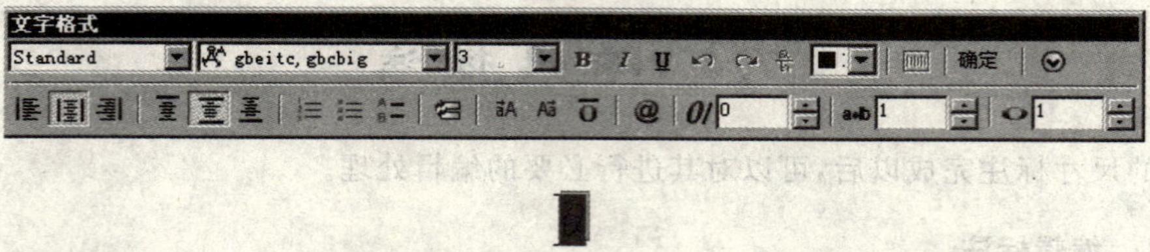

图 7.25　在位文字编辑器

7.4.2　编辑标注文字

“编辑标注文字”命令可以移动和旋转标注文字。

1.【命令输入】

工具栏：单击“标注”工具栏上的“编辑标注文字”按钮。

菜单栏：单击下拉菜单“标注”→“对齐文字”命令。

命令行：输入“dimtedit”并按回车键。

2.【命令提示与说明】

命令：_dimtedit

选择标注：　　　　（选择待编辑的标注）

指定标注文字的新位置或［左(L)/右(R)/中心(C)/默认(H)/角度(A)］：　　　　（指定标注文字的新位置）

(1)标注文字的新位置：拖曳时动态更新标注文字的位置。

(2)左(L)：沿尺寸线左对正标注文字。本选项只适用于线性、直径和半径标注。

(3)右(R)：沿尺寸线右对正标注文字。本选项只适用于线性、直径和半径标注。

(4)中心(C)：将标注文字放在尺寸线的中间。

(5)默认(H)：将标注文字移回默认位置。

(6)角度(A)：修改标注文字的角度。

3.【应用举例】

将如图 7.26(a)所示的尺寸，使用“编辑标注文字”命令编辑为如图 7.26(b)所示的位置。

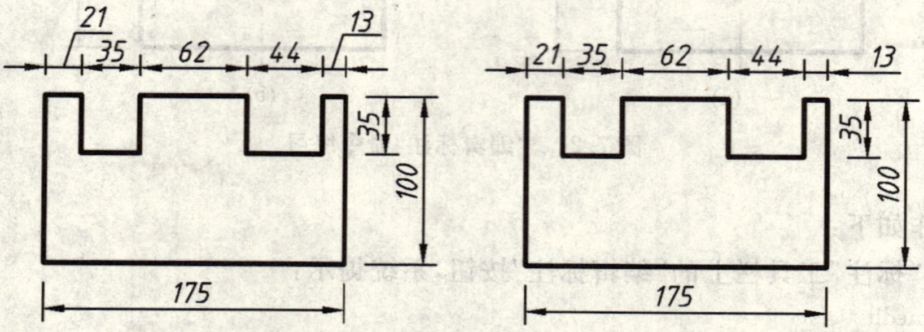

图 7.26　“编辑标注文字”命令练习

命令：_dimtedit　　　　（执行命令）

选择标注：　　　　（选择尺寸 13）

指定标注文字的新位置或［左(L)/右(R)/中心(C)/默认(H)/角度(A)］：R↙　　　　（输入 R，回车）

命令： （回车，再次执行命令）
DIMTEDIT
选择标注： （选择尺寸21）
指定标注文字的新位置或［左(L)/右(R)/中心(C)/默认(H)/角度(A)］： （指定新位置中间处）

7.4.3 其他编辑方法

1.【使用“标注更新”命令】

“标注更新”命令把当前标注样式赋予指定的尺寸标注。当发现某尺寸样式不合适时，可将正确的样式置为当前，用“标注更新”命令将错误标注置换为正确的当前样式。

2.【夹点编辑标注】

尺寸标注在“冷夹点”状态，单击鼠标右键弹出快捷菜单，可选择以下操作：修改标注文字位置、修改数值精度、修改标注样式和修改箭头等。

尺寸标注在“热夹点”状态，单击鼠标右键弹出快捷菜单，可选择以下操作：移动、镜像、旋转、缩放和拉伸尺寸标注等。

7.5 思考题与练习题

一、选择题

(1)关于设置标注样式说法错误的是________。
(A)可以使用默认样式　(B)根据需要设置新样式
(C)每次标注都要设置　(D)设置的新样式可以删除

(2)在当前标注样式中，如果将“使用全局比例”设置为100，则字高为2.5mm的尺寸数字，其实际高度是________。
(A)100mm　(B)250mm
(C)2.5mm　(D)25mm

(3)“编辑标注文字”命令编辑的是________。
(A)尺寸标注样式　(B)尺寸数字
(C)尺寸箭头　(D)尺寸数字的位置

(4)下面关于角度标注的说法，正确的是________。
(A)选择边的先后与其角度值无关　(B)选择边的先后与标注的角度值有关系
(C)光标位置决定角度文本放置的位置　(D)光标位置与角度文本放置的位置无关

(5)关于快速引线标注说法不正确的是________。
(A)可以标注形位公差　(B)引线一端可以没有箭头
(C)不可以标注形位公差　(D)文本位置可以设置

二、思考题

(1)如何设置标注样式？
(2)编辑标注命令和编辑标注文字命令有何不同？

(3)基线标注和连续标注有何不同?

(4)在“新建标注样式”对话框中,“基线间距”的含义是什么?

(5)如何编辑标注尺寸中的数值?

三、上机练习

(1)绘制如图 7.27 所示的图形,并标注尺寸。

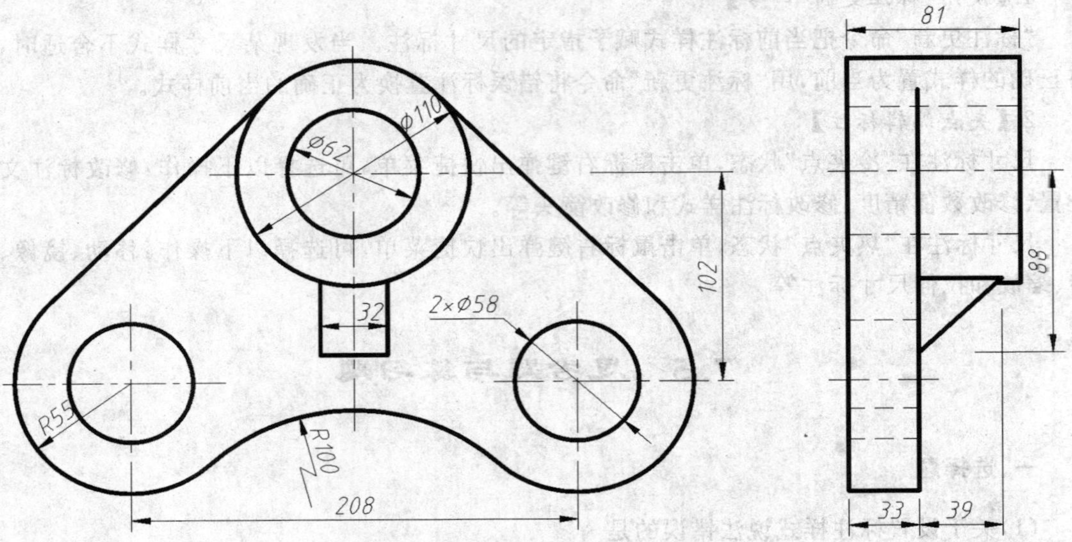

图 7.27　标注尺寸练习(1)

(2)绘制如图 7.28 所示的图形,并标注尺寸。

(3)绘制如图 7.29 所示的图形,并标注尺寸。

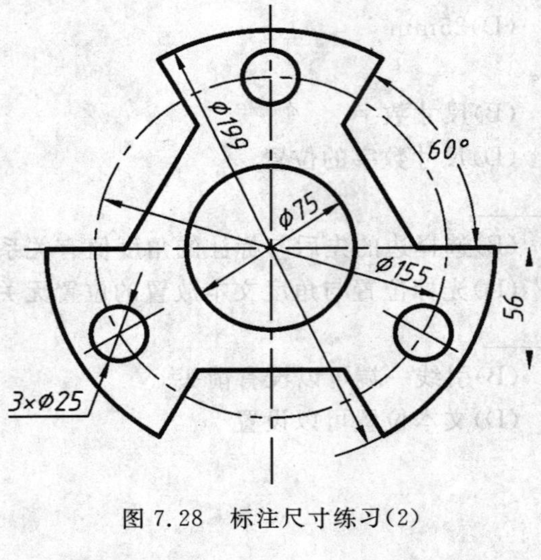

图 7.28　标注尺寸练习(2)

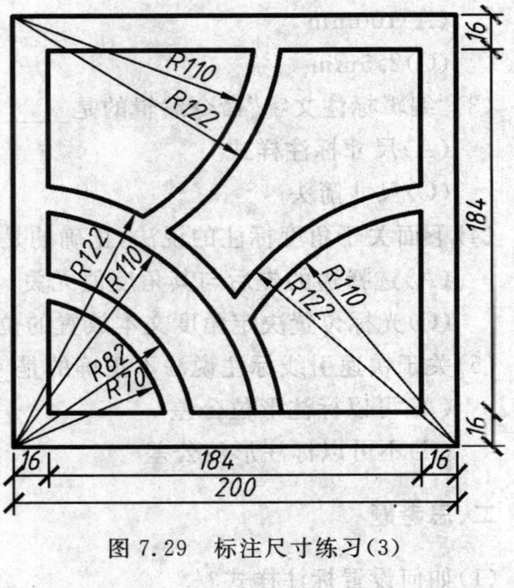

图 7.29　标注尺寸练习(3)

(4)绘制如图 7.30 所示的图形,并标注尺寸。

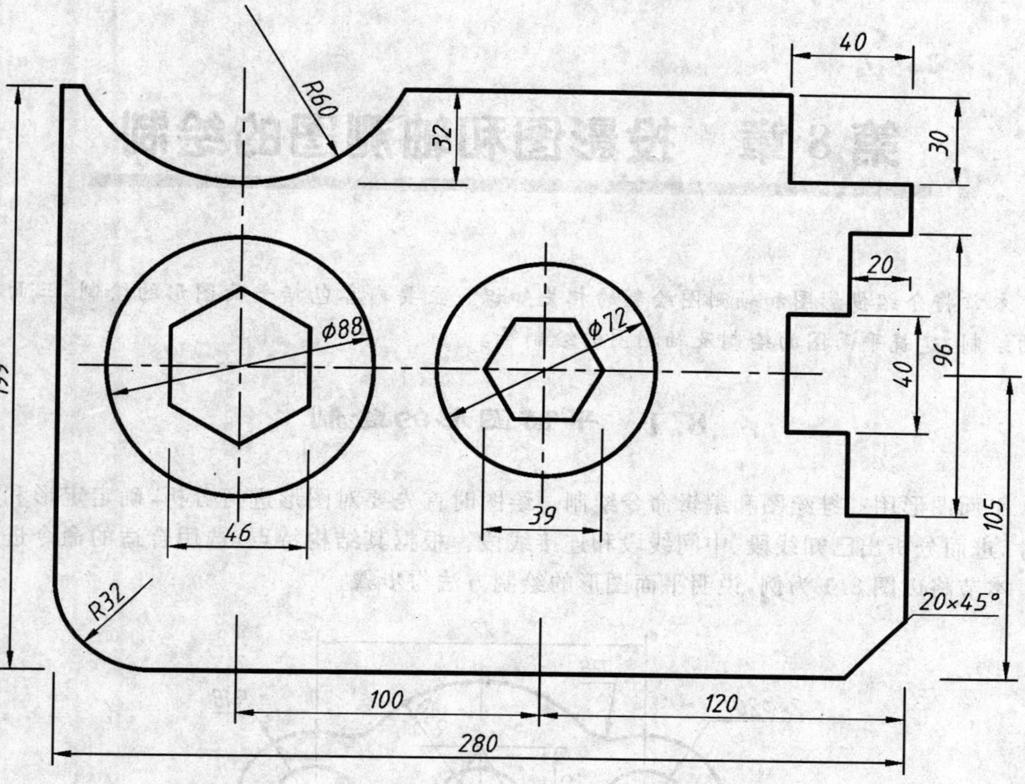

图 7.30 标注尺寸练习(4)

第 8 章　投影图和轴测图的绘制

本章将介绍投影图和轴测图绘制的相关知识。主要内容包括平面图形的绘制、三面投影图的绘制、建筑平面图的绘制及轴测图的绘制等。

8.1　平面图形的绘制

平面图形用二维绘图和编辑命令绘制。绘图时首先要对图形进行分析，确定定形和定位尺寸，进而分析出已知线段、中间线段和连接线段。根据其结构特点，选用合适的命令进行绘制。本节将以图 8.1 为例，说明平面图形的绘制方法与步骤。

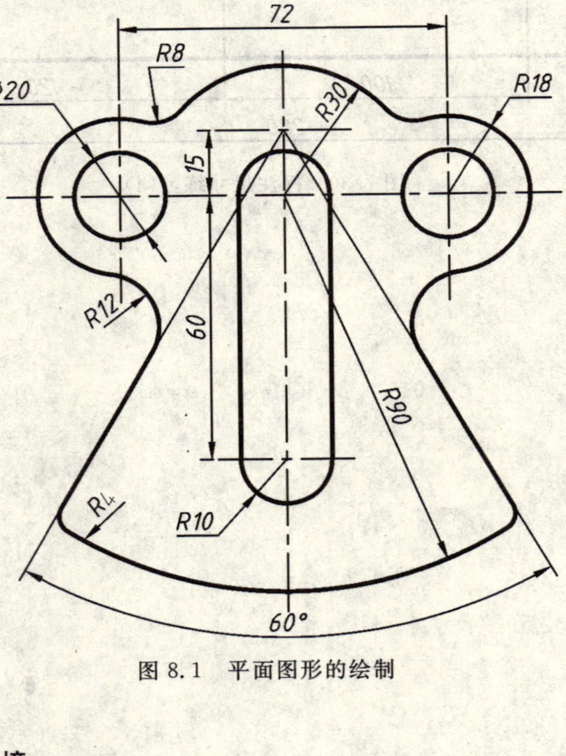

图 8.1　平面图形的绘制

8.1.1　设置绘图环境

1.【设置单位】

根据如图 8.1 所示尺寸无小数的特点，设置精度。

单击“格式”下拉菜单的“单位”命令，打开“图形单位”对话框；在“长度”选项组中设置“精度”列表框为“0”。

2.【设置图幅】

根据如图 8.1 所示尺寸大小，设置图幅界限。

单击“格式”下拉菜单的“图形界限”命令，按命令行提示，进行如下操作：

命令：'_limits

重新设置模型空间界限：　　（信息行）

指定左下角点或［开(ON)/关(OFF)］<0,0>：　　（回车）

指定右上角点 <420,297>：210,150↙　　（输入 210,150；回车）

命令：zoom　　（执行缩放命令）

指定窗口的角点，输入比例因子 (nX 或 nXP)，或者［全部(A)/中心(C)/动态(D)/范围(E)/上一个(P)/比例(S)/窗口(W)/对象(O)］<实时>：A↙　　（输入“A”，回车）

3.【设置图层】

根据如图 8.1 所示的图形线型要求，设置图层。

单击“格式”下拉菜单的“图层”命令，打开“图层特性管理器”对话框；新建图层及设置如图 8.2 所示。

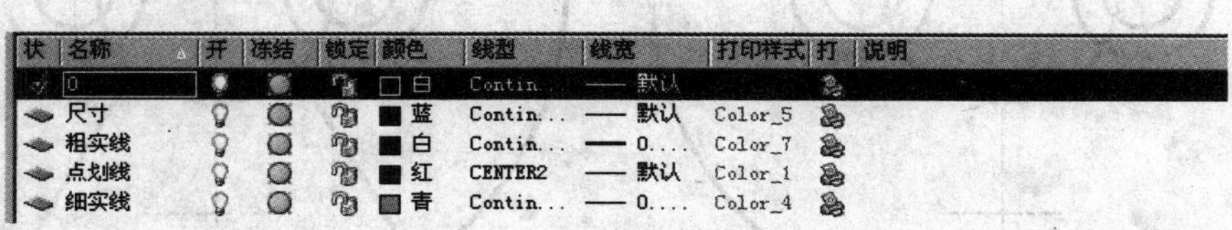

状	名称	开	冻结	锁定	颜色	线型	线宽	打印样式	打	说明
	0				白	Contin...	—— 默认			
	尺寸				蓝	Contin...	—— 默认	Color_5		
	粗实线				白	Contin...	—— 0....	Color_7		
	点划线				红	CENTER2	—— 默认	Color_1		
	细实线				青	Contin...	—— 0....	Color_4		

图 8.2　图层设置

8.1.2　绘制中心线

将“点画线”层置为当前层。

1.【绘制最长的横、竖点画线】

用“直线”命令，在绘图区适当位置绘制最长的横、竖点画线各一条，如图 8.3 所示。若点画线显示比例不合适，要调整线型比例。

2.【绘制其他点画线】

(1)用“偏移”命令，将最长的横点画线向上偏移 15mm，向下偏移 60mm；将最长的竖点画线向左偏移 36mm，向右偏移 36mm。

(2)用夹点编辑，使其长短合适，结果如图 8.4 所示。

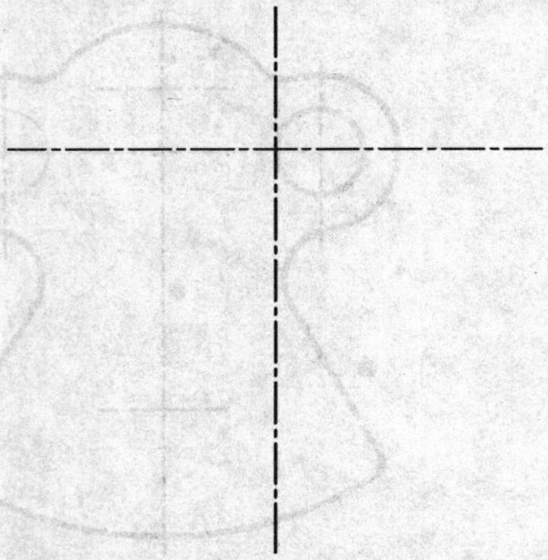

图 8.3　用“直线”命令绘制

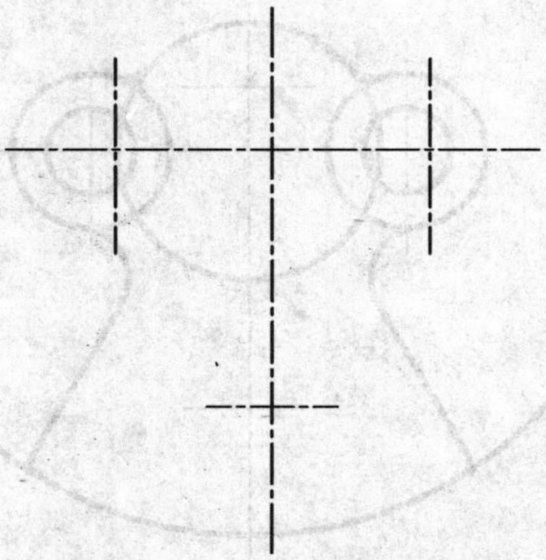

图 8.4　用“偏移”命令及夹点编辑绘制

8.1.3 绘制圆及斜线

将“粗实线”层置为当前层，设置“交点”捕捉。

1.【绘制圆】

用“圆”命令绘制直径为 20mm 的圆及半径分别为 18mm，30mm，90mm 的圆弧所在的圆，结果如图 8.5 所示。

2.【绘制斜线】

打开“极轴追踪”，设置极轴“增量角”为“30”并点选“用所有极轴角设置追踪”；用“直线”命令绘制相交为 60°的两条斜线，结果如图 8.6 所示。

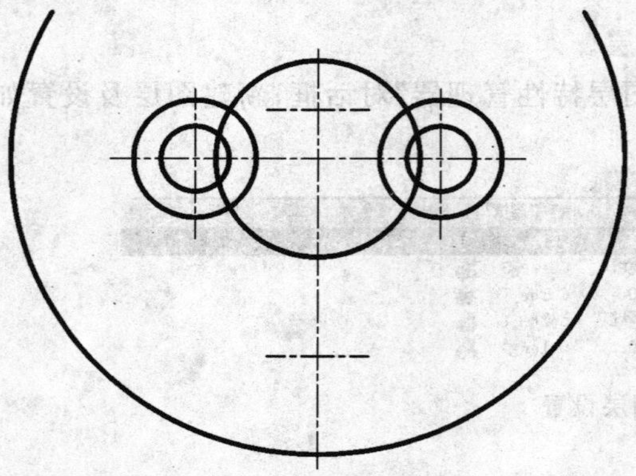

图 8.5 绘制圆

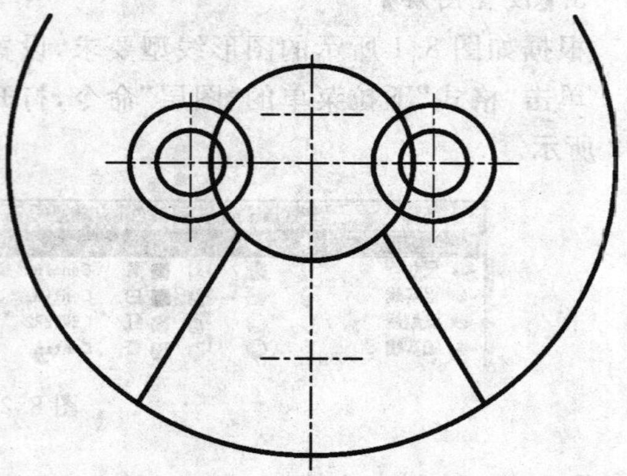

图 8.6 绘制斜线

8.1.4 绘制圆角并修剪

1.【绘制圆角】

使用“圆角”命令，以“修剪”模式、半径分别为 8mm，12mm，4mm 绘制各圆角连接，结果如图 8.7 所示。

2.【修剪整理】

使用“修剪”命令，以所绘圆角为剪切边整理图形，结果如图 8.8 所示。

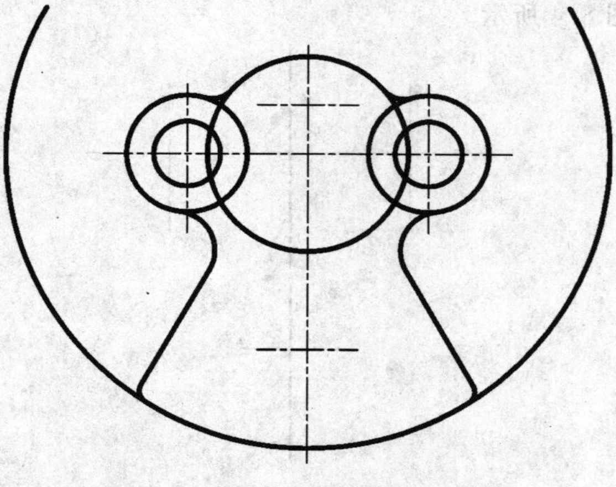

图 8.7 绘制圆角

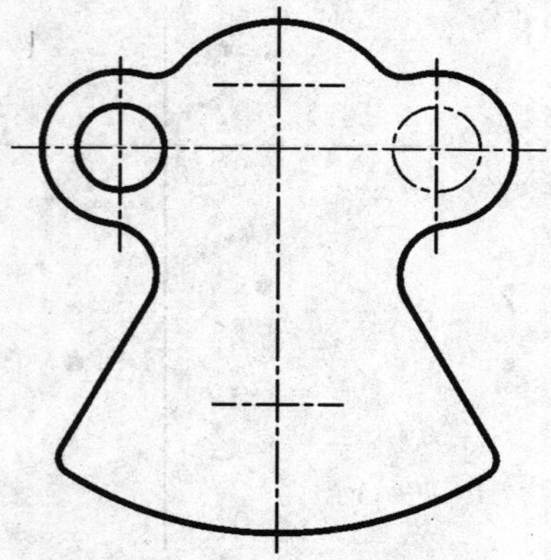

图 8.8 修剪整理

8.1.5　绘制“O”型环及细实线

1.【绘制“O”型环】

(1)使用“矩形”命令绘制。在绘图区适当位置绘制，操作如下：

命令：rectang ↙

指定第一个角点或［倒角(C)/标高(E)/圆角(F)/厚度(T)/宽度(W)］：F ↙　　(输入 F，回车)

指定矩形的圆角半径 <0>：10 ↙　　(输入 10，回车)

指定第一个角点或［倒角(C)/标高(E)/圆角(F)/厚度(T)/宽度(W)］：　　(指定左下角点)

指定另一个角点或［面积(A)/尺寸(D)/旋转(R)］：@20,80 ↙　　(输入@20,80；回车)

(2)使用“移动”命令移动。使用“移动”命令，基点选择“O”型环圆弧的圆心将其移动到图示位置处，结果如图 8.9 所示。

2.【绘制细实线】

将“细实线”层置为当前层，设置“端点”捕捉。用“直线”命令，捕捉两端点绘制细实线，结果如图 8.10 所示。

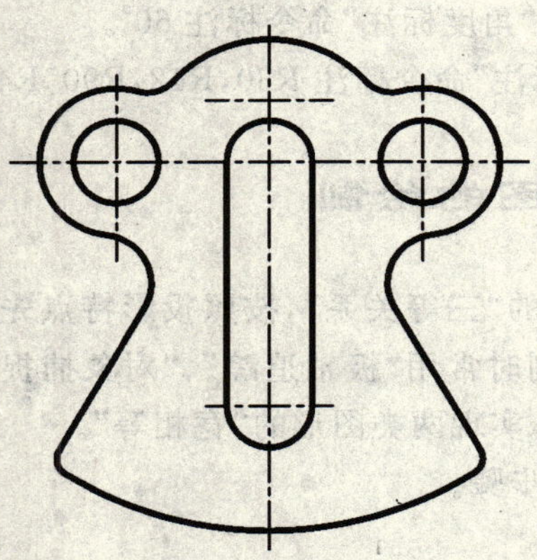

图 8.9　绘制“O”型环

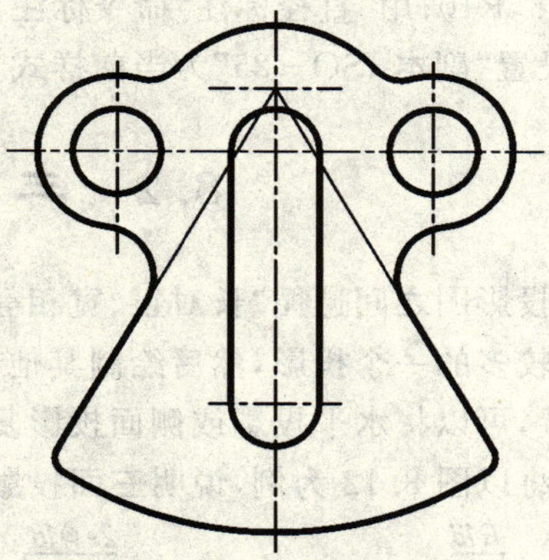

图 8.10　绘制细实线

8.1.6　标注尺寸

1. 设置文字样式

设置文字样式，选用字体“gbeitc. shx”和“gbcbig. shx”。

2. 设置标注样式

按如图 8.11 所示建立子样式和新样式。其中：

(1)在“ISO－25”和“副本 ISO－25”中，将“文字”选项卡中“文字样式”设置为所定义字体；“符号和箭头”选项卡中“箭头”设置为 1.5；“调整”选项卡中“使用全局比例”设置为 2；“主单位”选项卡中“精度”设置为 0；其他为默认值。

(2)在“ISO－25”的子样式“半径”、“直径”、“角度”中，将点选“文字”选项卡的“水平”单选钮；其他为默认值。

(3)在“副本 ISO－25”的子样式“半径”中，将点选“文字”选项卡的“与尺寸线对齐”单选钮；其他为默认值。

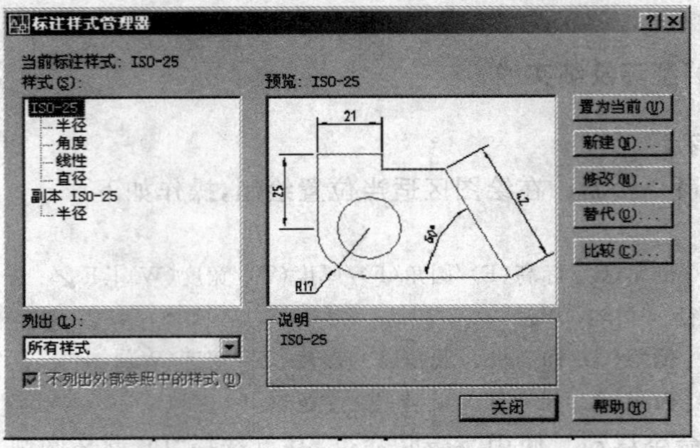

图 8.11　建立子样式和新样式

3.【标注】

(1)将“尺寸”层置为当前层，设置“端点”捕捉。

(2)设置“ISO－25”为当前样式，用“线性标注”命令标注 72，15，60；用“半径标注”命令标注 R18，R8，R10；用“直径标注”命令标注 2－ϕ20；用“角度标注”命令标注 60°。

(3)设置“副本 ISO－25”为当前样式，用“半径标注”命令标注 R30，R12，R90，R4。

8.2　三面投影图的绘制

三面投影图之间遵循“长对正、宽相等、高平齐”的“三等关系”，按照投影特点先绘制反映外观特征较多的一个投影，然后绘制其他投影。绘制时常用“极轴追踪”、“对象捕捉”和“对象追踪”设置，可以将水平投影或侧面投影复制并旋转，实现两类图形的“宽相等”。

本节将以图 8.12 为例，说明三面投影图的绘制步骤。

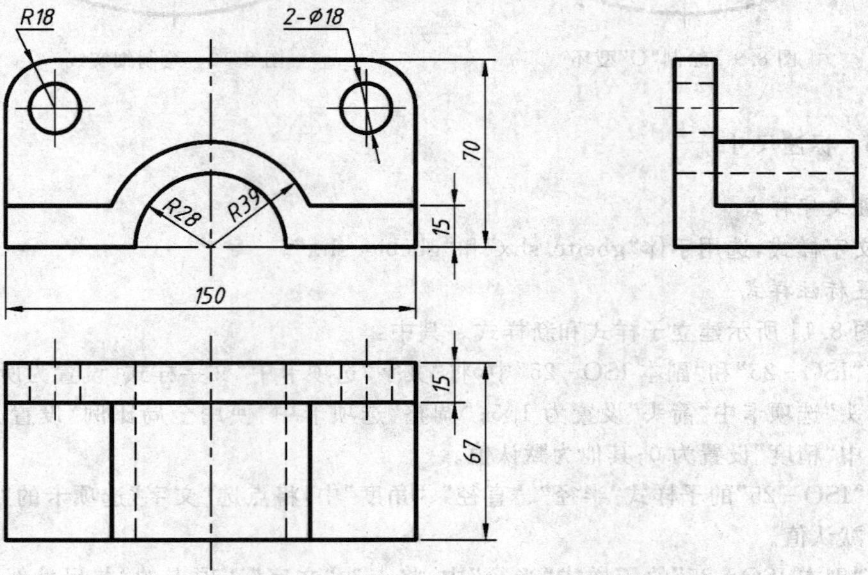

图 8.12　三面投影图绘制

8.2.1　设置绘图环境

1.【设置单位】

根据如图 8.12 所示尺寸无小数的特点，设置精度。

单击"格式"下拉菜单的"单位"命令，打开"图形单位"对话框；在"长度"选项组中设置"精度"列表框为"0"。

2.【设置图幅】

根据如图 8.12 所示尺寸大小，设置图幅界限。设置 A3 幅面大小(若系统已是 A3 幅面大小，仅执行缩放命令)。

单击"格式"下拉菜单的"图形界限"命令，按命令行提示，进行如下操作：

命令：'_limits

重新设置模型空间界限：　　(信息行)

指定左下角点或[开(ON)/关(OFF)]<0,0>：　　(回车)

指定右上角点<210,150>：420,297↙　　(输入 420,297；回车)

命令：zoom　　(执行缩放命令)

指定窗口的角点，输入比例因子 (nX 或 nXP)，或者[全部(A)/中心(C)/动态(D)/范围(E)/上一个(P)/比例(S)/窗口(W)/对象(O)]<实时>：A↙　　(输入"A"，回车)

3.【设置图层】

根据图形线型要求，须设置"粗实线"、"点画线"、"虚线"和"尺寸"等图层。其中"点画线"选用线型"CENTER2"，"虚线"选用线型"HIDDEN"，"线型全局比例因子"设置为默认值 1。

8.2.2　绘制正面投影

1.【绘制外轮廓和中心线】

(1)绘制外轮廓。设置"粗实线"层为当前层。使用"矩形"命令，先指定左下角点，右上角点输入"@150,70"，绘制出外轮廓。

(2)绘制中心线。设置"点画线"层为当前层。使用"直线"命令，绘制出中心线，结果如图 8.13 所示。

2.【绘制半圆、圆和圆角】

(1)绘制半圆。设置"粗实线"层为当前层。单击"绘图"→"圆弧"→"圆心、起点、端点"命令，绘制 R28，R39 的圆弧；并用"直线"命令绘制中间水平方向的直线。

(2)绘制圆。使用"圆"命令，绘制直径为 18 的两个圆，结果如图 8.14 所示。

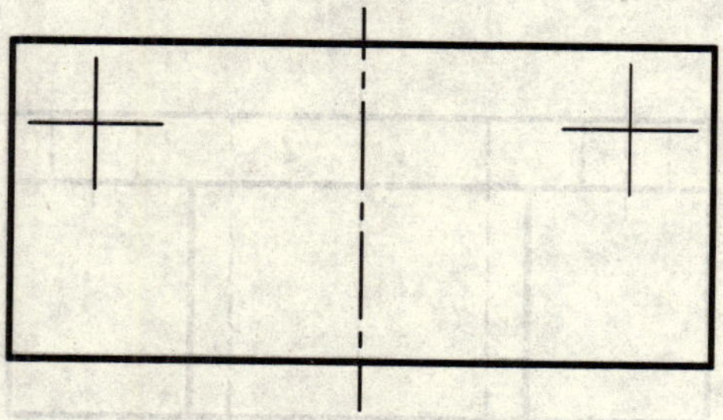

图 8.13　绘制外轮廓和中心线

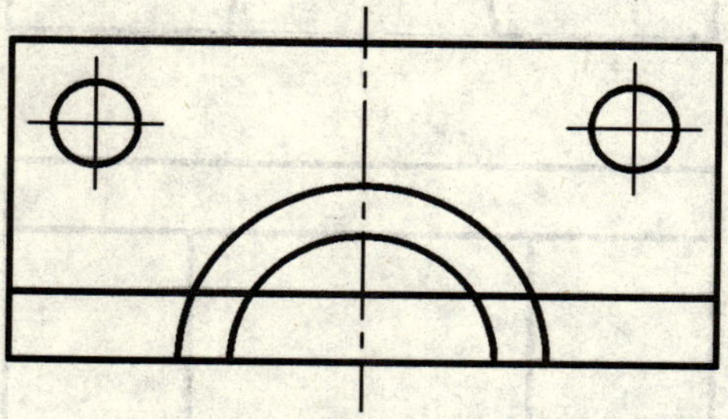

图 8.14　绘制半圆、圆、直线

(3)倒圆角和修剪。使用"圆角"命令,设置"半径"为 18 绘制圆角;并用"修剪"命令对半圆和水平线进行修剪,结果如图 8.15 所示。

(4)绘制点画线。设置"点画线"层为当前层。用"直线"命令绘制半圆水平方向的点画线,结果如图 8.16 所示。

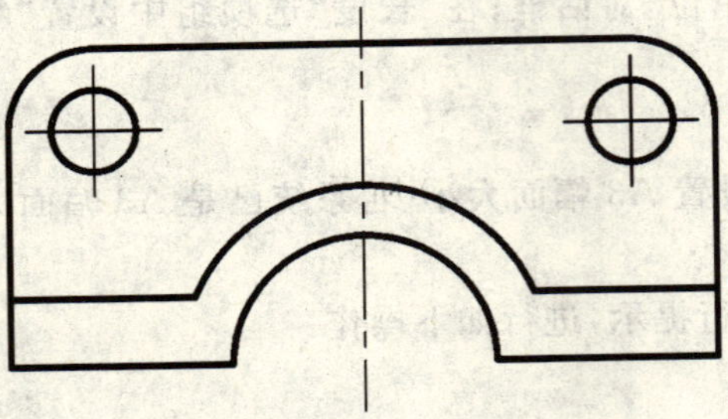

图 8.15　倒圆角和修剪

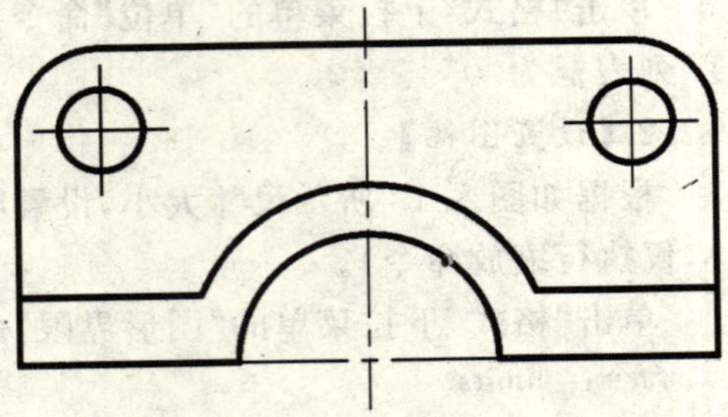

图 8.16　绘制点画线

8.2.3　绘制水平投影

1.【绘制外轮廓和其他粗实线】

(1)绘制外轮廓。设置"粗实线"层为当前层。使用"矩形"命令,利用"对象追踪"确定左上角点,右下角点输入"@150,－67",绘制出外轮廓。

(2)绘制其他粗实线。使用"直线"命令,利用"对象追踪"绘制其他直线,结果如图 8.17 所示。

2.【绘制点画线和虚线】

(1)绘制点画线。设置"点画线"层为当前层。使用"直线"命令,利用"对象追踪"绘制点画线。

(2)绘制虚线。设置"虚线"层为当前层。使用"直线"命令,利用"对象追踪"绘制虚线;结果如图 8.18 所示。

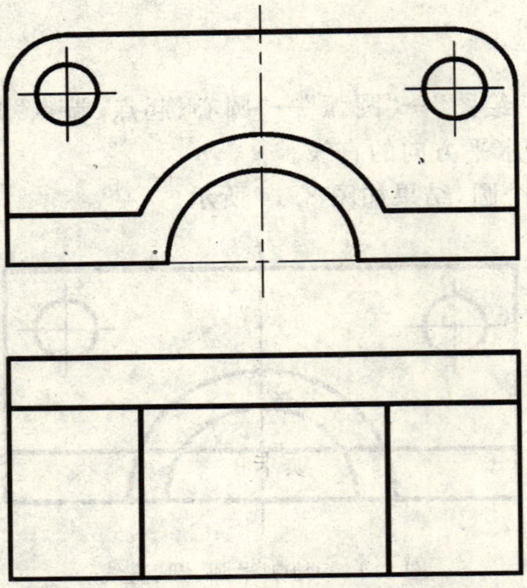

图 8.17　绘制外轮廓和其他粗实线

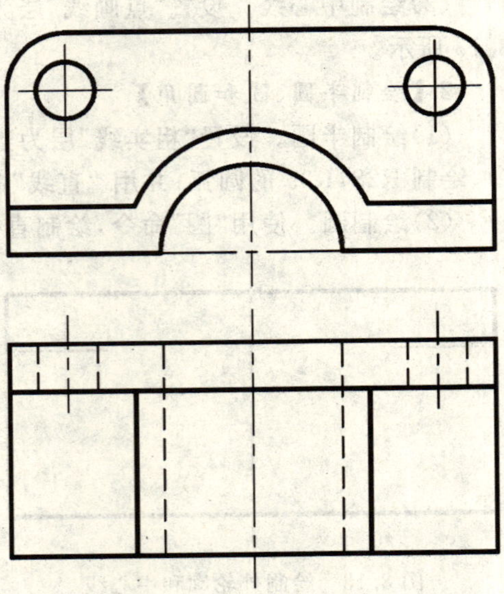

图 8.18　绘制点画线和虚线

8.2.4　绘制侧面投影

1.【复制并旋转水平投影】

(1)使用“复制”命令将水平投影在右侧复制一个。

(2)使用“旋转”命令将右侧复制的水平投影旋转 90°，结果如图 8.19 所示。

2.【利用“对象追踪”绘制侧面投影】

使用“直线”命令，利用“对象追踪”绘制侧面投影，结果如图 8.20 所示。

3.【整理】

绘制完成侧面投影，将复制旋转的水平投影删除；使用“移动”命令将三面投影的间距调整合适，准备标注尺寸。

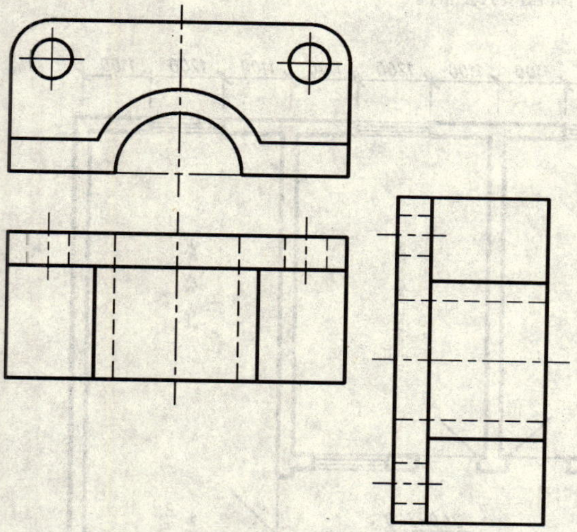

图 8.19　复制并旋转水平投影

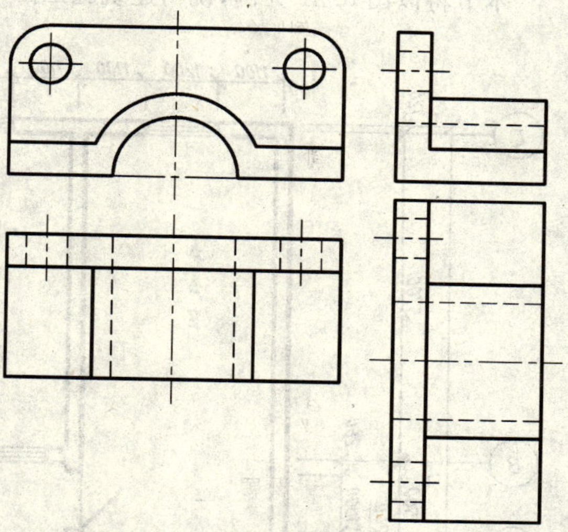

图 8.20　利用“对象追踪”绘制侧面投影

8.2.5　标注尺寸

1.【设置文字样式】

设置文字样式，选用字体“gbeitc.shx”和“gbcbig.shx”。

2.【设置标注样式】

按如图 8.11 所示建立子样式和新样式。其中：

(1)在“ISO－25”和“副本 ISO－25”中，将“文字”选项卡中“文字样式”设置为所定义字体；“符号和箭头”选项卡中“箭头”设置为 1.5；“调整”选项卡中“使用全局比例”设置为 3；“主单位”选项卡中“精度”设置为 0；其他为默认值。

(2)在“ISO－25”的子样式“半径”、“直径””中，将点选“文字”选项卡的“水平”单选钮；其他为默认值。

(3)在“副本 ISO－25”的子样式“半径”中，将点选“文字”选项卡的“与尺寸线对齐”单选钮；其他为默认值。

3.【标注】

(1)将“尺寸”层置为当前层。

(2)设置“ISO－25”为当前样式，并设置“端点”捕捉。用“线性标注”命令标注 150，15，70，15，67；用“半径标注”命令标注 R18；用“直径标注”命令标注 2－ϕ18。

(3)设置“副本 ISO－25”为当前样式，用“半径标注”命令标注 R28，R39。

8.3 建筑平面图的绘制

建筑施工图的尺寸较大，绘图时一般要设置绘图界限；图样中墙线较多，因而“多线”命令使用较多；因建筑物结构对称原因，常常会用到“镜像”命令等。

本节将以图 8.21 为例，说明建筑施工图中平面图的绘制。

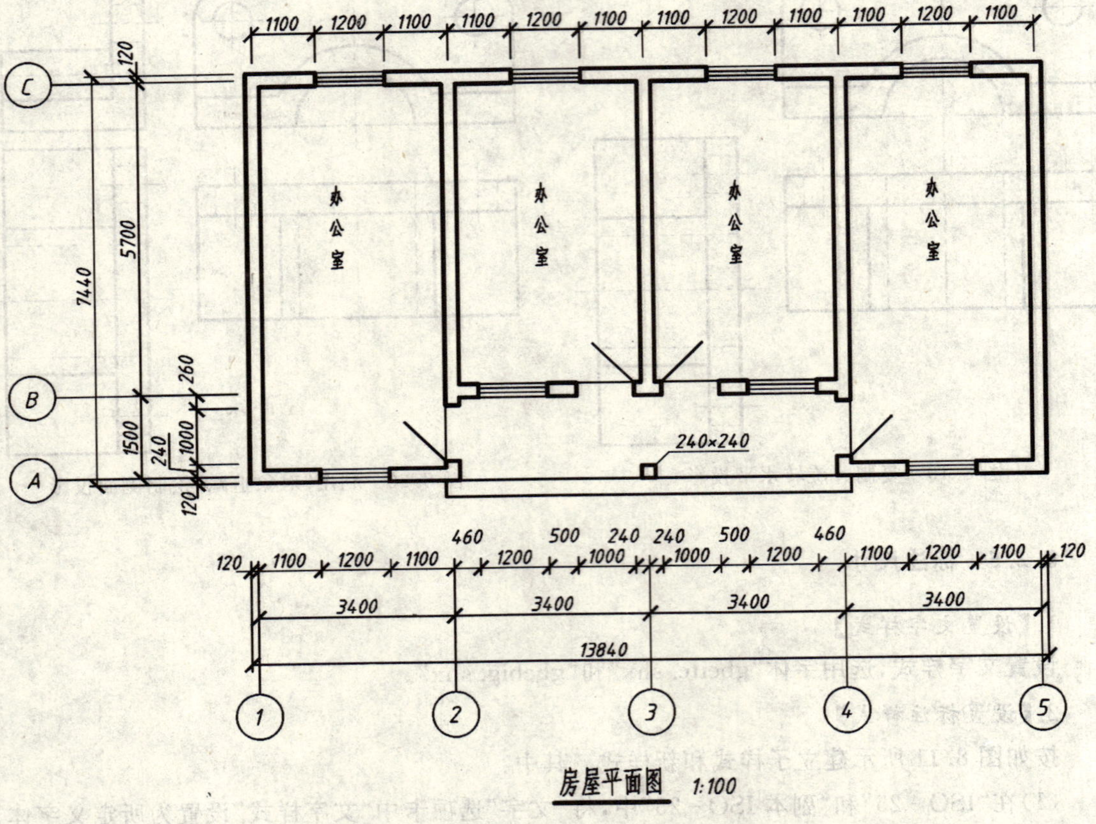

图 8.21 平面图的绘制

8.3.1 设置绘图环境

1.【设置单位】

根据如图 8.21 所示尺寸无小数的特点，设置精度。

单击“格式”下拉菜单的“单位”命令，打开“图形单位”对话框；在“长度”选项组中设置“精度"列表框为"0"。

2.【设置图幅】

根据如图 8.21 所示尺寸大小,设置图幅界限。

单击"格式"下拉菜单的"图形界限"命令,按命令行提示,进行如下操作:

命令:'_limits

重新设置模型空间界限: (信息行)

指定左下角点或[开(ON)/关(OFF)]<0,0>: (回车)

指定右上角点 <420,297>:21000,15000↙ (输入 21000,15000;回车)

命令:zoom (执行缩放命令)

指定窗口的角点,输入比例因子 (nX 或 nXP),或者[全部(A)/中心(C)/动态(D)/

范围(E)/上一个(P)/比例(S)/窗口(W)/对象(O)]<实时>:A↙ (输入"A",回车)

3.【设置图层】

(1)根据如图 8.21 所示图形线型要求,须设置"轴线"、"墙线"、"窗"、"门"、"尺寸"、"定位轴线"、"台阶"和"文字"等 8 个图层。

(2)给各层设置不同的颜色;设置线宽:将"墙线"层设为 0.5mm,其他各层设为 0.18mm;设置线型:"轴线"层选用线型"CENTER",其余层均为默认线型,"线型全局比例因子"设置为 50。

4.【设置文字样式】

(1)单击下拉菜单"格式"→"文字样式"命令,打开"文字样式"对话框。

(2)新建样式名为"工程字体",选用字体"gbeitc. shx"和"gbcbig. shx"。

5.【设置标注样式】

(1)单击下拉菜单"格式"→"标注样式"命令,打开"标注样式管理器"对话框。

(2)点击"修改"按钮打开"修改标注样式"对话框。在"修改标注样式"中,进行如下设置:

1)选择"符号和箭头"选项卡,将"箭头"选项组中的"第一个"、"第二个"列表框均设为"建筑标记",将"引线"列表框设为"无"。

2)选择"文字"选项卡,将 "文字外观"选项组中的"文字样式"列表框设为"工程字体"。

3)选择"调整"选项卡,将"标注特征比例"选项组中的"使用全局比例"单选项设为 100。

8.3.2 绘制轴线

将"轴线"层设置为当前层。

1.【绘制最左、最上轴线】

(1)绘制最左轴线:用"直线"命令绘制如图 8.22 所示的最左轴线,长度为 8 000。

(2)绘制最上轴线:用"直线"命令绘制如图 8.22 所示的最上轴线,长度为 14 000。

2.【绘制其他轴线】

(1)将最左轴线依次向右偏移 3 400,得到后两条竖向轴线。

(2)将最上轴线依次向下偏移 5 700,1 500,得到下面两条横向轴线,结果如图 8.22 所示。

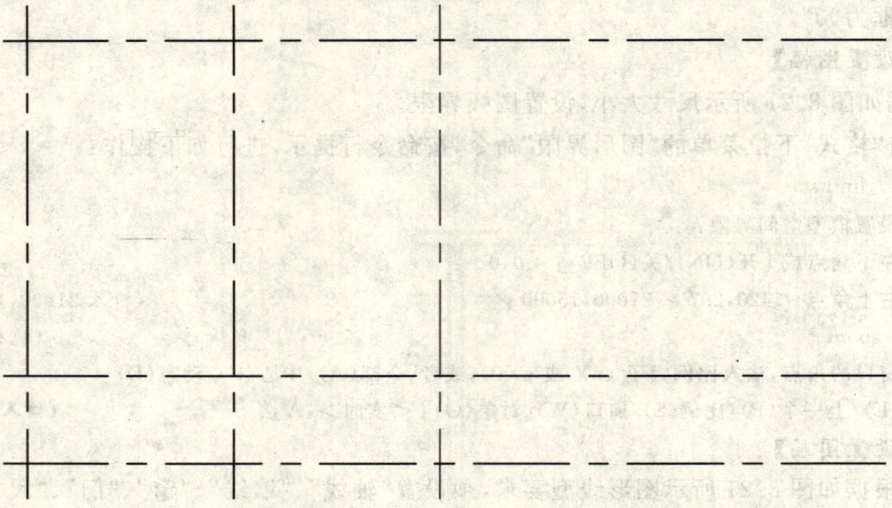

图 8.22　绘制轴线

8.3.3　绘制墙线

将“墙线”层设置为当前层。

1.【设置多线样式】

单击下拉菜单“格式”→“多线样式”命令，打开“多线样式”对话框；在“多线样式”对话框中，单击“修改”按钮，选择起点、端点用“直线”封口。

2.【绘制墙线】

(1)单击下拉菜单“绘图”→“多线”命令，设置“对正”为无，“比例”为 240。

(2)按照如图 8.23 所示绘制墙线。其中：右上角伸出中轴线1 100；右下角伸出中轴线 240。

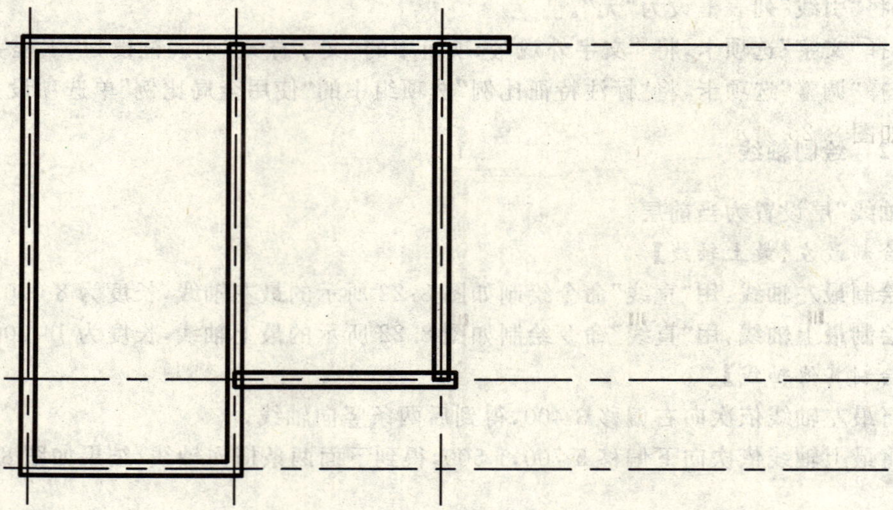

图 8.23　绘制墙线

8.3.4　编辑墙线

1.【修剪墙线】

(1)单击下拉菜单"修改"→"对象"→"多线"命令，弹出"多线编辑工具"对话框。选择"T形"选框，进行编辑，结果如图 8.24 所示。

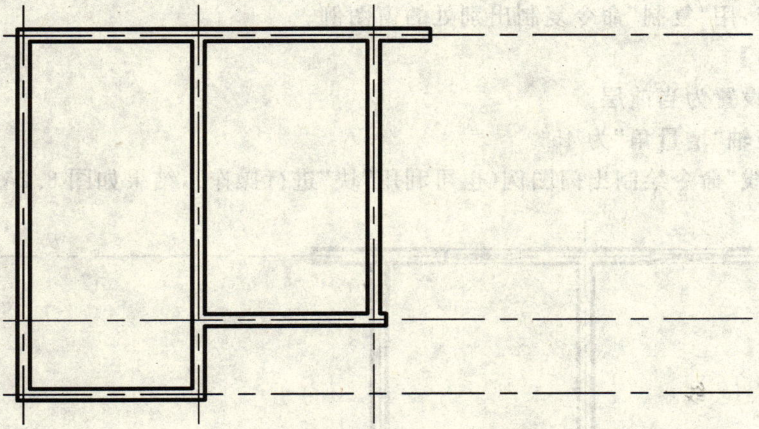

图 8.24　修剪墙线

2.【开窗洞、门洞】

在"多线编辑工具"对话框中，选择"全部剪切"选框，进行编辑。以开左上窗洞为例，说明操作方法如下：

命令：_mledit　（执行"全部剪切"）
选择多线：　（同时按 Shift＋鼠标右键，在弹出的菜单中选择"自"）
_from 基点：　（同时按 Shift＋鼠标右键，在弹出的菜单中选择"交点"）
_int 于　（捕捉最左轴线与最上多线的上交点）
<偏移>：@1100,0↙　（输入@1100,0；回车）
选择第二个点：@1200,0↙　（输入@1200,0；回车）
选择多线 或［放弃(U)］：　（继续剪切别处）

结果如图 8.25 所示。

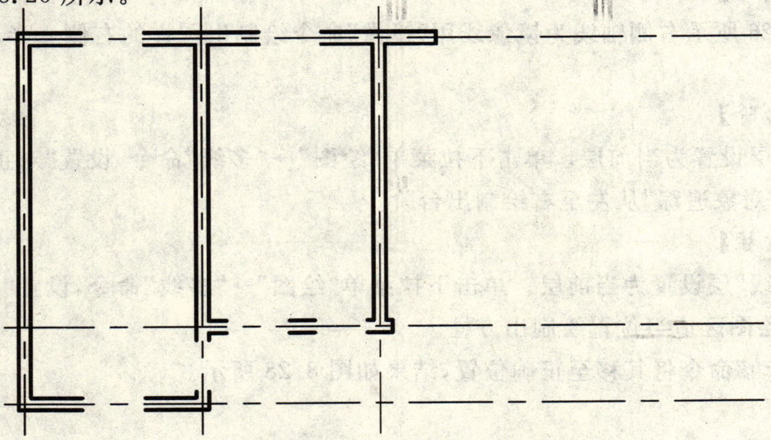

图 8.25　开窗洞、门洞

8.3.5 绘制窗、门

1.【绘制窗】

将“窗”层设置为当前层。

(1)绘制窗:用“直线”命令和“偏移”命令绘制出一处窗图例(也可利用“块”进行操作)。

(2)复制窗:用“复制”命令复制出别处的窗图例。

2.【绘制门】

将“门”层设置为当前层。

(1)设置极轴“增量角”为 45°。

(2)用“直线”命令绘制出门图例(也可利用“块”进行操作),结果如图 8.26 所示。

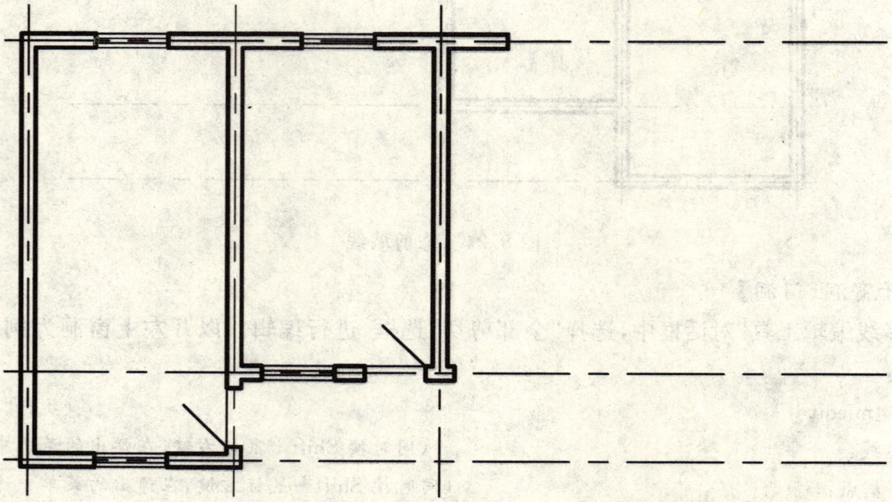

图 8.26 绘制窗、门

8.3.6 镜像图形,补绘台阶和方柱

1.【镜像图形】

以如图 8.26 所示右侧轴线为镜像线用“镜像”命令绘制出图样的右侧一半,结果如图 8.27 所示。

2.【补绘台阶】

将“台阶”层设置为当前层。单击下拉菜单“绘图”→“多线”命令,设置“对正”为上,“比例”为 300。利用“对象追踪”从左至右绘制出台阶。

3.【补绘方柱】

(1)将“墙线”层设置为当前层。单击下拉菜单“绘图”→“多线”命令,设置“对正”为上,“比例”为 240,在绘图区适当位置绘制出方柱。

(2)用“移动”命令将其移至正确位置,结果如图 8.28 所示。

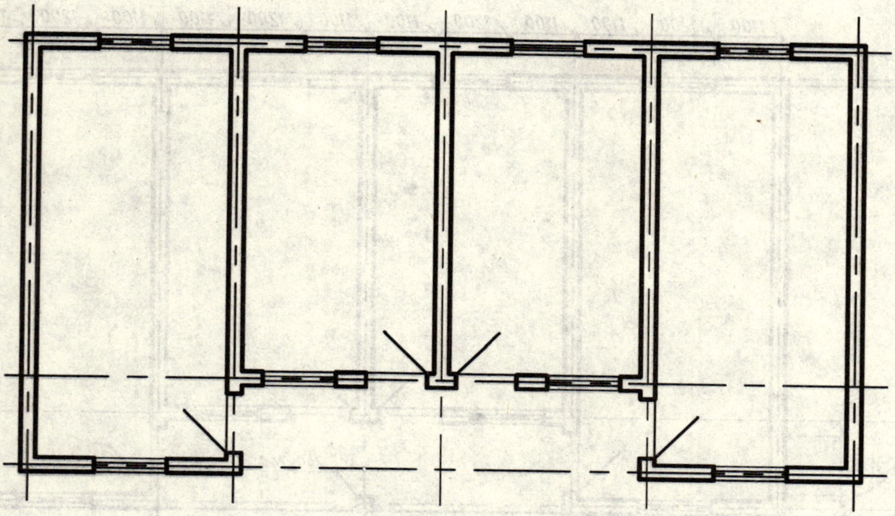

图 8.27　镜像图形

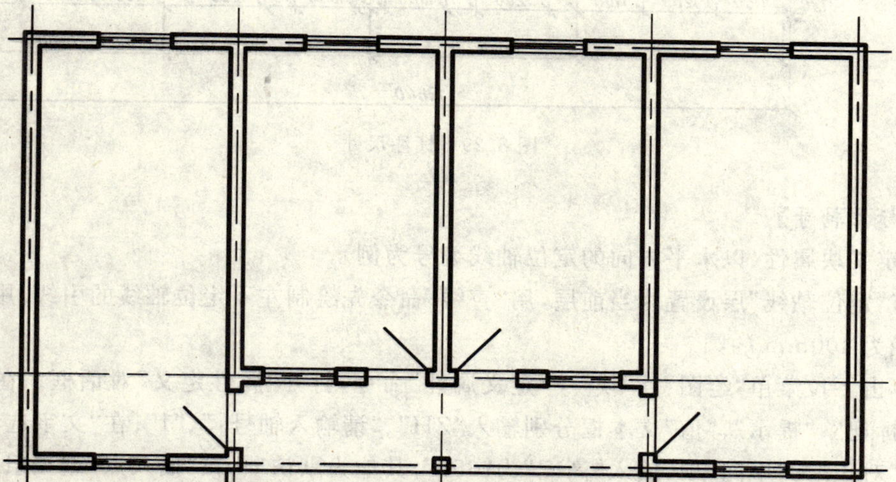

图 8.28　补绘台阶和方柱

8.3.7　标注尺寸和标注轴号

1.【标注尺寸】

(1)整理视图,用修剪或延伸命令使轴线的长度合适。

(2)标注尺寸。

1)将“尺寸”层设置为当前层,调出“标注”工具栏,选择标注样式为“工程字体”。

2)用“线性标注”、“连续标注”、“快速引线”标出相应的尺寸,用“编辑标注文字”等命令对标注进行适当调整,结果如图 8.29 所示。

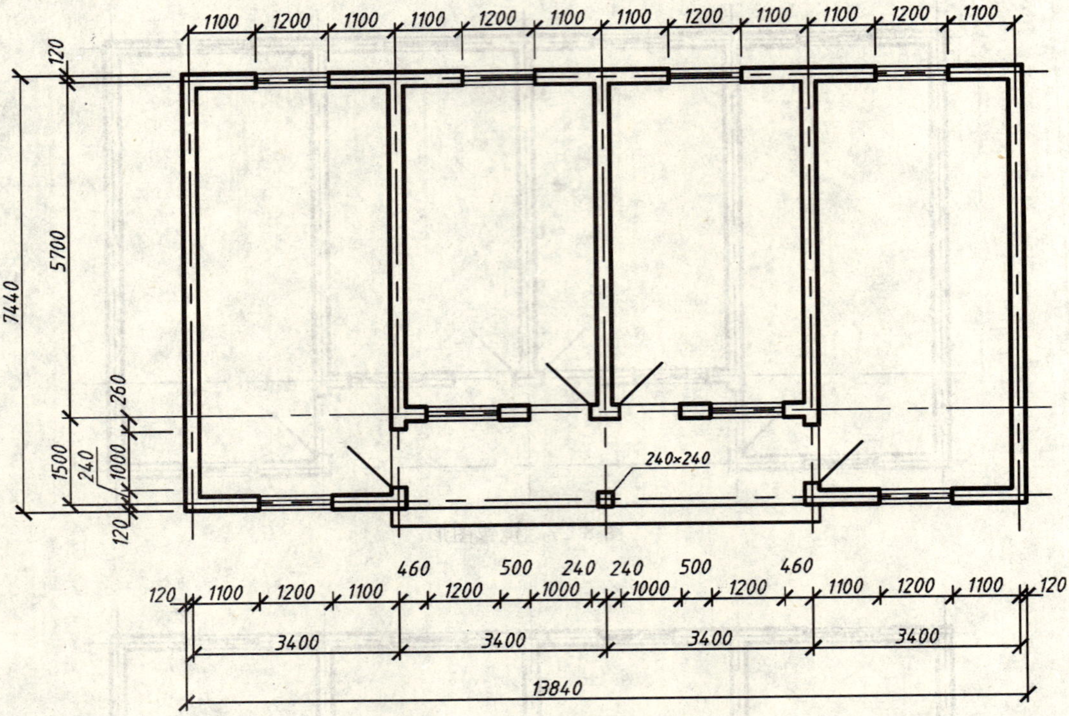

图 8.29 标注尺寸

2.【标注轴号】

(1)定义块属性(以水平方向的定位轴线编号为例)。

1)将“定位轴线”层设置为当前层,用“直线”命令先绘制左下定位轴线的引线,用“圆”命令绘制半径为 400mm 的圆。

2)单击下拉菜单“绘图”→“块”→“定义属性”命令,打开“属性定义”对话框。在“属性”选项组的“标记”、“提示”、“值”文本框分别输入“ZH”、“请输入轴号:”、“1”;在“文字选项”选项组中,选择“对正”为“中间”项,输入“高度”为“350”,其他为默认项;在“插入点”选项组中勾选“在屏幕上指定”复选框,单击“确定”按钮,拾取半径为 400mm 的圆的圆心为插入点,完成块属性的定义。

(2)创建轴号块(以水平方向的定位轴线编号为例)。

1)单击“创建块”按钮,打开“块定义”对话框。

2)输入名称为“轴号下”;单击“拾取点”按钮,选择定位轴线编号引线的上端点为基点;点选“保留”单选钮,单击“选择对象”按钮,选择半径为 400mm 的圆、属性文字和引线为对象,单击“确定”按钮完成“轴号下”的创建。

(3)插入轴号(以水平方向的定位轴线编号为例)。

1)单击“插入块”按钮,打开“插入”对话框。

2)通过块“轴号下”,完成平面图水平方向下侧的定位轴线编号的插入。

同理,完成在竖直方向左侧属性快的定义和插入,结果如图 8.30 所示。

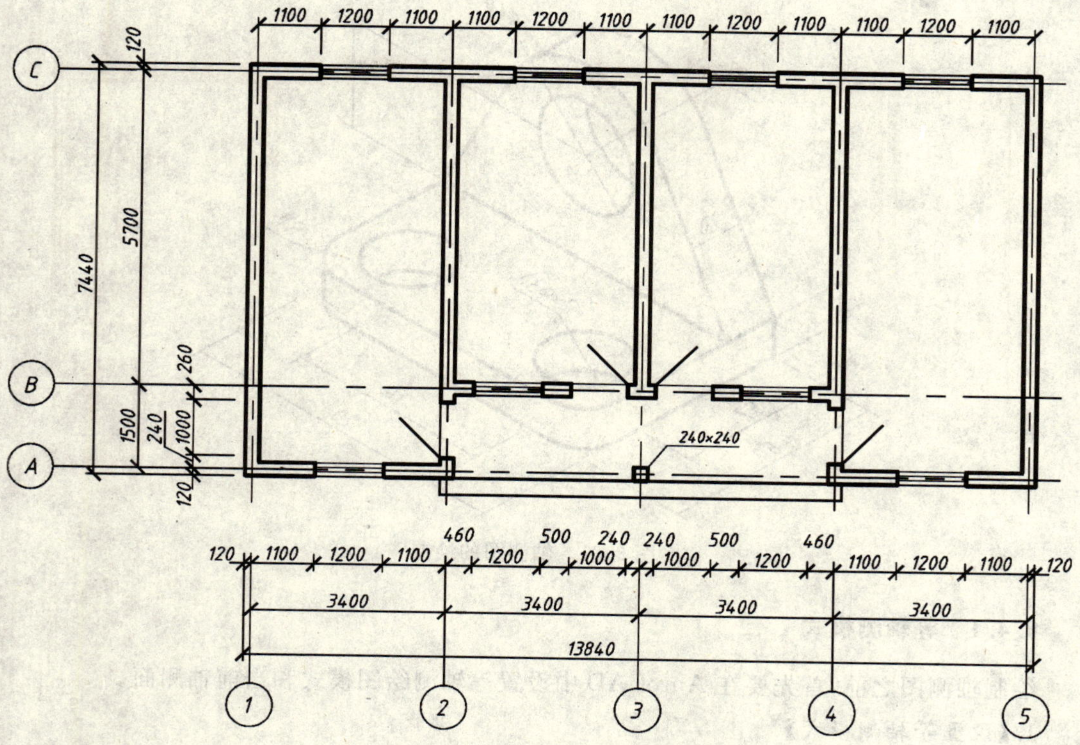

图 8.30　标注轴号

8.3.8　注写文字

将"文字"层设置为当前层。利用"单行文字"命令完成房间功用说明、比例和图名的注写。其中,房间功用说明、比例的字高为 350;图名的字高为 500。关闭"轴线"层,最终结果如图 8.21所示。

8.4　轴测图的绘制

AutoCAD 中绘制的等轴测投影,就是工程制图上的"正等测",是空间形体在投影面上产生的平行投影。其实质是三维形体的二维投影图,能反映出形体的长、宽、高三个方向尺度,立体感较强,在工程上有时用做辅助图样。

绘制等轴测投影图采用的就是绘制平面图形的命令,绘制等轴测投影与绘制平面图方法相似。需要说明的是,AutoCAD 提供了等轴测绘图模式,在该模式下可以很容易地绘制等轴测投影。以下所述的轴测图均指等轴测投影。

将以图 8.31 为例,说明轴测图的绘制。

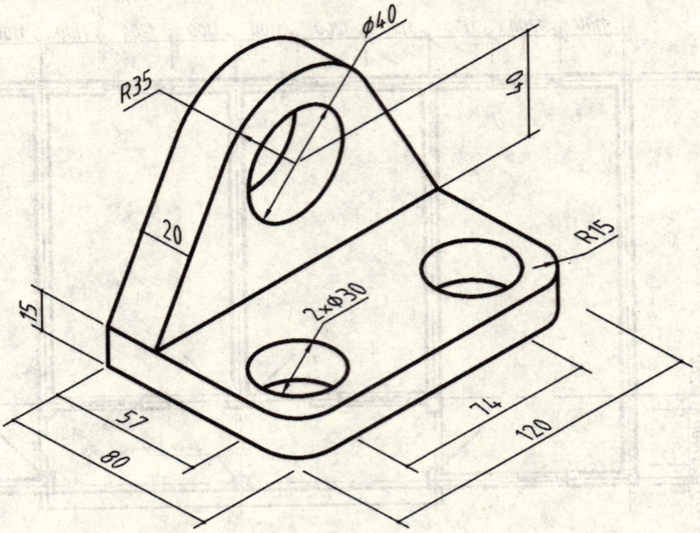

图 8.31 轴测图的绘制

8.4.1 等轴测模式

绘制轴测图之前，首先要在 AutoCAD 中设置等轴测绘图模式和当前轴测面。

1.【设置等轴测模式】

等轴测绘图模式和标准绘图模式的切换可通过如下两种方式完成。

(1)通过菜单栏。

1)单击菜单栏中的"工具"→"草图设置"命令，弹出"草图设置"对话框；在"草图设置"对话框中，单击"捕捉和栅格"选项卡。

2)在"捕捉类型"选项组中，先点选"栅格捕捉"单选钮，再点选"等轴测捕捉"单选钮，如图 8.32 所示。

3)单击"确定"按钮，退出"草图设置"对话框，系统进入等轴测绘图模式。

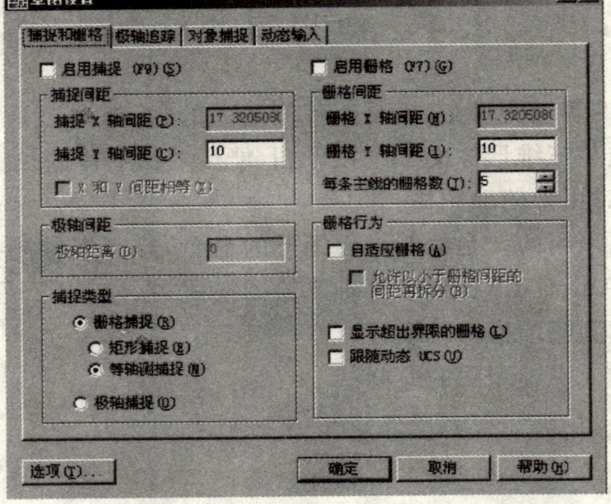

图 8.32 "草图设置"对话框

(2)使用“Snap”命令。在命令行执行“Snap”命令，命令行提示：

命令：Snap↙　　　　(执行命令)

指定捕捉间距或［开(ON)/关(OFF)/纵横向间距(A)/样式(S)/类型(T)］<10.0000>：S↙　　　　(输入 S，回车)

输入捕捉栅格类型［标准(S)/等轴测(I)］<S>：I↙　　　　(输入 I，回车)

指定垂直间距 <10.0000>：1↙　　　　(输入 1，回车)

这时，系统进入等轴测绘图模式，绘图区的十字光标也发生了变化。

2.【切换轴测面】

系统有三个轴测面：左轴测面、上轴测面、右轴测面。任何时候只能在一个轴测面上绘图，要在某一轴测面上绘图，必须使该轴测面成为当前绘图面。切换轴测面可通过如下两种方式完成：

(1)使用功能键：在等轴测模式下，按功能键“F5”，可顺次切换轴测面，即左轴测面、上轴测面、右轴测面。

(2)使用组合键：在等轴测模式下，按组合键“Ctrl＋E”，可顺次切换轴测面，即左轴测面、上轴测面、右轴测面。

用户可分别选择“左(L)”、“上(T)”和“右(R)”等项来激活相应的等轴测面。不同等轴测面的光标符号形状相当于用轴测轴中的两个轴表示，其形状样式如图 8.33 所示。

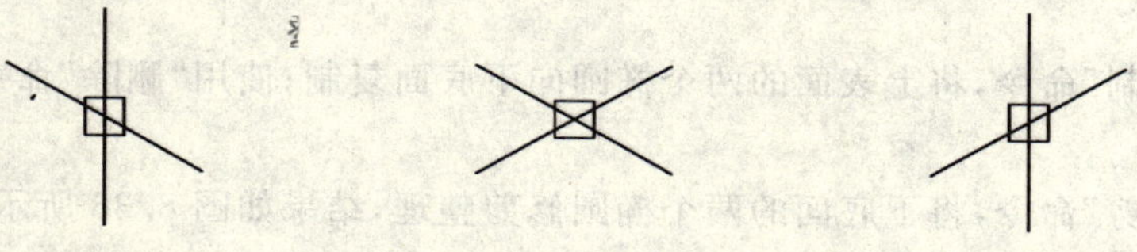

图 8.33　各等轴测面光标样式

8.4.2　设置绘图环境

1.【设置单位】

根据如图 8.31 所示尺寸无小数的特点，在“长度”选项组中设置“精度”列表框为“0”。

2.【设置图幅】

根据如图 8.31 所示尺寸大小，设置图幅界限：左下角点为“0，0”，右上角点为“420，297”。

3.【设置图层】

(1)根据如图 8.31 所示图形线型要求，须设置“粗实线”和“尺寸”两个图层。

(2)设置线宽：将“粗实线”层设为 0.5mm，“尺寸”设为 0.18mm；均为默认线型。

8.4.3　绘制底座

1.【绘制长方体(120×80×15)】

(1)在“草图设置”对话框的“捕捉和栅格”选项卡中，先点选“栅格捕捉”单选钮，再点选“等轴测捕捉”单选钮，进入等轴测绘图模式。

(2)设置“端点”捕捉，打开“正交”、“对象捕捉”和“对象追踪”模式。

(3)用“直线”命令绘制，结果如图 8.34 所示。

2.【绘制圆孔(ϕ30)】

(1)将上表面的左、前、右三条边向内利用“偏移”命令偏移 23,其交点即为圆心。

(2)按功能键“F5”,切换至上轴测面;单击绘图工具栏上的“椭圆”命令,按如下操作:

命令:_ellipse

指定椭圆轴的端点或[圆弧(A)/中心点(C)/等轴测圆(I)]:I↙ (输入 I,回车)

指定等轴测圆的圆心: (拾取左交点)

指定等轴测圆的半径或[直径(D)]:15↙ (输入 15,回车)

(3)重复“椭圆”命令,绘制出右侧椭圆,结果如图 8.35 所示。

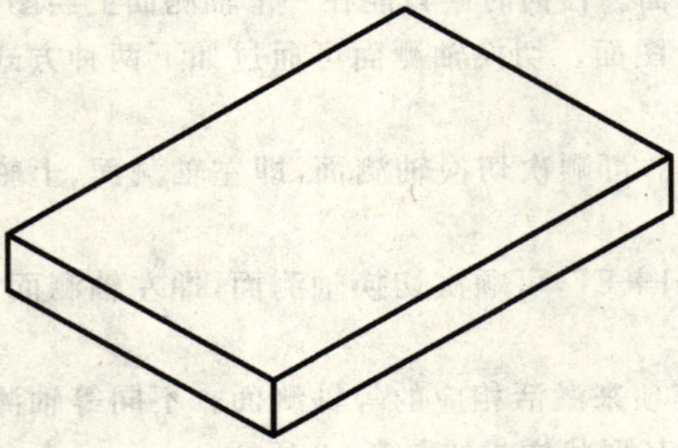

图 8.34 绘制长方体

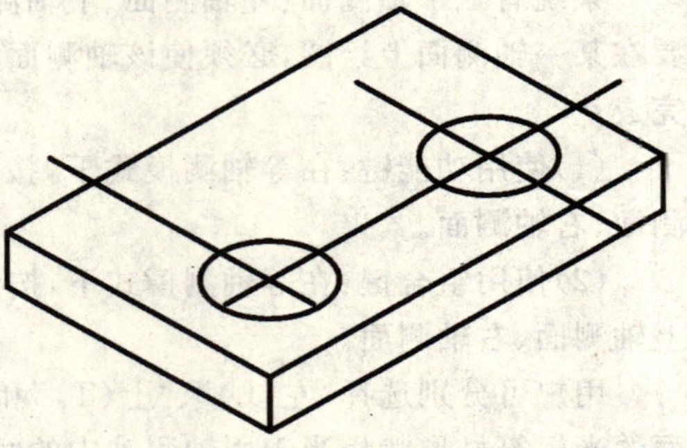

图 8.35 绘制上表面椭圆

(4)使用“复制”命令,将上表面的两个椭圆向下底面复制;使用“删除”命令,将偏移得到的三条直线删除。

(5)使用“修剪”命令,将下底面的两个椭圆修剪整理,结果如图 8.36 所示。

3.【绘制圆角(R15)】

(1)绘制左前圆角。

1)切换到上轴测面,并打开状态栏中的“极轴”、“对象捕捉”、“对象追踪”。其中:在“极轴”模式,设置极轴“增量角”为 30°,点选“用所有极轴角设置追踪”单选钮;在“对象捕捉”模式中设置“端点”、“交点”捕捉模式。

2) 用“直线”命令绘制左上角点两边的垂线。

3)单击菜单栏中的“绘图”→“圆弧” →“起点、圆心、端点”命令,以垂线交点为圆心画弧,结果如图 8.37 所示。

4) 用“复制”命令将左上角点的圆弧竖直向下复制,得到下底面的圆角。

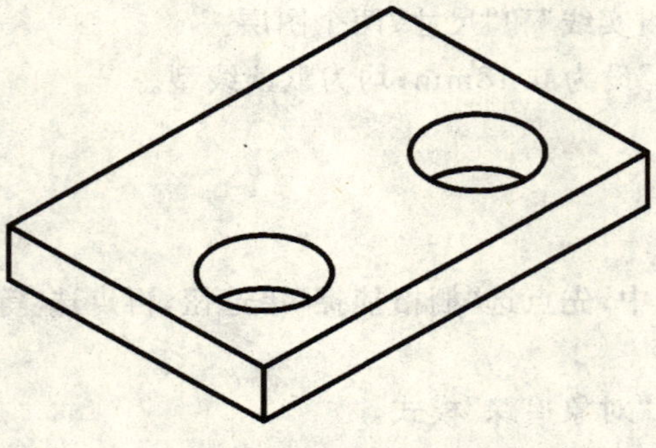

图 8.36 绘制圆孔

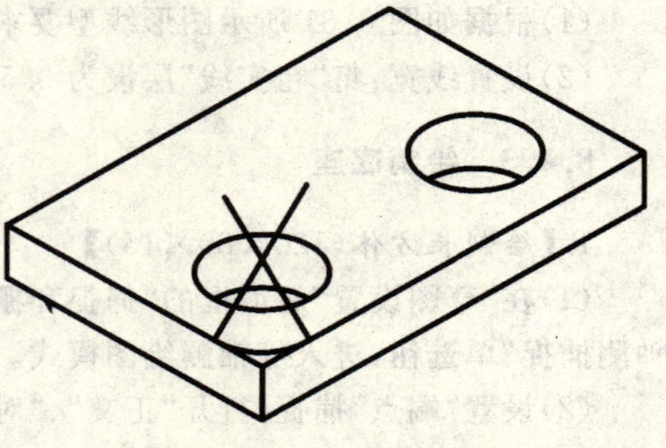

图 8.37 绘制右上圆角

5）用“修改”命令修剪掉多余部分；用“删除”命令删除掉多余线段，结果如图 8.38 所示。

(2)绘制右前圆角。

1)参照前面的方法，同样可以做出右前圆角。

2)设置“切点”捕捉，用“直线”命令绘制切线，结果如图 8.39 所示。

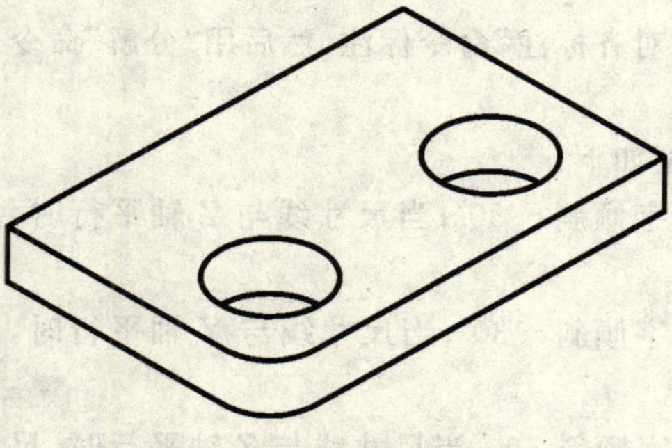

图 8.38　绘制左前圆角

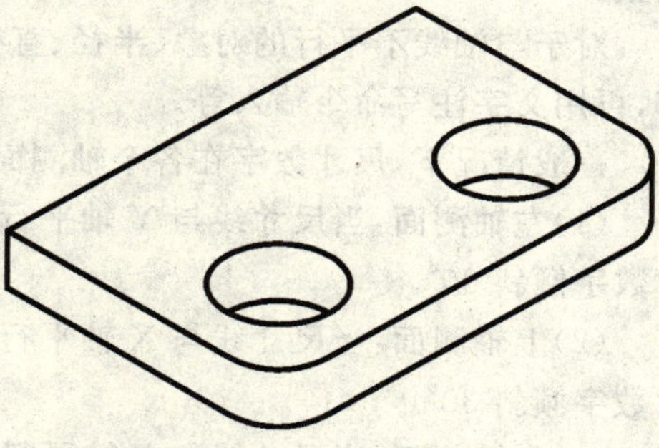

图 8.39　底座绘制完成

8.4.3　绘制竖板

1.【绘制后端面】

(1)切换到右轴测面，并打开状态栏中的“正交”、“对象捕捉”、“对象追踪”，设置“端点”、“交点”、“切点”捕捉模式。

(2)利用“对象追踪”，用“椭圆”命令绘制直径为 ϕ40 和半径为 R35 的两个圆；用“直线”命令绘制两侧的切线。结果如图 8.40 所示。

2.【绘制前端面】

(1)用“修改”命令修剪掉半径为 R35 圆的下半部分；切换到左轴测面，用“复制”命令将后端面向前复制，得到前端面。

(2)用“直线”命令绘制右上的切线及中间直线；用“修改”及“删除”命令修剪掉多余部分。结果如图 8.41 所示。

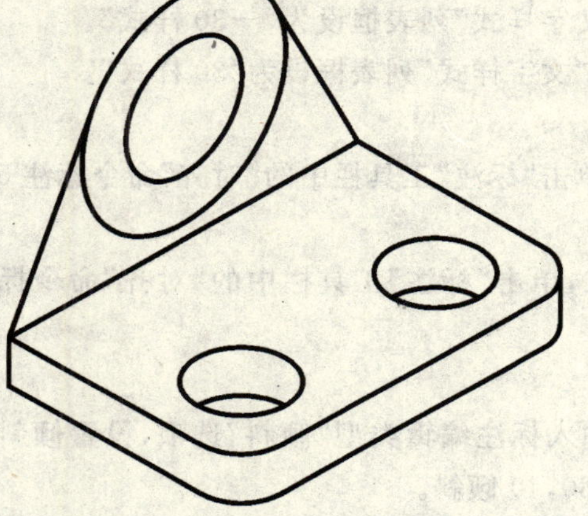

图 8.40　绘制后端面

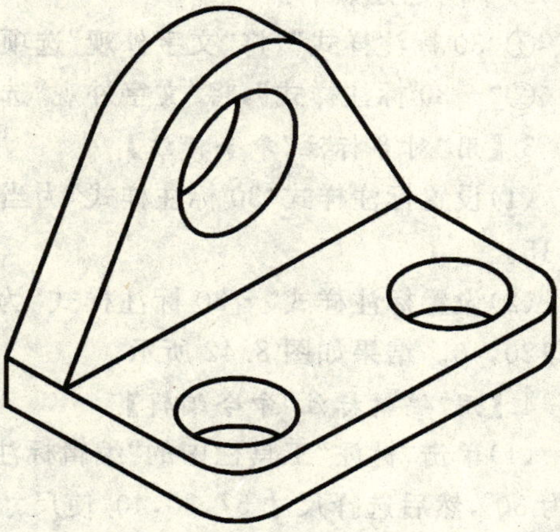

图 8.41　形体绘制完成

8.4.4 标注尺寸

1.【标注方法】

对于与轴线平行的对象，通常先用“对齐标注”命令标注，然后用“编辑标注”命令进行调整。

对于与轴线不平行的对象、半径、直径，通常用“对齐标注”命令标注，然后用“分解”命令分解，再用文字注写命令输入等。

一般情况下，尺寸数字在各个轴测面的倾斜角度如下：

(1)左轴测面：当尺寸线与 Y 轴平行时，尺寸数字倾斜－30°；当尺寸线与 Z 轴平行时，尺寸数字倾斜 30°。

(2)上轴测面：当尺寸线与 X 轴平行时，尺寸数字倾斜－30°；当尺寸线与 Y 轴平行时，尺寸数字倾斜 30°。

(3)右轴测面：当尺寸线与 X 轴平行时，尺寸数字倾斜 30°；当尺寸线与 Z 轴平行时，尺寸数字倾斜－30°。

2.【设置标注样式】

(1)设置文字样式。

1)新建样式名为“30 样式”；“字体”选用“gbenor. shx”和“gbcbig. shx”；“倾斜角度”设置为 30°。

2)新建样式名为“－30 样式”：“字体”选用“gbenor. shx”和“gbcbig. shx”；“倾斜角度”设置为－30°。

(2)设置标注样式。

1)新建两种标注样式：“30 标注样式”和“－30 标注样式”。均进行如下设置：

①选择“符号和箭头”选项卡，将“箭头”选项组中的“第一个”、“第二个”列表框均设为“小点”。

②选择“调整”选项卡，将“标注特征比例”选项组中的“使用全局比例”单选项设为 3。

2)不同之处如下：

①“30 标注样式”，将“文字外观”选项组中的“文字样式”列表框设为“－30 样式”。

②“－30 标注样式”，将“文字外观”选项组中的“文字样式”列表框设为“30 样式”。

3.【用“对齐标注”命令标注】

(1)设置标注样式“30 标注样式”为当前样式，单击“标注”工具栏中的“对齐”命令标注 57，80，15。

(2)设置标注样式“－30 标注样式”为当前样式，单击“标注”工具栏中的“对齐”命令标注 74，120，40。结果如图 8.42 所示。

4.【用“编辑标注”命令编辑】

(1)单击“标注”工具栏中的“编辑标注”命令，输入标注编辑类型“倾斜”选项，设置倾斜角度为 30°，然后选择尺寸 57，80，40，使尺寸标注 57，80，40 倾斜。

(2)再次执行“编辑标注”命令，输入标注编辑类型“倾斜”选项，设置倾斜角度为 150，然后选择尺寸 15，74，120，使尺寸标注 15，74，120 倾斜，结果如图 8.43 所示。

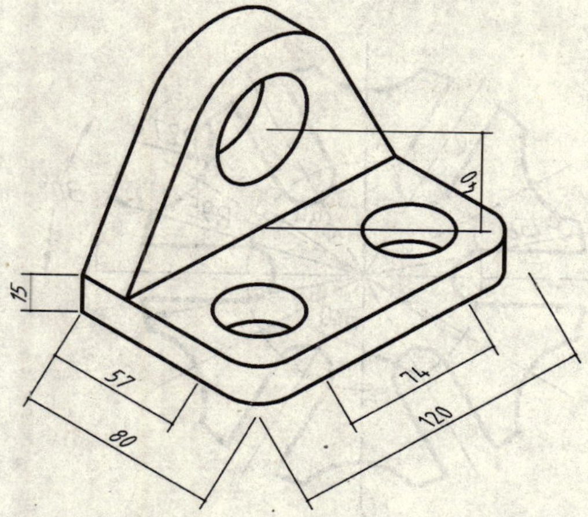

图 8.42　对齐标注

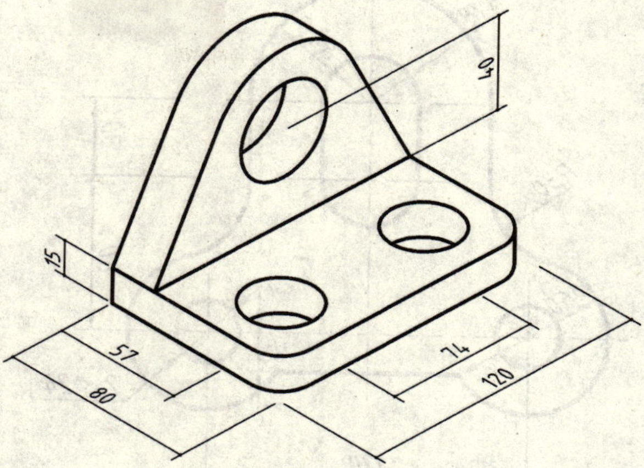

图 8.43　编辑标注

5.【半径、直径等的标注】

对于半径、直径及与轴线倾斜的尺寸，先用“对齐标注”命令标注，然后用“分解”命令分解，再用文字注写命令输入等。

8.5　思考题与练习题

一、选择题

(1)轴测模式下系统有三个轴测面，不存在的是________。

(A)左轴测面　　(B)上轴测面

(C)右轴测面　　(D)下轴测面

(2)在等轴测模式下，顺次切换轴测面的功能键是________。

(A)“F5”键　　(B)“F2”键

(C)“F8”键　　(D)“F3”键

(3)关于轴测图标注的说法，不正确的是________。

(A)半径不可直接标注　　(B)与轴平行的对象可直接标注

(C)直径不可直接标注　　(D)与轴平行的对象可直接标注，但须编辑

二、思考题

(1)当绘制平面图形时，如何绘制圆弧？

(2)当绘制三面投影图时，如何保证“三等关系”？

(3)当绘制建筑平面图时，如何定义属性图块(以标高符号为例)？

(4)当绘制轴测图时，如何绘制圆孔和圆角？

三、上机练习

(1)根据所注尺寸，绘制如图 8.44 所示的平面图形。

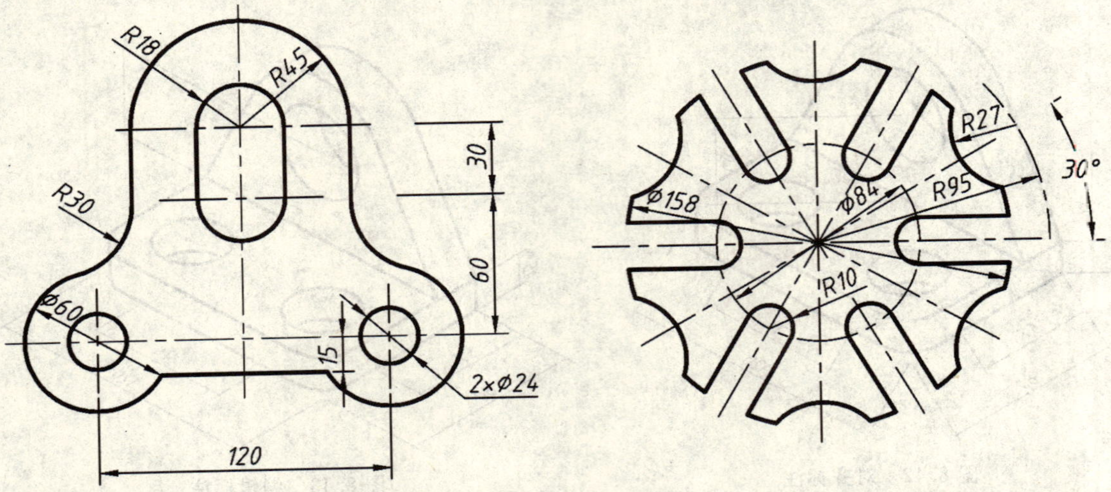

图 8.44　平面图形绘制

(2)根据所注尺寸，绘制如图 8.45 所示的三面投影图。

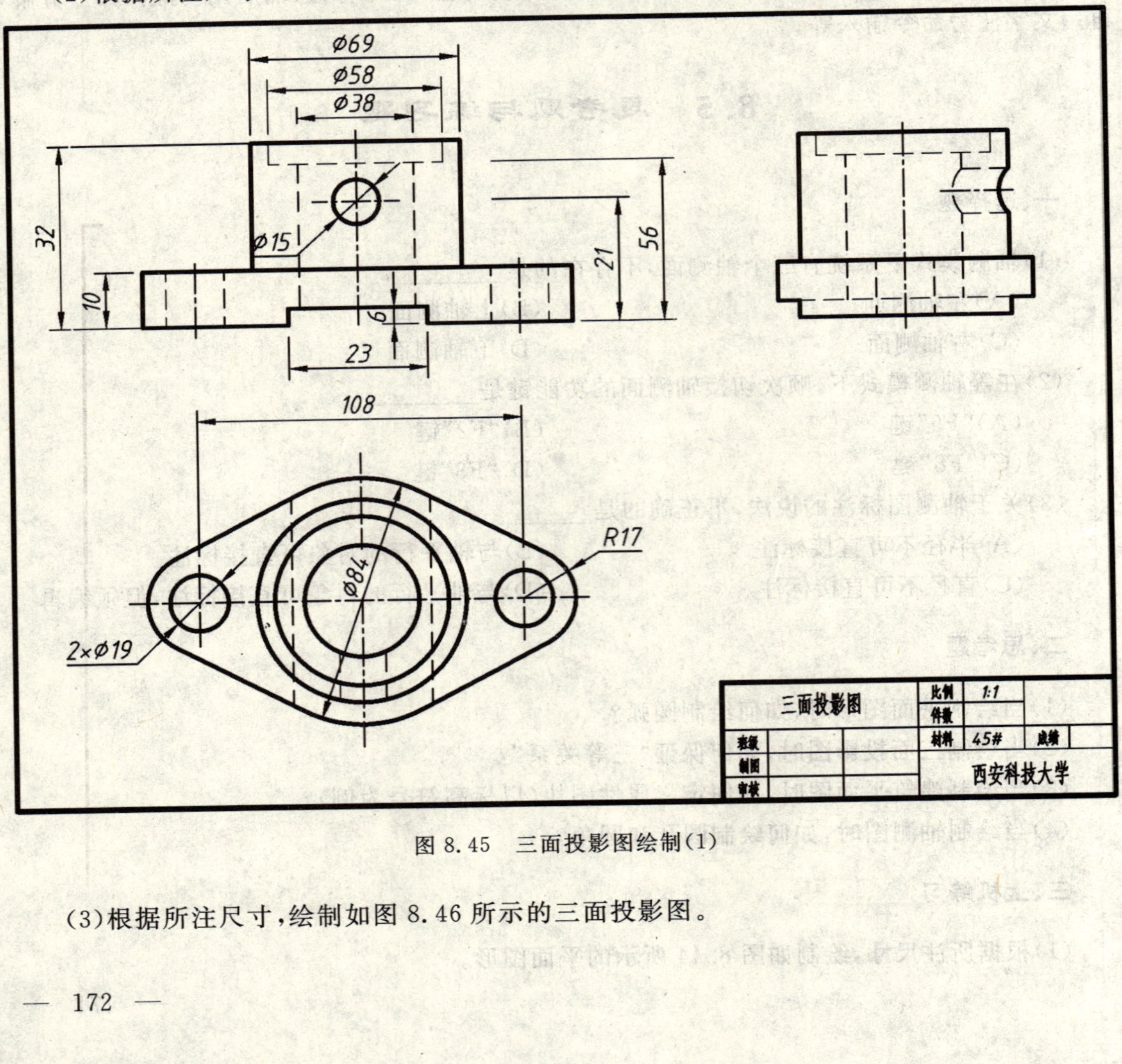

图 8.45　三面投影图绘制(1)

(3)根据所注尺寸，绘制如图 8.46 所示的三面投影图。

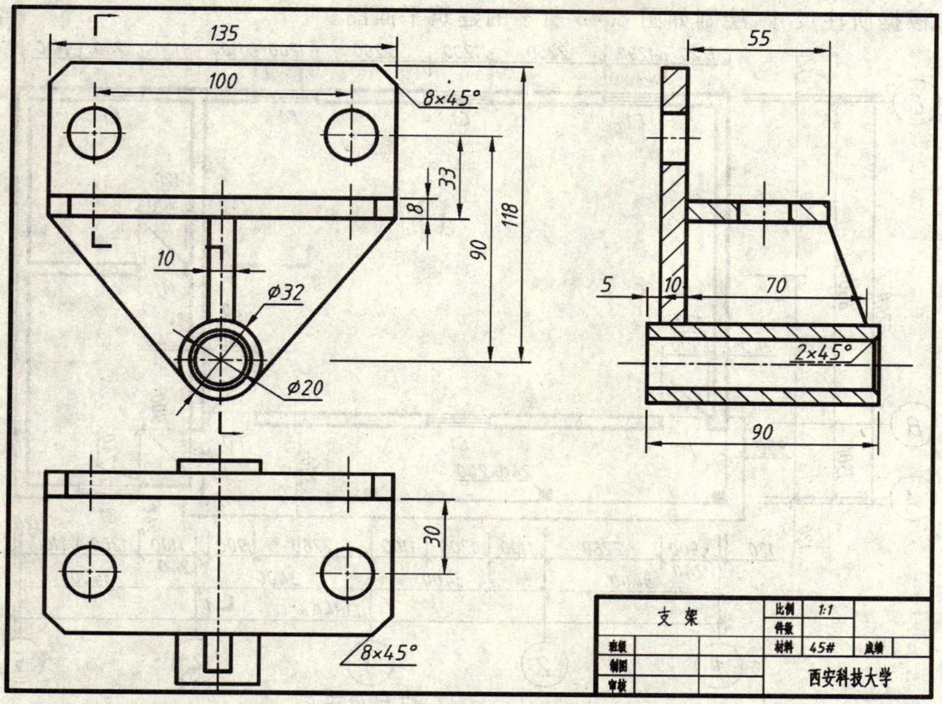

图 8.46　三面投影图绘制(2)

(4)根据所注尺寸,绘制如图 8.47 所示的三面投影图。

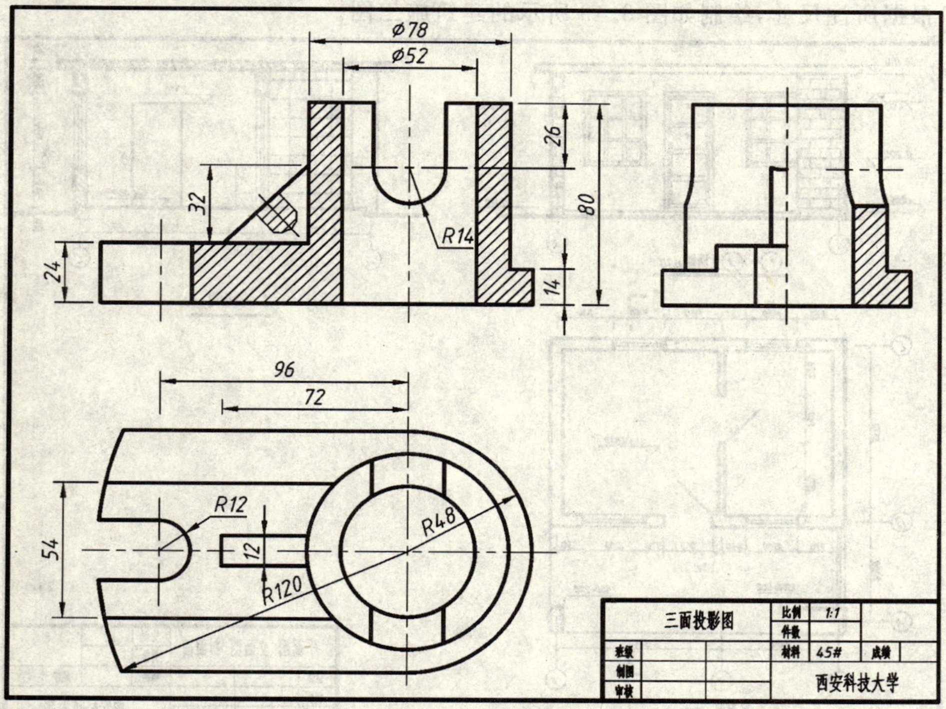

图 8.47　三面投影图绘制(3)

(5)根据所注尺寸,绘制如图 8.48 所示的建筑平面图。

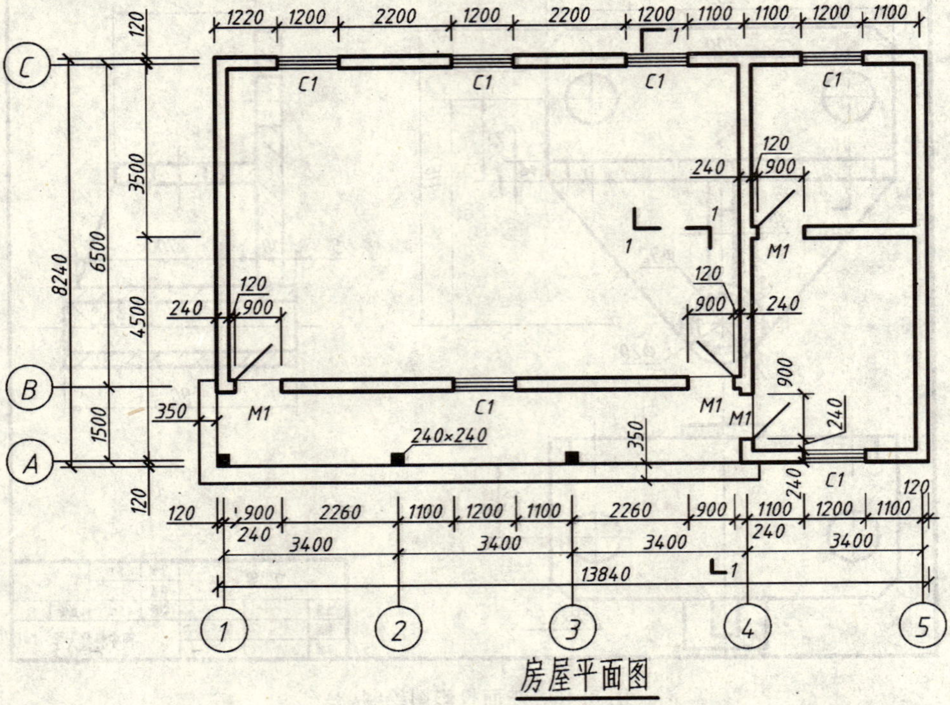

图 8.48　平面图绘制

(5)根据所注尺寸,绘制如图 8.49 所示的建筑施工图。

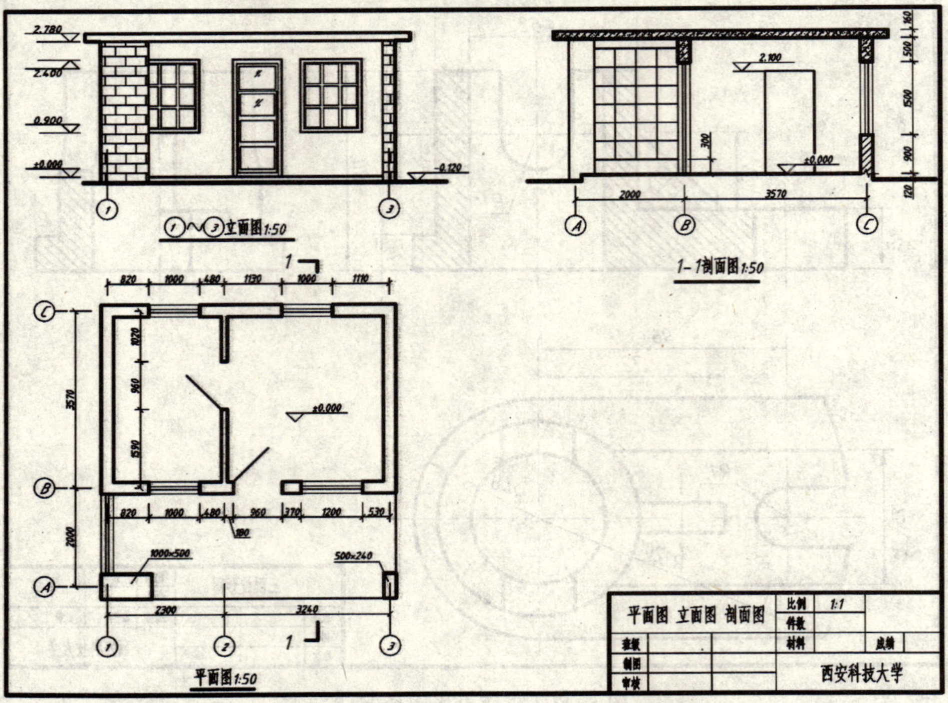

图 8.49　平面图、立面图、剖面图绘制

(6)根据所注尺寸,绘制如图 8.50 所示的建筑剖面图。其中:未注尺寸的结构示意绘出即可。

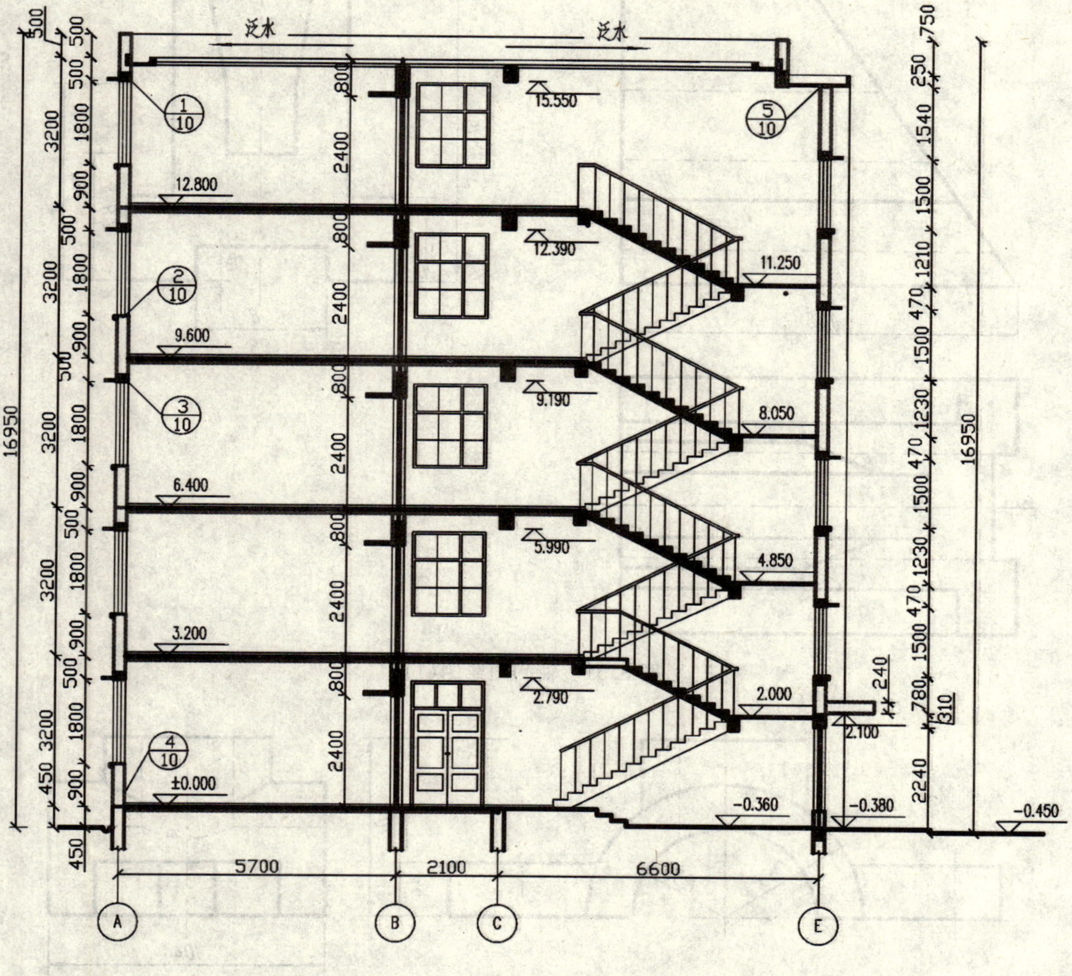

1-1 剖面图

图 8.50　剖面图绘制

(7)根据所注尺寸,绘制如图 8.51 所示图形对应的正等测。

(8)根据所注尺寸,绘制如图 8.52 所示图形对应的正等测。

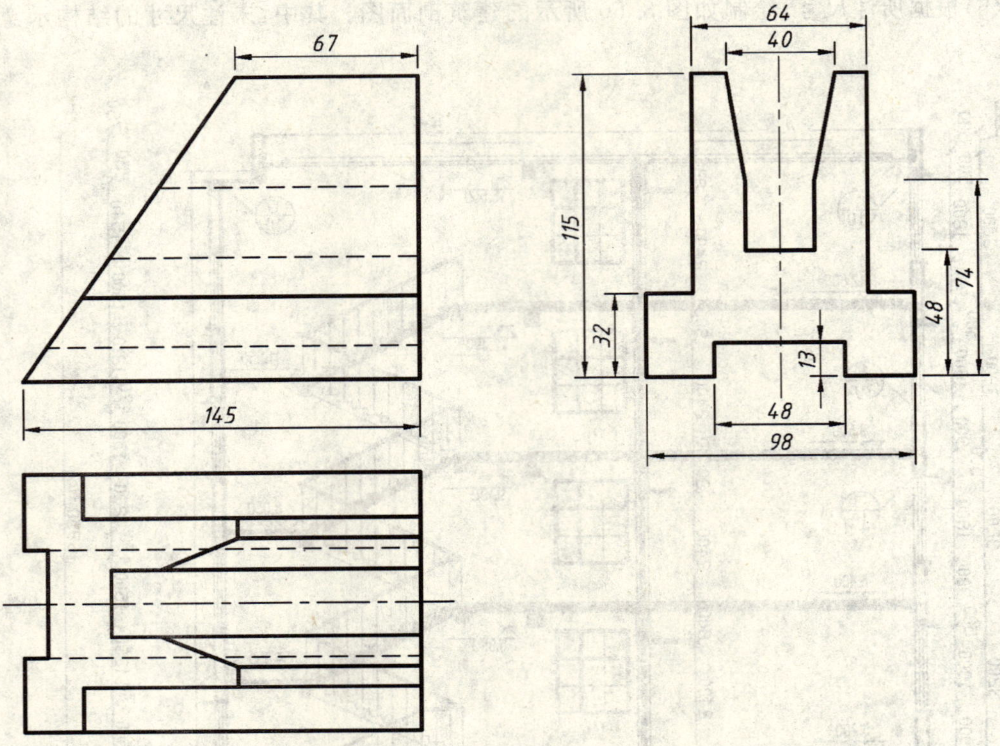

图 8.51　轴测图绘制(1)

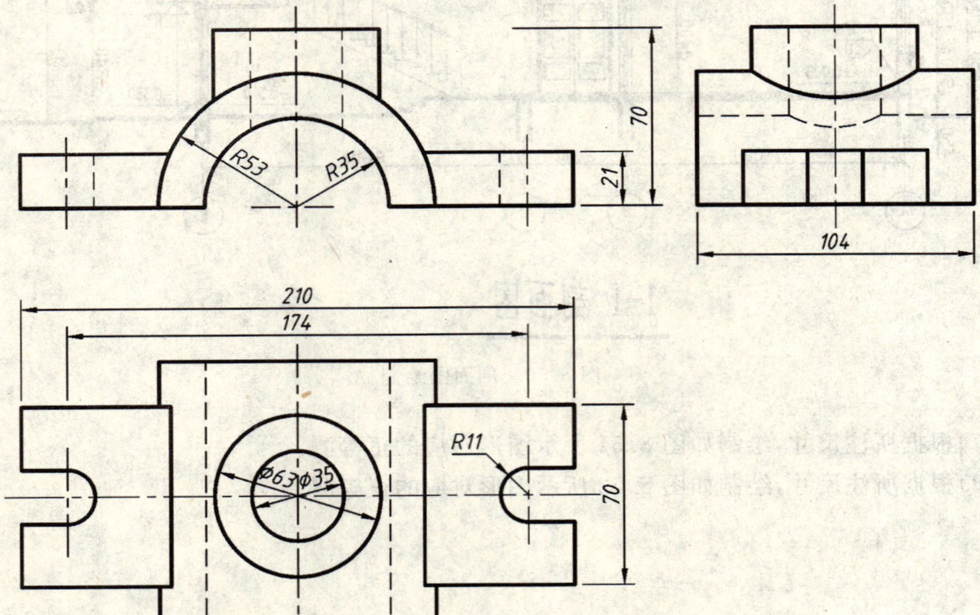

图 8.52　轴测图绘制(2)

第9章　三维实体的绘制

本章将介绍三维实体绘制的相关知识。主要内容包括用户坐标系、视图设置、视觉样式、三维实体的创建、三维实体的编辑等。

9.1　用户坐标系

9.1.1　用户坐标系

AutoCAD 中的三维坐标系有两个坐标系统：一个称为世界坐标系(WCS)的固定坐标系和一个称为用户坐标系(UCS)的移动坐标系。由于世界坐标系(WCS)是一个单一固定的坐标系，绘制三维图形时，则会产生很大的不便，为此 AutoCAD 允许用户建立自己的坐标系，即用户坐标系。

用户坐标系(UCS)允许改变 X,Y,Z 轴的位置，改变原点(0,0,0)的位置以及 XY 平面和 Z 轴的方向，对于输入坐标、建立绘图平面和设置视图非常有用。

9.1.2　用户坐标系的建立

当用户绘制三维图形时，为了在形体的不同表面上作图，必须将坐标系设置为当前作图面的方向及位置，UCS 命令可以帮助用户方便地完成这项工作。

1.【命令输入】

工具栏：单击“UCS”工具栏上的“UCS”按钮。

菜单栏：单击下拉菜单“工具”→“新建 UCS”→子菜单中的相应命令。

命令行：输入“ucs”并按回车键。

2.【操作步骤】

命令：_ucs　　(执行命令)

当前 UCS 名称：*世界*　　(信息行)

指定 UCS 的原点或 [面(F)/命名(NA)/对象(OB)/上一个(P)/视图(V)/世界(W)/X/Y/Z/Z 轴(ZA)] <世界>：　　(指定原点或输入选项)

(1)指定 UCS 的原点：使用一点、两点或三点定义一个新的 UCS。如果指定单个点，当前 UCS 的原点将会移动而不会更改 X,Y 和 Z 轴的方向。

(2)面：将 UCS 与三维实体的选定面对齐。要选择一个面，可在此面的边界内或面的边上单击，被选中的面将亮显，UCS 的 X 轴将与找到的第一个面上的最近的边对齐。

(3)命名：按名称保存并恢复通常使用的 UCS 方向。

(4)对象：根据选定三维对象定义新的坐标系。新建 UCS 的拉伸方向(Z 轴正方向)与选定对象的拉伸方向相同。

(5)上一个:恢复上一个 UCS。

(6)视图:以垂直于观察方向(平行于屏幕)的平面为 XY 平面,建立新的坐标系。UCS 原点保持不变。

(7)世界:将当前用户坐标系设置为世界坐标系。WCS 是所有用户坐标系的基准,不能被重新定义。

(8)X,Y,Z:绕指定轴旋转当前 UCS。

(9)Z 轴:用指定的 Z 轴正半轴定义 UCS。

(10)应用:当其他视口保存有不同的 UCS 时,将当前 UCS 设置应用到指定的视口或所有活动视口。

9.2 视图设置

9.2.1 “视图”菜单和“视图”工具栏

视图体现观察图形的方向,三维实体绘制中正交视图和等轴测视图较为常用,AutoCAD 提供了多种设置方法,常用“视图”菜单和“视图”工具栏设置,分别如图 9.1 和图 9.2 所示。

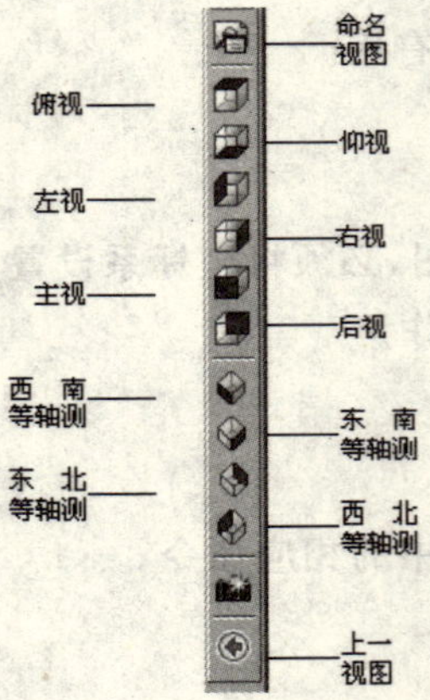

图 9.1 “视图”工具栏

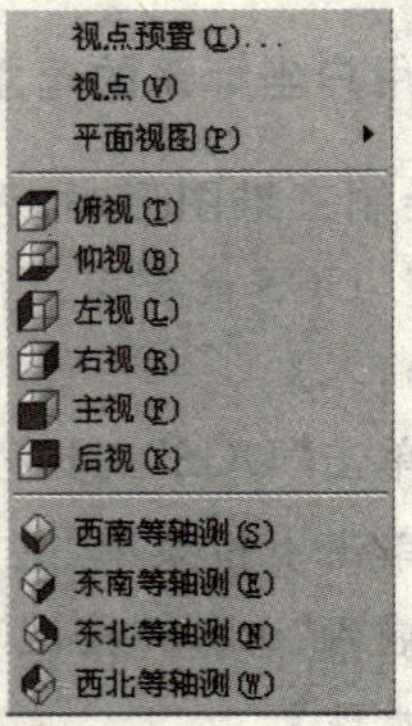

图 9.2 “视图”菜单

9.2.2 视图转换设置

在绘制三维视图时,执行某视图命令,就可以显示相应的视图形式。图 9.3 为几种不同视图效果。也可在三维工作界面的三维导航控制台设置。

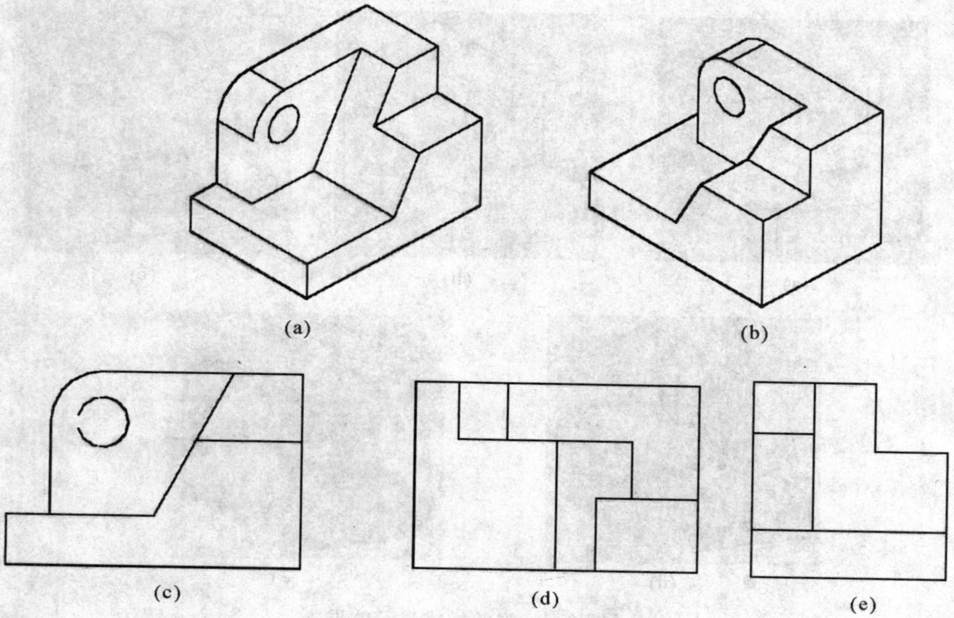

图 9.3　不同视图效果

(a)西南等轴测；（b)东南等轴测；（c)主视；（d)俯视；（e)俯视

9.3　视觉样式

9.3.1　视觉样式设置

控制三维图形显示的命令，集中在“视图”菜单的“视觉样式”子菜单和“视觉样式”工具栏中，分别如图 9.4 和图 9.5 所示。要呈现某种样式，只须点击相应命令或命令按钮即可。也可在三维工作界面的视觉样式控制台设置。

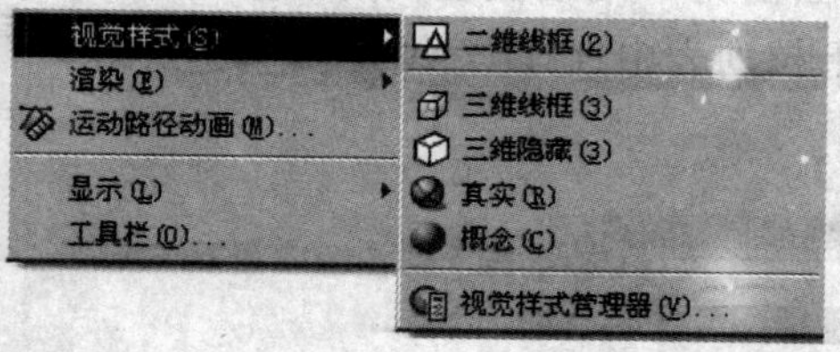

图 9.4　“视觉样式”子菜单

图 9.5　“视觉样式”工具栏

9.3.2　视觉样式显示

如图 9.6 所示，为 5 种视觉样式的显示效果。

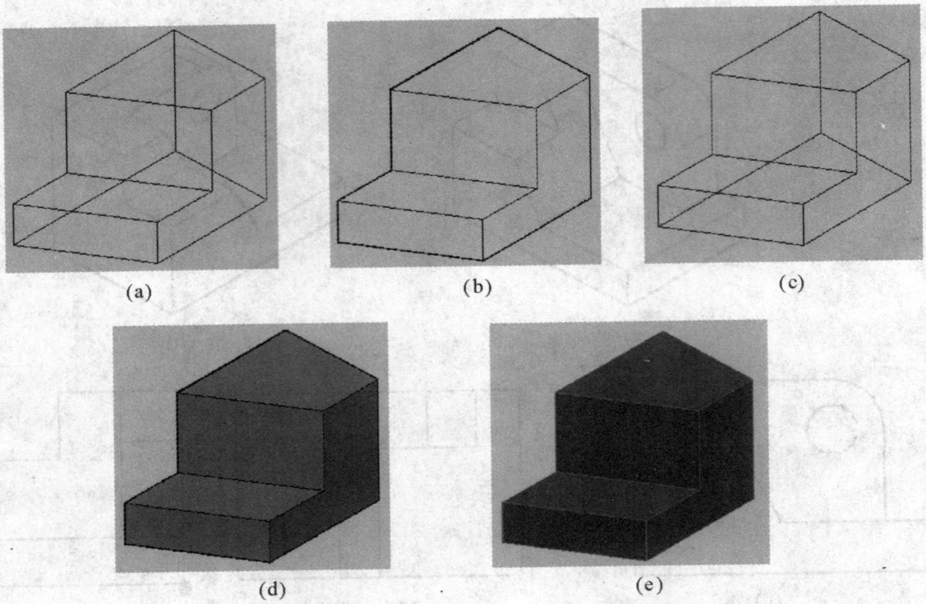

图 9.6　视觉样式显示效果

(a)二维线框；（b)三维消隐；（c)三维线框；（d)概念；（e)真实

9.4　创建三维实体

9.4.1　三维工作界面

在 AutoCAD 2007 中绘制三维实体，应进入三维建模工作空间，熟悉三维工作界面，并按需要对界面进行设置。

1. 进入三维建模空间

(1)从二维绘图空间进入三维建模空间。当前为二维绘图空间，要进入三维建模空间，可在二维绘图界面左上角的“工作空间”工具栏下拉列表中选择“三维建模”项，如图 9.7 所示，则进入三维绘图界面。

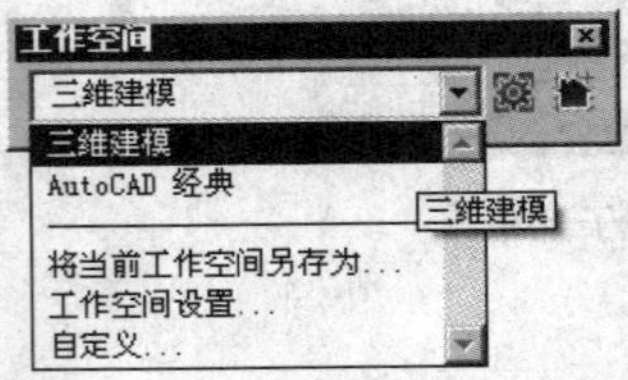

图 9.7　“工作空间”工具栏下拉列表

(2)新建三维建模文件。要新建三维建模文件，可单击“文件”下拉菜单的“新建”命令，打开“选择样板”对话框；在“名称”下拉列表中选择“acadiso3D. dwt”，单击“打开”按钮进入三维绘图界面，如图 9.8 所示。

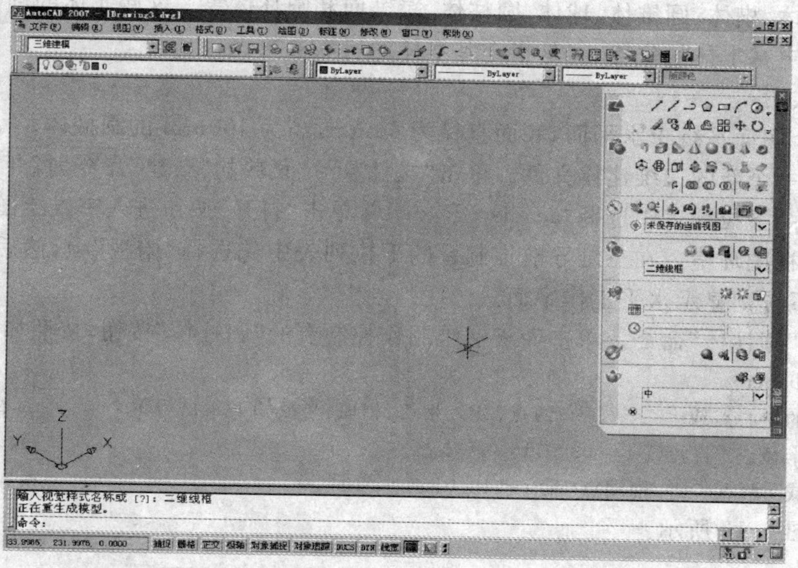

图 9.8　三维绘图界面

2. 三维工作界面的面板

三维绘图界面中的面板，默认状态下在工作界面的右上侧，包括二维绘制控制台、三维制作控制台、三维导航控制台、视觉样式控制台、光源控制台、材质控制台和渲染控制台等 7 种控制台。

(1)二维绘制控制台：集合了二维绘图命令，如图 9.9 所示。

(2)三维制作控制台：集合了三维绘图命令，如图 9.10 所示。

图 9.9　二维绘制控制台

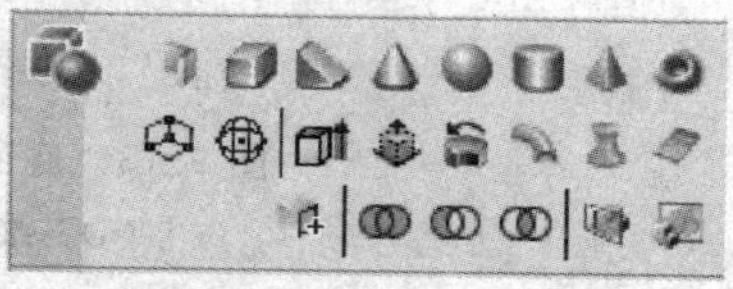

图 9.10　三维制作控制台

(3)三维导航控制台：集合了显示三维实体的视图环境和观察方式的命令，如图 9.11 所示。

(4)视觉样式控制台：集合了显示三维实体的视觉样式和颜色显示方式的命令，如图 9.12 所示。

图 9.11　三维导航控制台

图 9.12　视觉样式控制台

9.4.2　基本实体

AutoCAD 2007 三维绘图界面三维制作控制台中集合的创建基本实体的绘图命令包括

多段体、长方体、楔体、圆锥体、球体、圆柱体、棱锥面和圆环体等。这些实体的创建一般是两个步骤：一是确定基本体的位置，二是指定基本体的所需参数。

1. 操作实例

绘制一个底面平行于水平面，底面直径为 60mm，高为 100mm 的圆柱体。

(1)创建一个新的三维建模文件。单击"文件"下拉菜单的"新建"命令，打开"选择样板"对话框；在"名称"下拉列表中选择"acadiso3D. dwt"，单击"打开"按钮进入三维绘图界面。

(2)选择视图环境。在三维导航控制台的下拉列表中先选择"俯视"项，然后再选择"西南等轴测"项；系统则显示水平工作平面。

(3)执行"圆柱体"命令。单击面板三维制作控制台的"圆柱体"按钮，按照如下提示操作：

命令：_cylinder

指定底面的中心点或［三点(3P)/两点(2P)/相切、相切、半径(T)/椭圆(E)］：　(在适当位置点击)

指定底面半径或［直径(D)］<3.0716>：30↙　(输入半径 30，回车)

指定高度或［两点(2P)/轴端点(A)］<10.0187>：100↙　(输入高度 100，回车)

结果如图 9.13 所示。

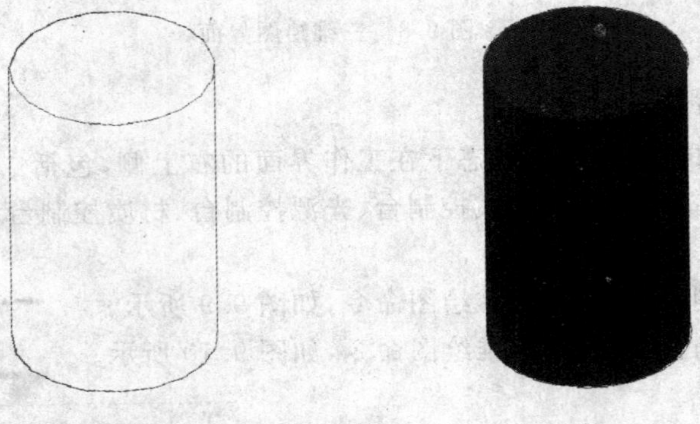

(a)　(b)

图 9.13　底面平行于水平面圆柱体的绘制

(a)三维隐藏显示；(b)真实显示

9.4.3　拉伸实体

用拉伸的方法绘制实体，就是将二维对象沿其所在平面的法线方向或指定路径拉伸成三维对象。"拉伸"(Extrude)命令可以拉伸的二维对象包括：面域、封闭多段线、多边形、圆、椭圆、封闭样条曲线和圆环等。如果用"直线"(Line)命令或"圆弧"(Arc)命令绘制二维对象，则须用"面域"(Region)命令将它们转换成面域，然后才能拉伸。用拉伸方法绘制实体，一般步骤为：先绘制二维封闭线框和拉伸路径，然后把线框生成面域，最后用"拉伸"命令生成实体。

1. 操作实例

绘制如图 9.14 所示图形的三维实体。

(1)创建一个新的三维建模文件。单击"文件"下拉菜单的"新建"命令，打开"选择样板"对话框；在"名称"下拉列表中选择"acadiso3D. dwt"，单击"打开"按钮进入三维绘图界面。

(2)选择视图环境。在三维导航控制台的下拉列表中先选择"主视"项，然后再选择"西南等轴测"项；系统则显示正立工作平面。

(3)绘制正立面图。用二维绘制控制台中的二维绘图命令绘制如图 9.14 所示的正立面图。

(4)生成面域。用二维绘制控制台中的“面域”命令将所绘制的正立面图生成面域。

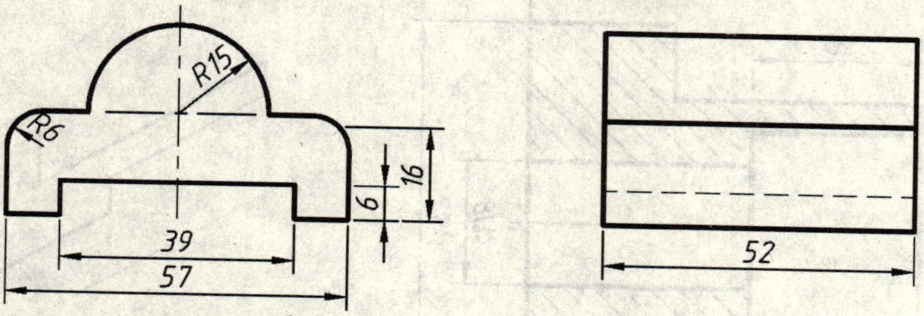

图 9.14　拉伸三维实体绘图练习

(5)拉伸成三维实体。单击三维制作控制台的“拉伸”按钮,按照如下提示操作:

命令:_extrude

当前线框密度:ISOLINES=4　　(信息行)

选择要拉伸的对象:　　(点选生成的面域)

指定拉伸的高度或[方向(D)/路径(P)/倾斜角(T)]<52>:−52↙　　(输入−52,回车结束命令)

结果如图 9.15 所示。

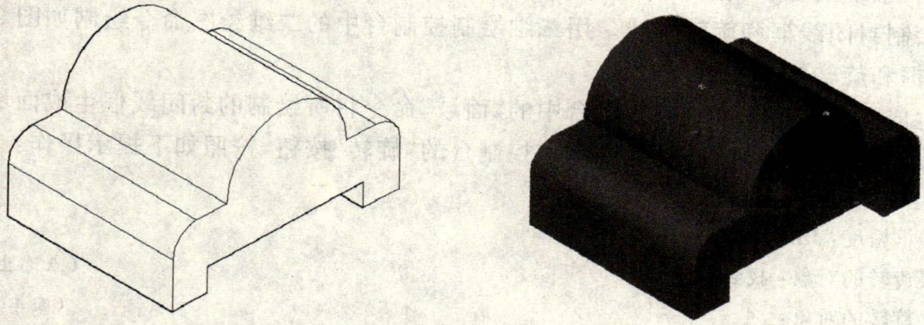

(a)　　(b)

图 9.15　拉伸结果

(a)三维隐藏显示;　(b)真实显示

9.4.4　旋转实体

用旋转的方法绘制实体,就是将二维对象绕指定的轴线旋转,形成三维对象。旋转的二维对象必须是闭合的,并且应是一个整体。“旋转”(Revolve)命令可以旋转的二维对象包括面域、封闭多段线、多边形、圆、椭圆、封闭样条曲线和圆环等。如果用“直线”(Line)命令或“圆弧”(Arc)命令绘制二维对象,则须要先用“面域”(Region)命令将它们转换成面域,然后才能旋转;旋转的轴线可以是直线或多段线对象,也可以指定两个点,将这两点确定的直线作为轴线。用旋转方法绘制实体,一般步骤为:先绘制二维封闭线框和旋转轴线,然后把线框生成面域,最后用“旋转”命令生成实体。

1. 操作实例

绘制如图 9.16 所示图形的三维实体。

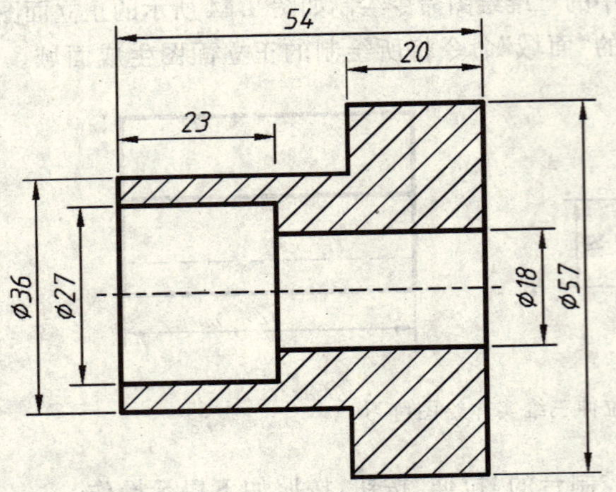

图 9.16　旋转三维实体绘图练习

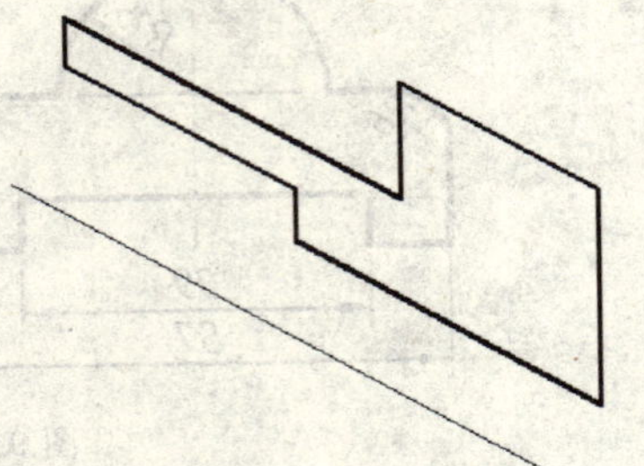
图 9.17　封闭线框和旋转轴线

(1)创建一个新的三维建模文件。单击“文件”下拉菜单的“新建”命令，打开“选择样板”对话框；在“名称”下拉列表中选择“acadiso3D. dwt”，单击“打开”按钮进入三维绘图界面。

(2)选择视图环境。在三维导航控制台的下拉列表中先选择“左视”项，然后再选择“西南等轴测”项；系统则显示侧立工作平面。

(3)绘制封闭线框和旋转轴线。用二维绘制控制台中的二维绘图命令绘制如图 9.17 所示的封闭线框和旋转轴线。

(4)生成面域。用二维绘制控制台中的“面域”命令将所绘制的封闭线框生成面域。

(5)旋转成三维实体。单击三维制作控制台的“旋转”按钮，按照如下提示操作：

命令：_revolve
当前线框密度：ISOLINES=4　　(信息行)
选择要旋转的对象：找到 1 个　　(点选生成的面域)
选择要旋转的对象：↙　　(回车，结束选择)
指定轴起点或根据以下选项之一定义轴 [对象(O)/X/Y/Z] <对象>：　　(拾取轴的一个端点)
指定轴端点：　　(拾取轴的另一端点)
指定旋转角度或 [起点角度(ST)] <360>：　　(回车，结束命令)

将视图设置为“东北等轴测”显示，并删除旋转轴线，结果如图 9.18 所示。

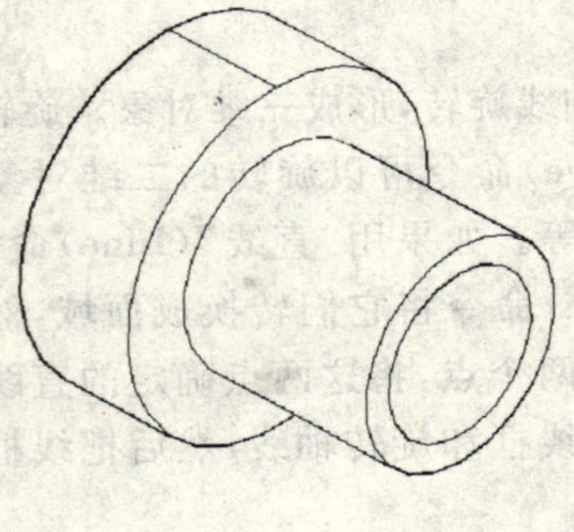
(a)

(b)

图 9.18　旋转结果
(a)三维隐藏显示；(b)真实显示

9.4.5　扫掠实体

用扫掠的方法绘制实体，就是将二维对象沿指定路径以指定轮廓的形状(扫掠对象)形成三维对象。开放或闭合的平面曲线都可以作为扫掠对象，但是这些对象必须位于同一平面中。开放或闭合的二维或三维曲线都可以作为扫掠路径。如果沿一条路径扫掠闭合的曲线，则生成实体。

扫掠与拉伸不同，沿路径扫掠轮廓时，轮廓将被移动并与路径垂直对齐，然后沿路径扫掠该轮廓。

1. 操作实例

绘制弹簧：圈数为 6 圈，底面、顶面半径均为 15mm，螺旋高度为 70mm，簧丝直径为 6mm。

操作步骤如下：

(1)创建一个新的三维建模文件。

(2)选择视图环境。在三维导航控制台的下拉列表中先选择“主视”项，然后再选择“西南等轴测”项，系统则显示正立工作平面。

(3)绘制螺旋和圆。用三维制作控制台的“螺旋”命令绘制圈数为 6 圈，底面、顶面半径均为 15mm，螺旋高度为 70mm 的螺旋，将作为扫掠路径；用二维绘制控制台中的“圆”命令绘制直径为 6mm 的圆，将作为要扫掠的对象。按照如下提示操作：

命令：_Helix　(执行螺旋命令)
圈数 ＝ 6 扭曲＝CCW　(信息行)
指定底面的中心点：　(在适当位置指定中心点)
指定底面半径或［直径(D)］＜5＞：15↙　(输入 15，回车)
指定顶面半径或［直径(D)］＜15＞：↙　(输入 15，回车)
指定螺旋高度或［轴端点(A)/圈数(T)/圈高(H)/扭曲(W)］＜3＞：70↙　(输入 70，回车)
命令：_circle　(执行圆命令)
指定圆的圆心或［三点(3P)/两点(2P)/相切、相切、半径(T)］：　(在适当位置指定圆心)
指定圆的半径或［直径(D)］＜3＞：3↙　(输入 3，回车)

结果如图 9.19 所示。

(4)扫掠成三维实体。单击三维制作控制台的“扫掠”按钮，按照如下提示操作：

命令：_sweep　(执行扫掠命令)
当前线框密度：ISOLINES＝4　(信息行)
选择要扫掠的对象：找到 1 个　(点选圆)
选择要扫掠的对象：　(回车，结束选择)
选择扫掠路径或［对齐(A)/基点(B)/比例(S)/扭曲(T)］：　(点选螺旋)

结果如图 9.20 所示。

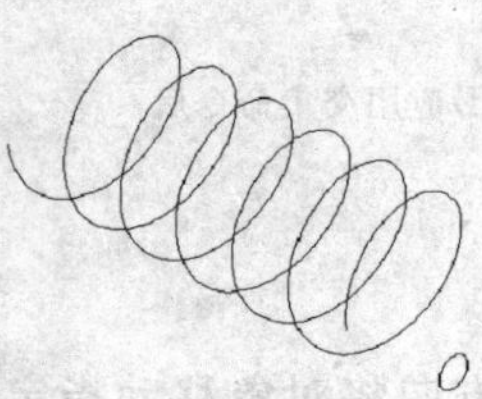

图 9.19　螺旋和圆

(a)　(b)

图 9.20　扫掠结果

(a)三维隐藏显示；(b)真实显示

9.4.6 放样实体

用放样的方法绘制实体，可以通过对包含两条或两条以上横截面曲线的一组曲线进行放样来创建三维实体或曲面。放样用于在横截面之间的空间内绘制实体或曲面。使用放样命令时，至少必须指定两个横截面。

横截面形状决定了结果实体或曲面的轮廓形状。横截面可以是开放的，也可以是闭合的。如果对一组闭合的横截面曲线进行放样，则生成实体。如果对一组开放的横截面曲线进行放样，则生成曲面。放样时使用的曲线必须全部开放或全部闭合。

9.5 编辑三维实体

9.5.1 布尔运算

通过布尔运算可以用两个或多个单个实体创建复合实体。布尔运算包括并集、差集和交集 3 个命令，可在三维制作控制台操作。

1. 并集

使用“并集”(union)命令，可以合并两个或两个以上实体(或面域)成为一个复合对象。如图 9.21(b)所示为两形体应用“并集”命令的结果。

2. 差集

使用“差集”(subtract)命令，可以从一组实体中删除与另一组实体的公共区域。如图 9.21(c)所示为两形体应用“差集”命令的结果。

3. 交集

使用“交集”(intersect)命令，可以从两个或两个以上重叠实体的公共部分创建复合实体。“交集”(intersect)命令用于删除非重叠部分，并从公共部分创建复合实体。如图 9.21(d)所示为两形体应用“交集”命令的结果。

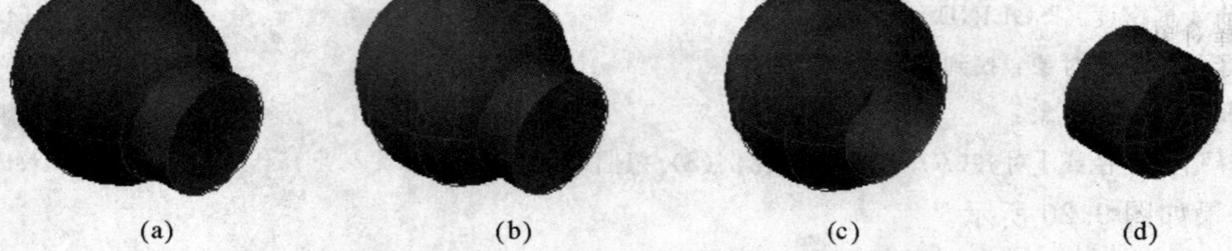

(a) (b) (c) (d)

图 9.21 布尔运算结果

(a)两相交实体； (b)应用并集命令后； (c)应用差集命令后； (d)应用交集命令后

9.5.2 三维移动

“三维移动”命令在三维视图中显示移动夹点工具，并沿指定方向将对象移动指定距离。

1.【命令输入】

面板：单击三维制作控制台上的“三维移动”按钮。

工具栏：单击“建模”工具栏上的“三维移动”按钮。

菜单栏：单击下拉菜单“修改”→“三维操作”→“三维移动”命令。

命令行：输入“3dmove”并按回车键。

2.【命令提示与说明】

命令：_3dmove　（执行命令）
选择对象：　（选择移动对象）
选择对象：　（回车结束选择）
指定基点或［位移(D)］＜位移＞：　（指定基点）
指定第二个点或 ＜使用第一个点作为位移＞：正在重生成模型。　（指定新位置点）

(1)位移：将移动夹点工具放置在原点(0,0,0)。输入的坐标值将指定相对距离和方向。

(2)重排 UCS：将指针移动到面、直线段和多段线线段时，可以按组合键“Ctrl＋D”打开动态 UCS 重排夹点工具。夹点工具根据指针跨越的面边来确定工作平面的方向。单击放置夹点工具，此操作将约束移动操作的方向。指定的坐标相对于该工作平面。

(3)二维“移动”命令也可以移动三维实体。

9.5.3　三维旋转

“三维旋转”命令在三维视图中显示旋转夹点工具并围绕基点旋转对象。

1.【命令输入】

面板：单击三维制作控制台上的“三维旋转”按钮。

工具栏：单击“建模”工具栏上的“三维旋转”按钮。

菜单栏：单击下拉菜单“修改”→“三维操作”→“三维旋转”命令。

命令行：输入“3drotate”并按回车键。

2.【命令提示与说明】

命令：_3drotate　（执行命令）
UCS 当前的正角方向：ANGDIR＝逆时针 ANGBASE＝0　（信息行）
选择对象：　（选择对象）
选择对象：　（回车结束选择）
指定基点：　（指定基点）
拾取旋转轴：　（指定旋转轴）
指定角的起点：　（指定旋转角的起点）
指定角的端点：正在重生成模型。　（指定旋转角的末点）

(1)重排 UCS：将指针移动到面、直线段和多段线线段时，可以按组合键“Ctrl＋D”打开动态 UCS 重排夹点工具。夹点工具根据指针跨越的面边来确定工作平面的方向。单击放置夹点工具，此操作将约束移动操作的方向。指定的坐标相对于该工作平面。

(2)放置夹点工具之前，再次按组合键“Ctrl＋D”来关闭动态 UCS 将恢复夹点工具的方向，使其匹配静态 UCS。

9.5.4　三维剖切

“三维剖切”命令用平面或曲面剖切现有实体，并可以创建新实体。剖切实体时，可以保留剖切实体的一半或全部。剖切实体不保留创建它们的原始形式的历史记录。剖切实体保留原实体的图层和颜色特性。

1.【命令输入】

面板：单击三维制作控制台上的“剖切”按钮。

菜单栏：单击下拉菜单“修改”→“三维操作”→“剖切”命令。

命令行：输入“slice”并按回车键。

2.【命令提示与说明】

命令：_slice （执行命令）

选择要剖切的对象： （选择要剖切的对象）

选择要剖切的对象： （回车结束选择）

指定切面的起点或［平面对象(O)/曲面(S)/Z 轴(Z)/视图(V)/XY/YZ/ZX/三点(3)］<三点>：

(1)平面对象：将剪切面与圆、椭圆、圆弧、椭圆弧、二维样条曲线或二维多段线对齐。

(2)曲面：将剪切平面与曲面对齐。

(3)Z 轴：通过平面上指定一点和在平面的 Z 轴(法向)上指定另一点来定义剪切平面。

(4)视图：将剪切平面与当前视口的视图平面对齐。指定一点定义剪切平面的位置。

(5)XY，YZ，ZX：分别指将剪切平面与当前用户坐标系(UCS)的 XY 平面，YZ 平面，ZX 平面对齐。指定一点定义剪切平面的位置。

(6)三点：用三点定义剪切平面。可以保留剖切实体的所有部分，或者保留指定的部分。剖切实体保留原实体的图层和颜色特性。

3.【应用实例】

将如图 9.22 所示图形沿其前后对称面剖切后保留后一半，结果如图 9.23 所示。

图 9.22 剖切前的形体

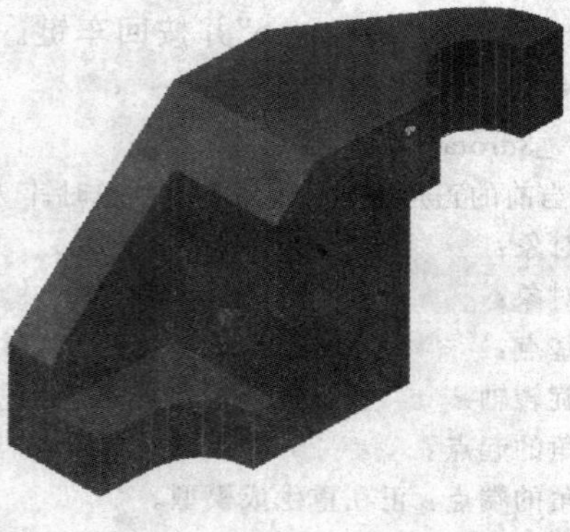

图 9.23 剖切后的形体

9.6 三维实体绘制实例

下面以如图 9.24 所示图形为例，说明绘制三维实体的绘图步骤。

操作步骤如下：

(1)创建一个新的三维建模文件。

(2)绘制上半部分。

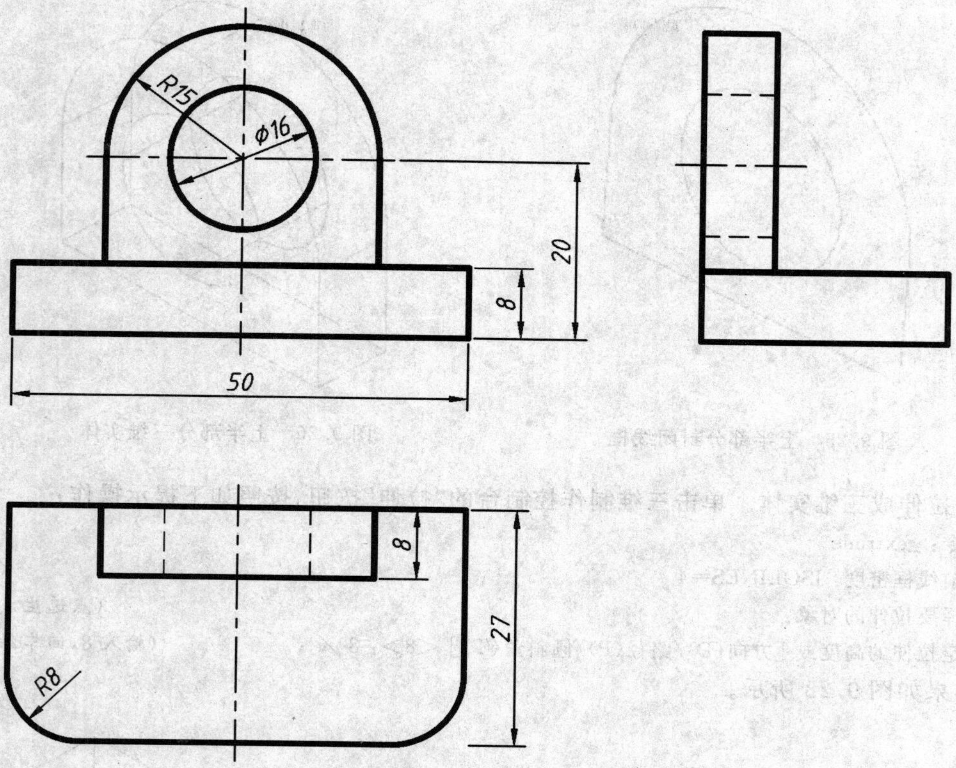

图 9.24　三维实体绘制实例

1)选择视图环境。在三维导航控制台的下拉列表中先选择“主视”项,然后再选择“西南等轴测”项,系统则显示正立工作平面。

2)生成面域。用二维绘制控制台中的“圆”命令、“直线”命令和“修剪”命令绘制如图 9.25 所示的封闭线框,并用“面域”命令将所绘制的封闭线框生成面域。

3)拉伸成三维实体。单击三维制作控制台的“拉伸”按钮,按照如下提示操作:

命令:_extrude

当前线框密度:ISOLINES=4　　(信息行)

选择要拉伸的对象:　　(点选生成的面域)

指定拉伸的高度或[方向(D)/路径(P)/倾斜角(T)]<52>:8↙　　(输入 8,回车结束命令)

结果如图 9.26 所示。

(2)绘制下半部分。

1)选择视图环境。在三维导航控制台的下拉列表中先选择“俯视”项,然后再选择“西南等轴测”项,系统则显示水平工作平面。

2)生成面域。用二维绘制控制台中的“矩形”命令和“圆角”命令绘制如图 9.27 所示的封闭线框,并用“面域”命令将其生成面域。

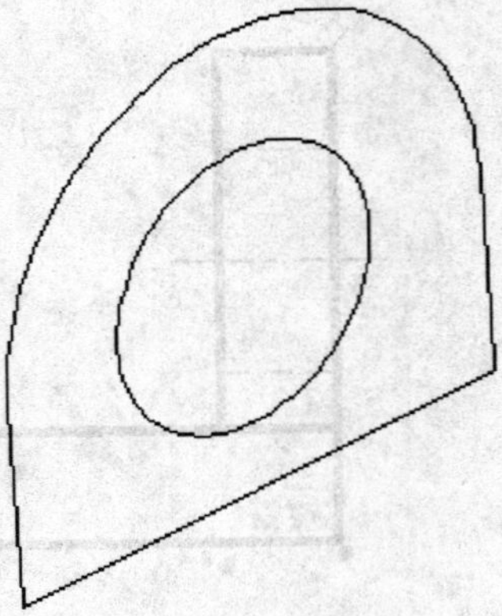

图 9.25　上半部分封闭线框

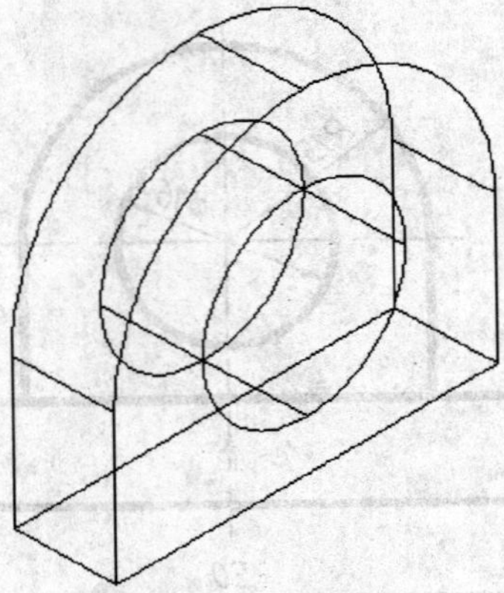

图 9.26　上半部分三维实体

3)拉伸成三维实体。单击三维制作控制台的“拉伸”按钮，按照如下提示操作：

命令：_extrude

当前线框密度：ISOLINES=4　　(信息行)

选择要拉伸的对象：　　(点选生成的面域)

指定拉伸的高度或［方向(D)/路径(P)/倾斜角(T)］<8>：8↙　　(输入 8，回车结束命令)

结果如图 9.28 所示。

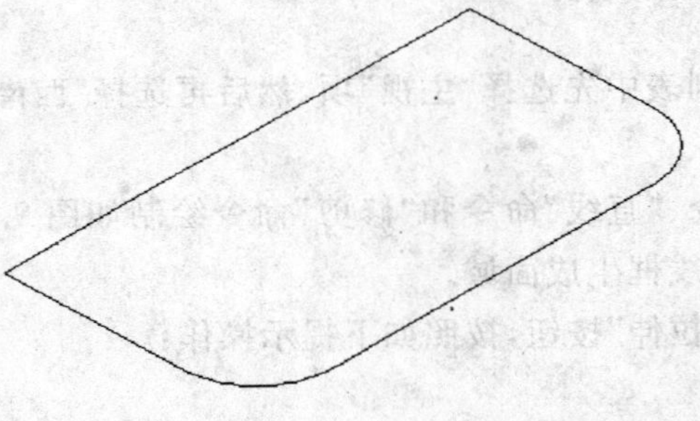

图 9.27　下半部分封闭线框

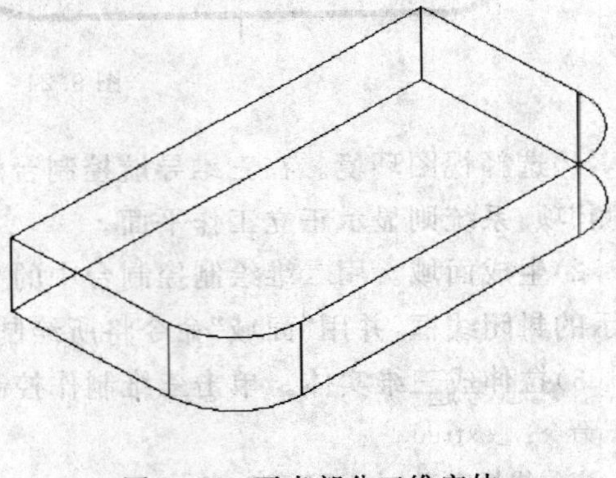

图 9.28　下半部分三维实体

(3)移动组合两部分。用三维制作控制台的“三维移动”命令，以上半部分下后边线中点为第一基点，以下半部分上后边线中点为第二基点，将两者组合在一体，结果如图 9.29 所示。

(4)布尔运算。

1)用三维制作控制台的“并集”命令将上半部分外围结构与下半部分合并，结果的二维线框显示如图 9.30 所示，真实显示效果如图 9.31 所示。

2)将合并后部分用三维制作控制台的“差集”命令减去上半部分圆柱体结构，其真实显示效果如图 9.32 所示。

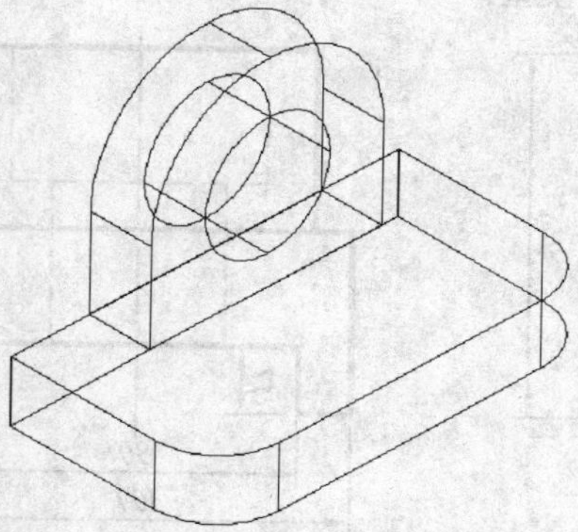

图 9.29　移动组合两部分

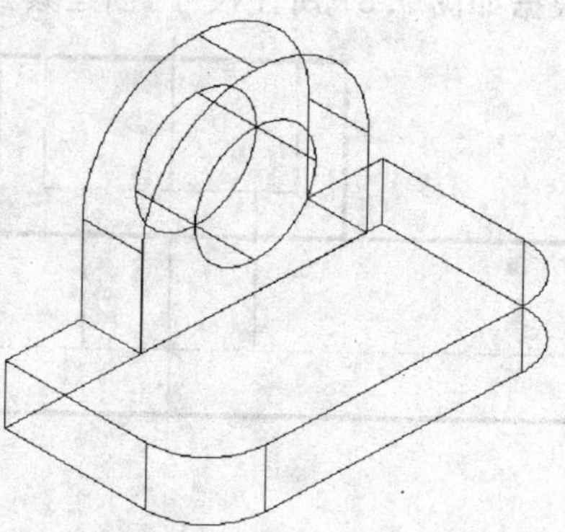

图 9.30　合并组合两部分(二维线框显示)

图 9.31　合并组合两部分(真实显示)

图 9.32　最终结果(真实显示)

9.7　思考题与练习题

一、思考题

(1)视图有哪几种？如何进行视图转换？
(2)视觉样式有哪几种？如何设置视觉样式？
(3)三维工作界面的面板由哪几部分组成？
(4)二维绘图空间和三维建模空间如何转换？
(5)并集、差集和交集三个命令有何不同？

二、上机练习

(1)根据如图 9.33 所注尺寸，创建其三维实体模型。
(2)根据如图 9.34 所注尺寸，创建其三维实体模型。
(3)根据如图 9.35 所注尺寸，创建其三维实体模型。
(4)根据如图 9.36 所注尺寸，创建其三维实体模型。

(5)根据如图 9.37 所注尺寸,创建其三维实体模型。

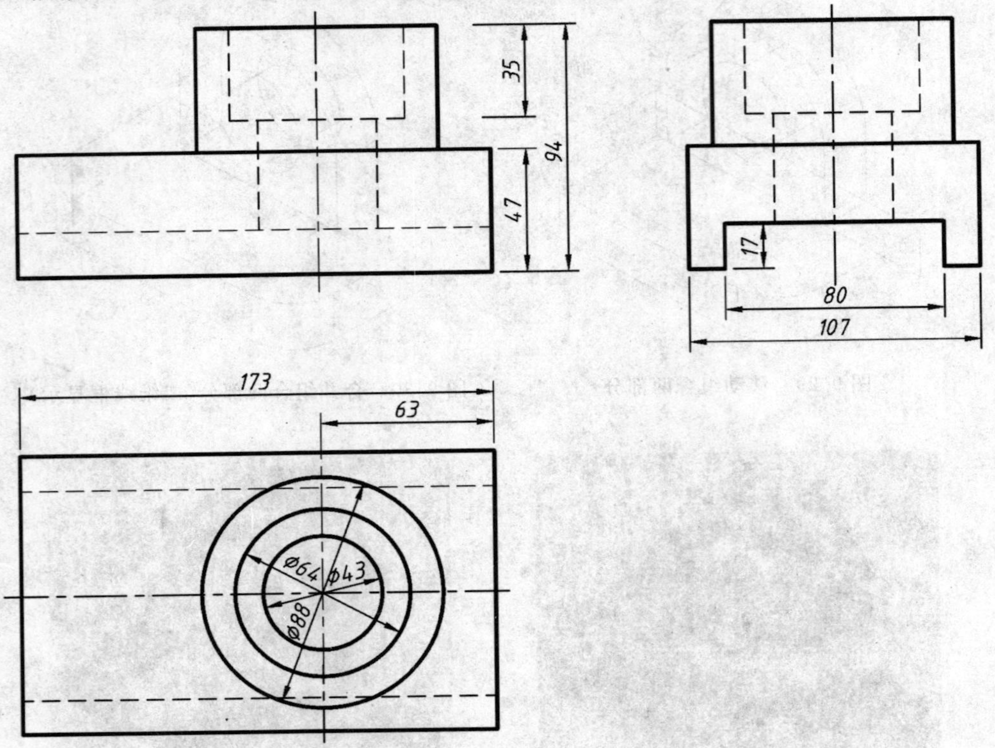

图 9.33　三维实体绘制(1)

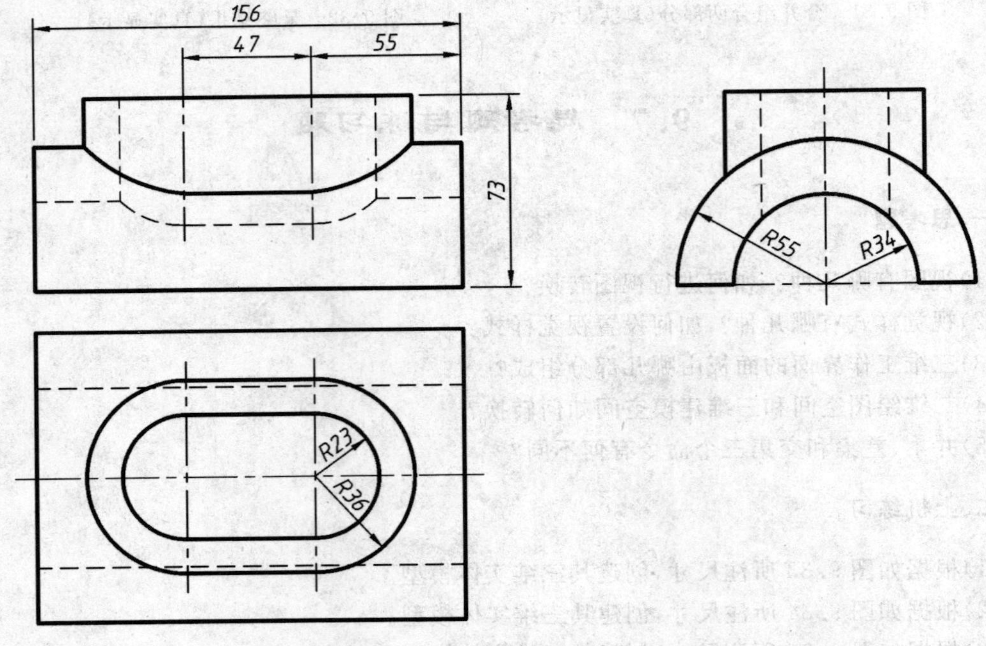

图 9.34　三维实体绘制(2)

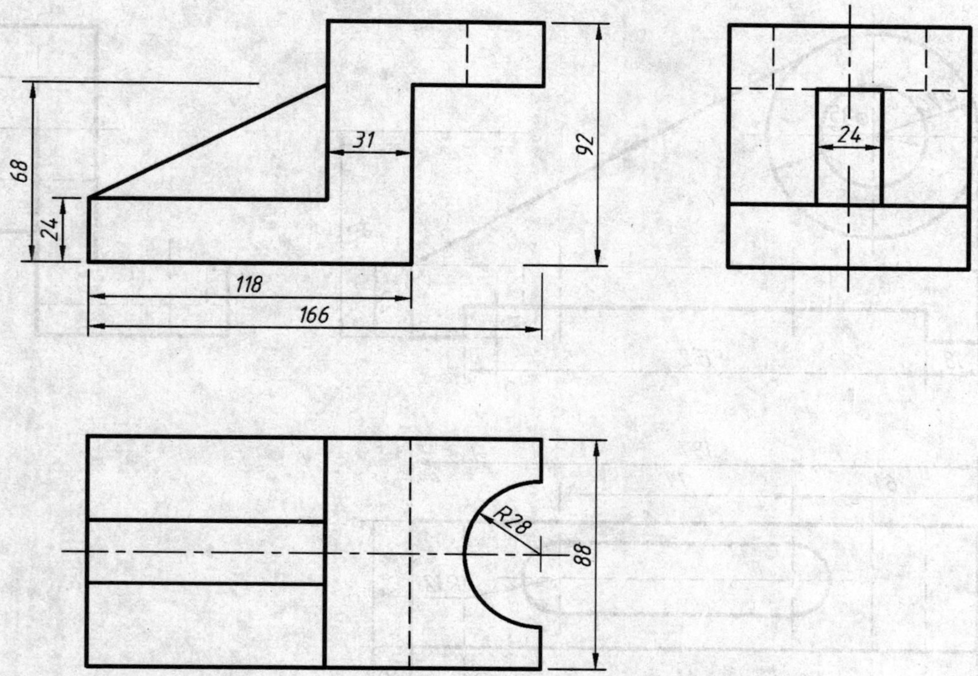

图 9.35　三维实体绘制(3)

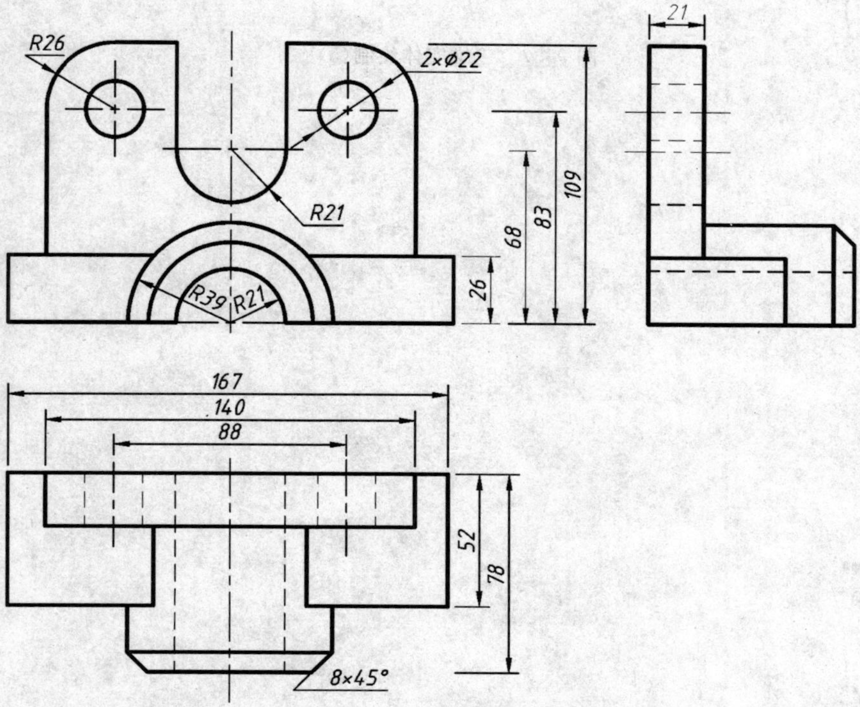

图 9.36　三维实体绘制(4)

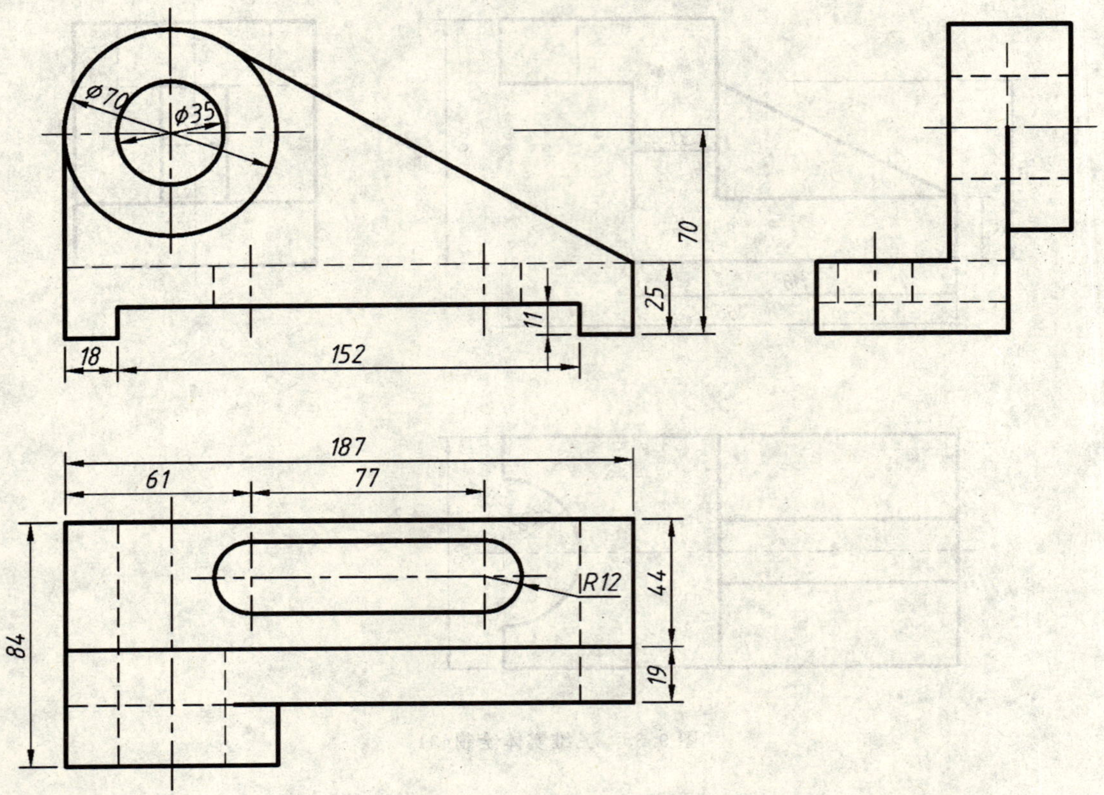

图 9.37　三维实体绘制(5)

参考文献

[1] 袁果,张渝生.土木工程计算机绘图.北京:北京大学出版社,2006.

[2] 谢泳,李勇.实用 AutoCAD 基础绘图教程.徐州:中国矿业大学出版社,2007.

[3] 曾令宜. AutoCAD 2007 中文版应用教程. 北京:电子工业出版社,2007.

[4] 张多峰. AutoCAD 工程图应用教程. 北京:中国水利水电出版社,2007.

[5] 陈美华,袁果,王英姿.建筑制图习题集. 北京:高等教育出版社,2005.